高职高专立体化教材　计算机系列

数据库原理与应用(Access)

张　巍　曹起武　主　编

程有娥　王　红　副主编

清华大学出版社

北　京

内容简介

本书围绕 Microsoft Access 2003 的基本使用方法和数据库应用系统开发技术，系统、全面地介绍了 Access 的基本知识和应用方法，主要内容包括数据库基础知识、Access 数据库设计、表的基本操作、创建和使用查询、窗体设计与使用、创建和使用报表、创建数据访问页、创建和使用宏、VBA 编程基础和 Access 数据库应用系统开发示例。

本书以“图书管理”数据库为线索贯穿全书，以理论联系实际的方式，从具体问题分析开始，在解决问题的过程中讲解知识、介绍操作技能；内容全面、概念清晰、操作详尽。

本书可作为高职高专各专业、各类培训学校的数据库基础教材，也可作为全国计算机等级考试二级 Access 考试的参考书，还可作为从事数据库管理者的参考书。

图书在版编目(CIP)数据

数据库原理与应用(Access)/张巍，曹起武主编；程有娥，王红副主编. —北京：清华大学出版，2009.1
(高职高专立体化教材　计算机系列)
ISBN 978-7-302-18926-8

Ⅰ. 数…　Ⅱ. ①张…　②曹…　③程…　④王…　Ⅲ. 关系数据库—数据库管理系统，Access 2003—高等学校：技术学校—教材　Ⅳ. TP311.138

中国版本图书馆 CIP 数据核字(2008)第 180387 号

责任编辑： 石　伟　宋延清
封面设计： 山鹰工作室
版式设计： 杨玉兰
责任印制： 何　芊
出版发行： 清华大学出版社　　**地　址：** 北京清华大学学研大厦 A 座
http://www.tup.com.cn　　**邮　编：** 100084
社　总　机： 010-62770175　　**邮　购：** 010-62786544
投稿与读者服务： 010-62776969，c-service@tup.tsinghua.edu.cn
质　量　反　馈： 010-62772015，zhiliang@tup.tsinghua.edu.cn
印　装　者： 北京鑫海金澳胶印有限公司
经　销： 全国新华书店
开　本： 185×260　**印　张：** 17.25　**字　数：** 412 千字
版　次： 2009 年 1 月第 1 版　　**印　次：** 2009 年 1 月第 1 次印刷
印　数： 1～4000
定　价： 28.00 元

本书如存在文字不清、漏印、缺页、倒页、脱页等印装质量问题，请与清华大学出版社出版部联系调换。联系电话：(010)62770177 转 3103　　产品编号：029141-01

《高职高专立体化教材计算机系列》丛书序

一、编写目的

关于立体化教材，国内外有多种说法，有的叫“立体化教材”，有的叫“一体化教材”，有的叫“多元化教材”，其目的是一样的，就是要为学校提供一种教学资源的整体解决方案，最大限度地满足教学需要，满足教育市场需求，促进教学改革。我们这里所讲的立体化教材，其内容、形式、服务都是建立在当前技术水平和条件基础上的。

立体化教材是一个“一揽子”式的，包括主教材、教师参考书、学习指导书、试题库在内的完整体系。主教材讲究的是“精品”意识，既要具备指导性和示范性，也要具有一定的适用性，喜新不厌旧。那种内容越编越多，本子越编越厚的低水平重复建设在“立体化”的世界中将被扫地出门。和以往不同，“立体化教材”中的教师参考书可不是千人一面的，教师参考书不只是提供答案和注释，而是含有与主教材配套的大量参考资料，使得老师在教学中能做到“个性化教学”。学习指导书更像一本明晰的地图册，难点、重点、学习方法一目了然。试题库或习题集则要完成对教学效果进行测试与评价的任务。这些组成部分采用不同的编写方式，把教材的精华从各个角度呈现给师生，既有重复、强调，又有交叉和补充，相互配合，形成一个教学资源有机的整体。

除了内容上的扩充，立体化教材的最大突破还在于在表现形式上走出了“书本”这一平面媒介的局限，如果说音像制品让平面书本实现了第一次“突围”，那么电子和网络技术的大量运用就让躺在书桌上的教材真正“活”了起来。用 PowerPoint 开发的电子教案不仅大大减少了教师案头备课的时间，而且也让学生的课后复习更加有的放矢。电子图书通过数字化使得教材的内容得以无限扩张，使平面教材更能发挥其提纲挈领的作用。

CAI 课件把动画、仿真等技术引入了课堂，让课程的难点和重点一目了然，通过生动的表达方式达到深入浅出的目的。在科学指标体系控制之下的试题库既可以轻而易举地制作标准化试卷，也能让学生进行模拟实战的在线测试，提高了教学质量评价的客观性和及时性。网络课程更厉害，它使教学突破了空间和时间的限制，彻底发挥了立体化教材本身的潜力，轻轻敲击几下键盘，你就能在任何时候得到有关课程的全部信息。

最后还有资料库，它把教学资料以知识点为单位，通过文字、图形、图像、音频、视频、动画等各种形式，按科学的存储策略组织起来，大大方便了教师在备课、开发电子教案和网络课程时的教学工作。如此一来，教材就“活”了。学生和书本之间的关系不再像领导与被领导那样呆板，而是真正有了互动。教材不再只为老师们规定什么重要什么不重要，而是成为教师实现其教学理念的最佳拍档。在建设观念上，从提供和出版单一纸质教材转向提供和出版较完整的教学解决方案；在建设目标上，以最大限度满足教学要求为根本出发点；在建设方式上，不单纯以现有教材为核心，简单地配套电子音像出版物，而是以课程为核心，整合已有资源并聚拢新资源。

网络化、立体化教材的出版是我社下一阶段教材建设的重中之重，作为以计算机教材出版为龙头的清华大学出版社确立了“改变思想观念，调整工作模式，构建立体化教材体系，大幅度提高教材服务”的发展目标。并提出了首先以建设“高职高专计算机立体化教材”为重点的教材出版规划，希望通过邀请全国范围内的高职高专院校的优秀教师，在2008年共同策划、编写这一套高职高专立体化教材，利用网络等现代技术手段实现课程立体化教材的资源共享，解决国内教材建设工作中存在教材内容的更新滞后于学科发展的状况。把各种相互作用、相互联系的媒体和资源有机地整合起来，形成立体化教材，把教学资料以知识点为单位，通过文字、图形、图像、音频、视频、动画等各种形式，按科学的存储策略组织起来，为高职高专教学提供一整套解决方案。

二、教材特点

在编写思想上，以适应高职高专教学改革的需要为目标，以企业需求为导向，充分吸收国外经典教材及国内优秀教材的优点，结合中国高校计算机教育的教学现状，打造立体化精品教材。

在内容安排上，充分体现先进性、科学性和实用性，尽可能选取最新、最实用的技术，并依照学生接受知识的一般规律，通过设计详细的可实施的项目化案例(而不仅仅是功能性的小例子)，帮助学生掌握要求的知识点。

在教材形式上，利用网络等现代技术手段实现立体化的资源共享，为教材创建专门的网站，并提供题库、素材、录像、CAI 课件、案例分析，实现教师和学生在更大范围内的教与学互动，及时解决教学过程中遇到的问题。

本系列教材采用案例式的教学方法，以实际应用为主，理论够用为度。教程中每一个知识点的结构模式为“案例(任务)提出→案例关键点分析→具体操作步骤→相关知识(技术)介绍(理论总结、功能介绍、方法和技巧等)”。

该系列教材将提供全方位、立体化的服务。网上提供电子教案、文字或图片素材、源代码、在线题库、模拟试卷、习题答案、案例动画演示、专题拓展、教学指导方案等。

在为教学服务方面，主要是通过教学服务专用网站在网络上为教师和学生提供交流的场所，每个学科、每门课程，甚至每本教材都建立网络上的交流环境。可以为广大教师信息交流、学术讨论、专家咨询提供服务，也可以让教师发表对教材建设的意见，甚至通过网络授课。对学生来说，则可以在教学支撑平台上所提供的自主学习空间上来实现学习、答疑、作业、讨论和测试，当然也可以对教材建设提出意见。这样，在编辑、作者、专家、教师、学生之间建立起一个以课本为依据、以网络为纽带、以数据库为基础、以网站为门户的立体化教材建设与实践的体系，用快捷的信息反馈机制和优质的教学服务促进教学改革。

本系列教材专题网站：http://lth.wenyuan.com.cn。

前　言

教育部《高等学校非计算机专业计算机基础课程教学基本要求》指出，每一名大学生都必须具备较高的信息素养，就是具有吸收、处理、创造信息和组织、利用、规划信息资源的能力和素质。数据库技术是数据管理的专用技术，是计算机信息系统的基础和主要组成部分。因此，能够利用数据库工具对数据进行基本的管理、分析、加工和利用，对于大学生是非常必要的。

Access 2003 中文版是 Office 2003 办公组件中的一个数据库管理软件，具有与 Word、Excel 和 PowerPoint 等应用程序统一的操作界面。它功能强大，容易使用，适应性强，目前已成为用户喜爱的中小型数据库管理系统的主要工具之一。Access 不仅用于存储数据，还可以作为前端应用程序，也就是说，Access 即是数据库，同时也是开发工具，可支持多种后台数据库。所以 Access 能有效地组织数据、查询信息、完成友好的界面设计、输出报表、建立数据共享机制、开发应用系统。Access 可以应用在各种不同的行业和领域。

本书系统、全面地介绍了 Access 的基本知识和应用方法，主要内容包括数据库基础知识，Access 数据库设计、表的基本操作、创建和使用查询、窗体设计与使用、创建和使用报表、创建数据访问页、创建和使用宏、VBA 编程基础、Access 数据库应用系统开发示例。

本书以“图书管理”数据库为线索贯穿全书，以理论联系实际的方式，从具体问题分析开始，在解决问题的过程中讲解知识、介绍操作技能。

本书由张巍、曹起武组织编写并任主编，由多人参加编写，具体分工如下。

张巍编写第 1 章、第 10 章；丁国明编写第 2 章、第 6 章第 1、2 节；曹起武编写第 3 章、第 4 章第 1、2 节；陈新林编写第 4 章第 3、4 节和第 6 章第 3、4 节；迟忠君编写第 4 章第 5 至 7 节；王红编写第 5 章；程有娥编写第 7 章第 1 至 3 节；郭华锋编写第 7 章第 4 节；王露编写第 8 章；许颖编写第 9 章；邓书显编写各章练习题及部分答案和附录。全书由张巍统稿。

本书可作为高职高专各专业、各类培训学校的数据库基础教材，也可作为全国计算机等级考试二级 Access 考试的参考书，还可作为其他数据库管理者的参考书。

本书凝聚了作者在数据库教学与开发方面的经验，由于水平有限，错误和不足之处在所难免，敬请同行和读者批评指正。

编　者

前言

目　录

第 1 章　Access 基础..1

1.1　数据库基础知识..1

1.1.1　数据管理的发展..1

1.1.2　数据库系统..4

1.1.3　数据模型..5

1.1.4　关系型数据库的特点..6

1.1.5　实际关系模型..7

1.1.6　关系的完整性..8

1.1.7　关系运算..9

1.2　Access 简介..11

1.2.1　Access 的发展..11

1.2.2　Access 的主要用途及应用领域..11

1.2.3　安装 Access 2003..11

1.2.4　Access 的启动..14

1.2.5　Access 数据库窗口..14

1.2.6　使用 Access 帮助..17

1.2.7　Access 的退出..19

1.3　练习题..20

第 2 章　创建 Access 数据库..22

2.1　数据库设计..22

2.1.1　目标分析..22

2.1.2　选择数据..22

2.1.3　确定数据库主题..22

2.2　创建数据库..24

2.2.1　使用数据库向导创建数据库..24

2.2.2　创建空数据库..28

2.2.3　使用现有数据创建数据库..29

2.3　数据库的基本操作..30

2.3.1　打开和关闭数据库..30

2.3.2　压缩与修复数据库..31

2.3.3　拆分数据库..31

2.3.4　数据库的删除与更名..33

2.3.5　数据库的安全管理..33

2.4　练习题..36

第 3 章　表的基本操作..38

3.1　表..38

3.1.1　表的概念..38

3.1.2　表的结构..38

3.1.3　Access 的数据类型..39

3.2　创建新表..41

3.2.1　使用表设计器创建表结构..41

3.2.2　使用表向导创建表结构..46

3.2.3　在数据表视图下创建表结构..48

3.2.4　主键与索引..48

3.3　表中数据的操作..50

3.3.1　打开表..50

3.3.2　输入数据..50

3.3.3　查阅列..52

3.3.4　值列表..55

3.3.5　导入数据..56

3.3.6　增加记录..59

3.3.7　删除记录..59

3.3.8　查找数据..59

3.3.9　数据的替换操作..60

3.3.10　记录排序..60

3.3.11　修改筛选..60

3.4　维护表结构..61

3.4.1　插入新字段..61

3.4.2　修改字段名与字段属性..62

3.4.3　删除字段..62

3.5　设置表格外观..62

3.5.1　设置表的行高..62

3.5.2　设置列宽..63

3.5.3　隐藏列..63

3.5.4 显示列 64
3.5.5 冻结列 64
3.5.6 设置数据表格式 64
3.5.7 字体 65
3.6 数据库的表关系 65
3.6.1 表关系的作用及关系的类型 65
3.6.2 建立和修改关系 66
3.6.3 使用参照完整性 68
3.7 练习题 69
第4章 建立和使用查询 71
4.1 查询对象概述 71
4.1.1 查询对象的概念 71
4.1.2 查询对象的功能 71
4.2 选择查询 72
4.2.1 简单查询 72
4.2.2 条件查询 77
4.2.3 查询条件 79
4.3 参数查询 81
4.3.1 单参数查询 81
4.3.2 多参数查询 83
4.4 操作查询 83
4.4.1 生成表查询 83
4.4.2 删除查询 84
4.4.3 更新查询 85
4.4.4 追加查询 86
4.5 交叉表查询 86
4.5.1 认识交叉表查询 86
4.5.2 交叉表查询向导 86
4.5.3 交叉表查询的设计视图 88
4.6 在查询中进行计算 89
4.6.1 查询中的计算功能 89
4.6.2 总计查询 89
4.6.3 分组总计查询 91
4.6.4 添加计算字段 92
4.7 SQL 查询 93
4.7.1 SELECT 语句简介 93
4.7.2 查询语句的格式 93
4.7.3 SQL 查询窗体 94
4.7.4 单表查询 94
4.7.5 多表查询 96
4.7.6 函数查询 98
4.8 练习题 99
第5章 设计和使用窗体 101
5.1 窗体简介 101
5.1.1 窗体的概念 101
5.1.2 窗体的用途 101
5.1.3 窗体的类型 102
5.2 利用向导创建窗体 103
5.2.1 自动创建窗体 103
5.2.2 窗体向导 105
5.2.3 创建主窗体和子窗体 106
5.2.4 生成数据透视表窗体 108
5.2.5 创建图表窗体 111
5.3 在设计视图中创建窗体 112
5.3.1 窗体的设计视图 112
5.3.2 窗体中的控件 114
5.3.3 控件的使用 115
5.3.4 窗体的布局修饰 124
5.4 切换面板管理器 125
5.4.1 启动切换面板管理器 125
5.4.2 切换面板页的创建 126
5.4.3 切换面板页自启动 127
5.5 练习题 128
第6章 创建和使用报表 129
6.1 报表 129
6.1.1 报表的作用 129
6.1.2 报表的类型 129
6.1.3 报表的组成 131
6.2 创建报表 132
6.2.1 自动创建报表 132
6.2.2 使用向导创建报表 134
6.2.3 创建图报表 137
6.2.4 创建标签报表 139
6.2.5 创建子报表 142

6.3 报表的计算 144
6.3.1 在报表中添加计算字段..........144
6.3.2 计算报表中记录的平均值......145
6.3.3 计算报表中记录的个数..........146
6.3.4 在报表中计算百分比..............147
6.4 报表的打印 148
6.4.1 设计报表格式..........................148
6.4.2 报表分页..................................149
6.4.3 设置页面..................................149
6.4.4 预览报表..................................149
6.4.5 打印报表..................................150
6.5 练习题 150
第 7 章 创建数据访问页 152
7.1 数据访问页简介..............................152
7.2 创建数据访问页..............................153
7.2.1 自动创建数据页......................153
7.2.2 使用向导创建数据访问页......156
7.2.3 在设计视图中创建
数据访问页..............................158
7.2.4 利用已有的网页生成
数据访问页..............................159
7.3 编辑数据访问页..............................160
7.3.1 设置标题与文字格式..............160
7.3.2 使用控件计算字段..................161
7.3.3 添加电子表格控件..................162
7.3.4 使用超级链接..........................163
7.3.5 使用脚本编辑器......................166
7.4 美化数据访问页..............................167
7.4.1 添加滚动文字..........................167
7.4.2 设置背景..................................168
7.4.3 应用主题..................................169
7.5 练习题 169
第 8 章 创建和使用宏 171
8.1 宏对象简介 171
8.1.1 宏对象的概念..........................171
8.1.2 宏对象的作用..........................172
8.1.3 宏对象的类型..........................173
8.1.4 宏使用的主要操作命令 176
8.2 创建宏..181
8.2.1 宏设计视图..............................181
8.2.2 宏的创建..................................182
8.2.3 创建宏组..................................185
8.3 运行宏..186
8.3.1 通过控件运行宏的方式 186
8.3.2 直接运行宏的方式 187
8.4 练习题..189
第 9 章 VBA 编程 190
9.1 VBA 编程环境 190
9.1.1 VBA 简介 190
9.1.2 VBA 代码编辑器(VBE).........191
9.2 VBA 语法 194
9.2.1 过程与函数..............................194
9.2.2 常量和变量..............................200
9.2.3 数据类型..................................203
9.2.4 数组..206
9.2.5 注释与续行..............................207
9.2.6 VBA 命名规则 208
9.2.7 VBA 控制结构 208
9.2.8 错误处理..................................219
9.3 面向对象的程序设计基础 219
9.3.1 对象和类的概念......................219
9.3.2 属性和方法..............................220
9.3.3 事件和事件过程......................220
9.3.4 DoCmd 对象 222
9.3.5 面向对象程序的设计方法 225
9.4 练习题..227
第 10 章 应用系统开发示例 228
10.1 数据库应用系统的开发步骤 228
10.1.1 规划......................................228
10.1.2 需求分析..............................228
10.1.3 概念模型设计 229
10.1.4 逻辑设计与物理设计 230
10.2 建立数库与数据库表 232
10.2.1 建立“图书管理”数据库 ...232

10.2.2 建立数据表......232
10.2.3 建立表之间的关系......233
10.3 图书管理系统窗体的设计......234
10.3.1 登录窗体的设计......234
10.3.2 主界面窗体设计......237
10.3.3 主界面窗体的代码设计......238
10.3.4 增加图书分类窗体设计......240
10.3.5 图书查询窗体设计......241
10.3.6 图书借阅情况查询窗体设计......243
10.4 系统设置与发布......245
10.4.1 性能分析......246
10.4.2 启动窗体设置......246
10.4.3 系统发布......247
10.5 练习题......247
附录A Access系统的常用函数......248
附录B Access中常用对象的事件......251
附录C 部分答案......259

第 1 章　Access 基础

【本章要点】

本章重点介绍数据库的基本概念及 Access 2003 的基础知识。通过本章的学习，可以了解数据库技术产生的原因及发展过程，理解数据、数据库、数据库管理系统、数据库应用系统和数据库系统的含义，了解 Access 数据库的特点和主要功能，掌握 Access 2003 的安装方法。

1.1　数据库基础知识

1.1.1　数据管理的发展

1. 数据

数据是指存储在某一载体上能够被识别的物理符号。数据包含两个方面的内容，一是对事物特征的描述，表示事物的属性，如大小、形状、数量等；二是存储的形式，数据可以有多种表现形式，如数字、文字、图形、图像、声音、动画、影像等。例如图书馆中的某种图书的书名、出版社、作者、数量等属性可以存放在记录本中，也可以存储在计算机的磁盘中，可以是文字材料，也可以是影像资料，这些信息都称为数据。

2. 数据管理技术

人们对数据进行收集、组织、存储、加工、传播和利用等一系列活动的总和称为数据管理。古代人类通过结绳、垒石子等方式记录打猎的收获、生活用品分配情况。文字出现后人们不但通过文字记录来描述现实世界的事物，又出现了算数的需求。随着人类文明的进步，社会活动的更加活跃，数据运算也越来越频繁、越来越复杂。由于计算机的产生和发展，在应用需求的推动下，数据管理技术得到迅猛发展，在整个利用计算机进行数据管理的发展过程中又经历了人工管理、文件系统、数据库系统三个阶段。当前的计算机数据处理是基于数据库的一种计算机应用和发展，它是按特定需求对数据进行加工的过程。

(1)　人工管理阶段

20 世纪 50 年代以前，计算机主要用于数据计算。从当时的硬件看，外存只有纸带、卡片、磁带，没有直接存取设备；从软件看，没有操作系统及数据管理的软件；从数据看，数据量小，用于数据结构的模型没有完善。所以这一阶段的管理由用户直接管理，存在以下主要特点：

- 数据不长期保存。在需要计算时输入数据，经过运算得到结果后，数据处理的过程也就随之结束。
- 数据相对于程序不具有独立性。数据与应用程序是不可分割的整体，数据和应用程序同时提供给计算机运算使用。这一时期数据的存储结构、存取方法及输入、输出方法都由程序来控制，要修改数据必须修改对应的程序。

- 数据不共享。一组数据对应一组程序，程序与程序之间存在大量的重复数据，所以数据冗余量大。该阶段应用程序与数据之间的关系如图 1-1 所示。

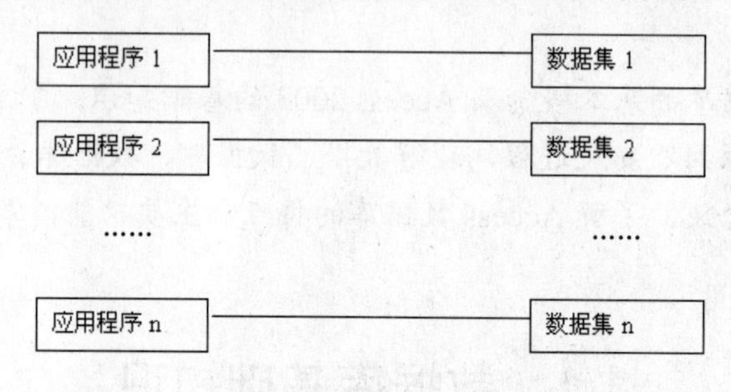

图 1-1　人工管理阶段应用程序与数据文件的关系

(2)　文件管理阶段

20 世纪 50 年代后期到 60 年代中期，计算机外部存储设备中出现了磁鼓、磁盘等直接存取的存储设备；计算机操作系统中已有了专门的管理数据软件，称为文件系统。在数据的处理方式上不仅有了文件批处理，而且能够在需要时随时从存储设备中查询、修改或更新数据。这时数据处理系统是把计算机中的数据组织成相互独立的数据文件，并可以按文件的名字进行访问，所以称为文件管理阶段。这一阶段的特点是：

- 数据可组织成文件长期保存在计算机中，并可经常进行查询、修改和删除等操作。
- 数据具有较低的独立性。在文件系统的支持下，进行数据操作时只须给出文件名，不必知道文件的具体存放地址。文件的逻辑结构和物理存储结构都由系统进行控制，程序与数据有了一定的独立性。但文件系统中的文件是为某一特定应用服务的，文件之间是孤立的，不能反映现实世界事物之间的内在联系。例如图书管理系统中借阅信息文件与读者信息文件之间没有任何的联系，所以计算机无法知道这两个文件中的哪几个借阅记录是针对同一个读者的，也不能统计某段时间内某一读者借阅图书的次数。所以要完成读者借阅情况的统计，需要修改原来的某一个数据文件的结构，增加新的字段，还需要修改相应的程序。
- 数据共享性低，冗余度大。在文件系统中，一组数据文件基本上对应一个应用程序，数据文件之间没有联系，当不同的应用程序所需要的数据有部分相同时，仍需要建立各自的独立数据文件，而不能共享相同的数据。因此，数据冗余大，空间浪费严重。例如，在学校图书管理系统中，需要建立包括姓名、性别、班级、学号等数据的读者文件，为了统计不同班级学生借阅情况，在借阅记录文件中同样要有姓名、学号、班级、性别等数据，冗余会大量出现。并且相同的数据重复存放，各自管理，相同部分的数据需要修改时比较麻烦，稍有不慎，就造成数据的不一致。如某一同学转换专业后，读者信息文件需要修改、借阅信息文件中所有该同学的信息也都要修改才能保证信息的一致性。

该阶段应用程序与数据之间的关系如图 1-2 所示。

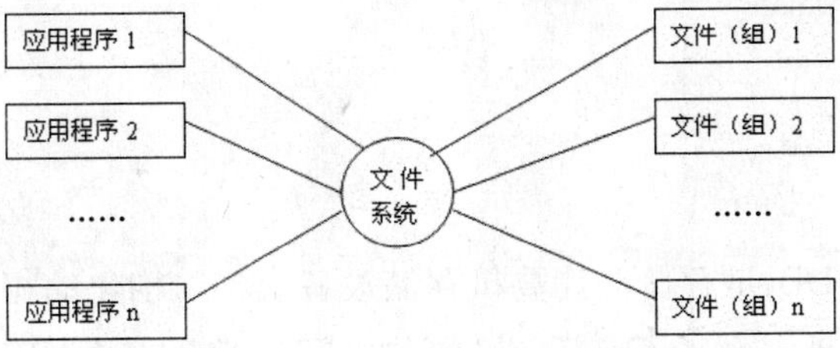

应用程序 1
应用程序 2
……
应用程序 n
文件系统
文件（组）1
文件（组）2
……
文件（组）n

图 1-2　文件管理阶段应用程序与数据文件的关系

(3) 数据库系统阶段

20 世纪 60 年代后期，计算机性能大幅度提高，特别是大容量磁盘的出现，使存储容量大大增加并且价格下降。为满足和解决实际应用中多个用户、多个应用程序共享数据的要求，使数据能为尽可能多的应用程序服务，在软件方面就出现了统一管理数据的专用软件系统，克服了文件系统管理数据时的不足，这就是数据库管理技术。

数据库系统的主要特点如下。

① 采用特定的数据结构，以数据库文件组织形式长期保存。

数据库中的数据是有特定结构的，这种结构由数据库管理系统支持的数据模型表现出来。数据库系统不仅表示事物本身各项数据之间的联系，而且能表示事物与事物之间的联系，从而反映出现实世界事物之间的联系。

② 实现数据共享，冗余度小。

数据库系统的数据组织结构采用面向全局的观点组织数据库中的数据，所以数据能够满足多用户、多应用程序的不同需求。数据共享程度大，不仅节约存储空间，还能保证数据的一致性。

③ 具有较高的独立性。

在数据库系统中，应用程序与数据的逻辑结构和物理存储结构无关，数据具有较高的逻辑独立性和物理独立性。

④ 有统一的数据控制功能。

在数据库系统中，对数据的定义和描述已经从应用程序中分离出来，数据库可以被多个用户或应用程序共享，数据的操作往往具有并发性，即多个用户同时对同一数据库进行操作。例如在火车售票系统中，各地的售票员可能同时对车票进行查询或出售，数据库管理系统必须提供必要的保护措施，以保证数据的安全性和完整性。该阶段应用程序与数据之间的关系如图 1-3 所示。

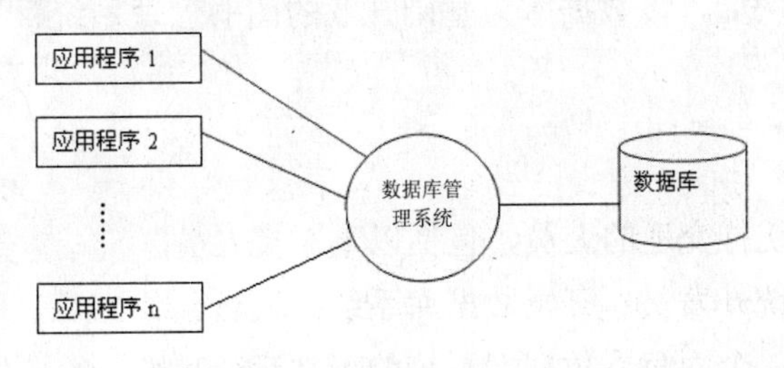

图 1-3　数据库系统阶段应用程序与数据之间的关系

1.1.2 数据库系统

1. 数据库

数据库(DataBase，DB)是存储在计算机存储设备上、结构化的相关数据集合。它不仅包括描述事物的数据本身，而且还包括相关事物之间的联系。数据库中的数据按一定的数据模型组织、描述和存储，具有较小的冗余度、较高的数据独立性和易扩展性、并可供各种用户共享。

对于数据库中数据的增加、删除、修改和检索等操作均由系统软件进行统一的控制。

2. 数据库管理系统

数据库管理系统(DataBase Management System，DBMS)是位于用户与操作系统之间的一层数据管理软件。市场上可以看到各种各样的数据库管理系统软件产品，如 Oracle、SQL Server、Access、Visual FoxPro、Informix、Sybase 等。其中 Oracle、SQL Server 数据库管理系统适用于大中型数据库；Access 是微软公司 Office 办公套件中一个极为重要的组成部分，是目前世界上最流行的桌面数据管理系统，它适用于中小型数据库应用系统。

数据库管理系统的主要功能包括以下几个方面。

- 数据定义功能：数据库管理系统提供数据定义语言，通过它可以方便地对数据库中的相关内容进行定义。如对数据库、基本表、视图、查询和索引等进行定义。
- 数据操作功能：数据库管理系统提供数据操作语言，实现对数据库的基本操作，如对数据库中数据的插入、删除、修改和查询等操作。
- 数据库的运行管理：这是数据库管理系统的核心部分，所有数据库操作都是在系统的统一管理下进行，以保证数据的安全性、完整性以及多用户对数据库的并发使用。
- 数据库的建立和维护：包括数据库初始数据的输入和转换，数据库的存储和恢复，数据库的重新组织和性能监视、分析功能等。这些功能通常是由一些实用程序完成的，它是数据库管理系统的一个重要组成部分。

3. 数据库应用系统

数据库应用系统是由系统开发人员利用数据库系统资源开发出来的、面向某一类实际应用的应用软件系统。例如，以数据库为基础开发的图书管理系统、学生管理系统、人事管理系统。

4. 用户

用户指与数据库系统打交道的人员，包括以下 3 类人员。

- 数据库应用系统开发员：开发数据库系统的人员。
- 数据库管理员：全面负责数据库系统的正常运行和维护的人员。
- 最终用户：使用数据库应用系统的人员。

5. 数据库系统

数据库系统(DataBase System，DBS)是指引入数据库后的计算机系统。一般由数据库、数据库管理系统及其开发工具、应用系统、数据库管理员和用户构成。数据库系统的目标是解决数据冗余、实现数据独立性、实现数据共享并解决由于数据共享而带来的数据完整性、安全性及并发控制等一系列问题。数据库系统的构成如图1-4所示。

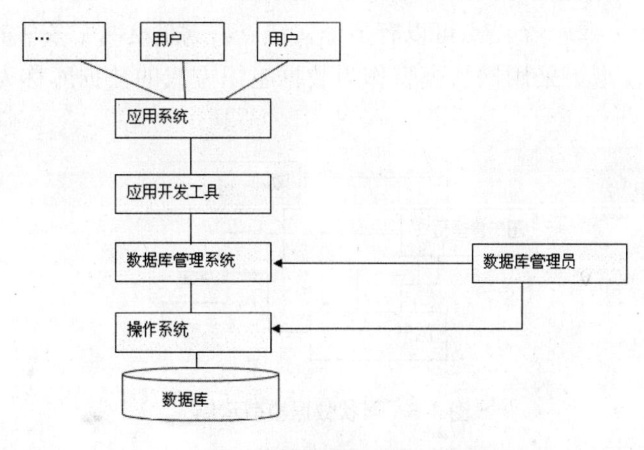

图1-4 数据库系统的构成

1.1.3 数据模型

数据库不仅要反映数据本身，而且要反映数据之间的联系，也是事物之间的联系的反映。如何在数据库系统的形式化结构中抽象表示和处理现实世界中的数据是非常重要的问题。在数据库中是用数据模型对现实世界进行抽象的，现有的数据库系统均是基于某种数据模型的。数据库管理系统所支持的数据模型分为三种：层次模型、网状模型、关系模型。使用支持某数据模型的数据库管理系统开发出来的应用系统相应地称为层次数据库系统、网状数据库系统、关系数据库系统。

1. 层次数据模型

在如图1-5所示的数据关系中，有以下两个基本特点：①有且仅有一个结点(计算机科学系)无双亲，这个结点称为根结点；②其他结点(如计算机应用专业、计算机网络专业)有且仅有一个双亲；这种用树型结构表示实体与实体之间联系的数据模型称为层次数据模型。

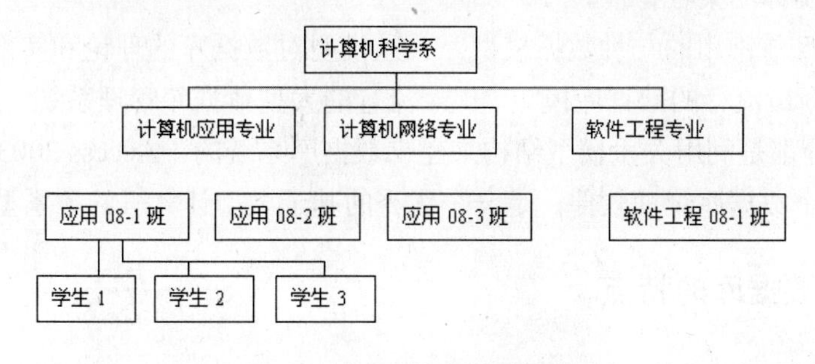

图1-5 层次数据模型示例

从图 1-5 可以看出，层次模型是一棵倒立的树，结点的双亲是唯一的。采用层次模型作为数据组织方式的数据库称为层次型数据库，如 IBM 公司开发的 IMS(Information Management System)数据库管理系统。

2. 网状模型

在如图 1-6 所示的数据关系中，实体间的联系具有以下两个基本特点：①允许一个以上的结点没有父结点；②一个结点可以有多个父结点。满足这两个条件的实体之间联系的数据模型称为网状模型。采用网状模型作为数据组织方式的数据库称为网状数据库，如 CODASYL 系统。

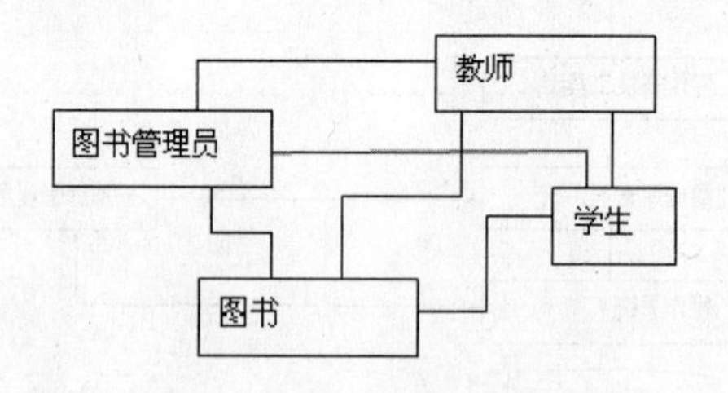

图 1-6　网状数据模型示例

3. 关系数据模型

用二维表格的形式表示实体和实体联系的数据模型称为关系数据模型。一个关系对应一个二维表格。例如图书、读者、读者与图书之间的借阅联系都可通过关系来表示。表 1-1 为一个关系模型示例。

表 1-1　读者借阅信息表

读者姓名	借书证号	读者类别	允许借书量	现已借书量	失 书 数	累计借书量
李建洲	010120050101	学生	5	4	0	34
张虎猛	010120050102	学生	5	3	1	25
宋华	010120050103	学生	5	4	0	26
段新宽	010120050104	学生	5	5	0	23
谢婉婉	010120050105	学生	5	2	0	20

二维表由行和列组成，其中行也称记录，用来记录一个实体的相关属性；列也称字段、属性，用来记录实体的某种特征。

关系模型是目前常用的一种数据模型。关系模型对数据库的理论和实践产生很大的影响，已经成为当今最流行的数据库模型。现今流行的大型数据库管理系统，如 Oracle、SQL Server、Sybase 等都是利用关系模型结构来建立数据库系统的，Access 2003 是 Office 2003 办公组件中的一个数据库管理软件，是一个优秀的基于微型计算机的关系型数据库产品。

1.1.4　关系型数据库的特点

关系模型看起来是一个简单的表，但是并不能把日常管理用的所有表格，按照一张表一个关系直接存放到数据库系统中。在关系模型中对关系有一定的要求，关系必须具有以下特点。

(1) 关系必须规范化。关系模型中的每一个关系模式必须满足一定的要求，最基本的要求是每个属性必须是不可分割的数据单元。如表 1-2 所示的学生成绩表就不符合要求。

表 1-2　学生成绩表(不符合要求)

学　号	姓　名	必 修 课			选 修 课		
		计算机操作	英　语	大学语文	法　律	信息检索	形势政策
0102070101	张俊	89	90	95	100	100	98

表 1-2 中的“必修课”和“选修课”两个属性都是可以分割的，出现了表中含表的现象。必须对该表所表示的信息进行规范化设计，使表的每一个属性为学生成绩信息的最小单元。如表 1-3 所示的结构就能满足要求。

表 1-3　学生成绩表(符合要求)

学　号	姓　名	课程名称	成　绩	课程类型
0102070101	张俊	计算机操作	89	必修课
0102070101	张俊	英语	90	必修课

(2) 在同一个关系中不能出现相同的属性名，即不允许同一个表中有相同的字段名。

(3) 一个关系中不允许有完全相同的记录。如果有相同的记录就出现数据冗余的现象。

(4) 在一个关系中记录的次序，字段的次序可以任意交换，不影响其信息内容。表 1-3 中“课程名称”放在“成绩”前或后都不会影响表中所存的信息。

1.1.5　实际关系模型

一个实际的关系数据库由若干个关系模式组成。在 Access 中一个数据库中包含相互之间存在联系的多个表，这个数据库文件就代表一个实际的关系模型。为了反映出各个表所表示的实体之间的联系，公共字段名就起着联系各表的“桥梁”作用。

【例 1.1】图书管理系统中“读者”、“图书”、“记录”三者之间的关系。

- 图书：图书名，类别编号，ISBN 码，图书条码，出版社，定价，作者，购书日期。
- 读者：姓名，借书证号，性别，联系方式，照片，办证时间，读者类别，注销时间，注销原因。
- 借还记录：借书证号，图书条码，借书时间，还书时间，工作人员。

“图书”表中的一个“图书条码”字段与“借还记录”表中的“图书条码”字段相联系，“读者”表与“借还记录”表通过“借书证号”相联系。

三者的关系模型如图 1-7 所示。

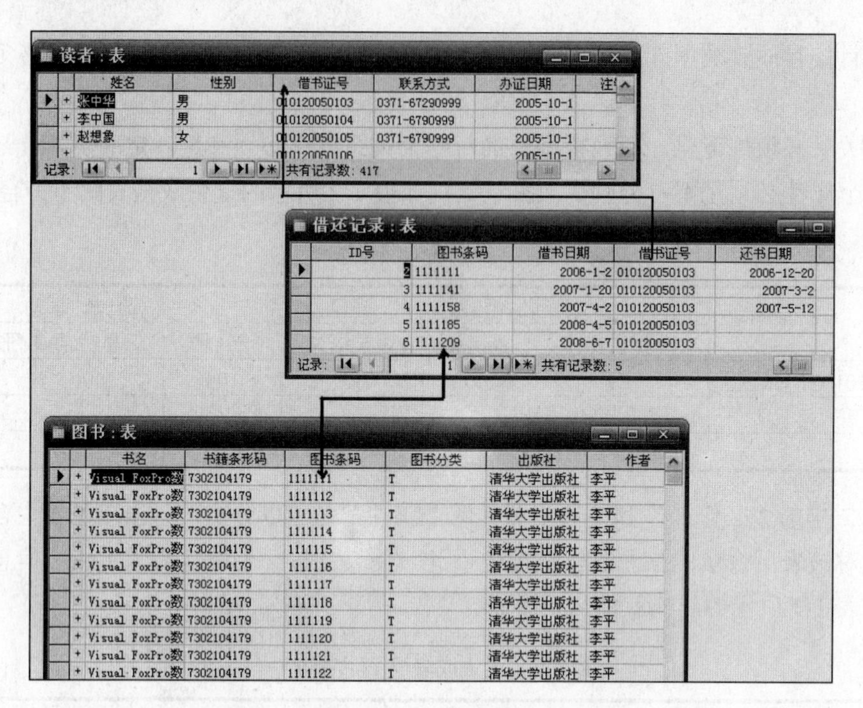
读者：表

姓名	性别	借书证号	联系方式	办证日期	注
张中华	男	010120050103	0371-67290999	2005-10-1	
李中国	男	010120050104	0371-6790999	2005-10-1	
赵想象	女	010120050105	0371-6790999	2005-10-1	
		010120050106		2005-10-1	

记录：1 共有记录数：417

借还记录：表

ID号	图书条码	借书日期	借书证号	还书日期
2	1111111	2006-1-2	010120050103	2006-12-20
3	1111141	2007-1-20	010120050103	2007-3-2
4	1111158	2007-4-2	010120050103	2007-5-12
5	1111185	2008-4-5	010120050103	
6	1111209	2008-6-7	010120050103	

记录：1 共有记录数：5

图书：表

书名	书籍条形码	图书条码	图书分类	出版社	作者
Visual FoxPro数	7302104179	1111111	T	清华大学出版社	李平
Visual FoxPro数	7302104179	1111112	T	清华大学出版社	李平
Visual FoxPro数	7302104179	1111113	T	清华大学出版社	李平
Visual FoxPro数	7302104179	1111114	T	清华大学出版社	李平
Visual FoxPro数	7302104179	1111115	T	清华大学出版社	李平
Visual FoxPro数	7302104179	1111116	T	清华大学出版社	李平
Visual FoxPro数	7302104179	1111117	T	清华大学出版社	李平
Visual FoxPro数	7302104179	1111118	T	清华大学出版社	李平
Visual FoxPro数	7302104179	1111119	T	清华大学出版社	李平
Visual FoxPro数	7302104179	1111120	T	清华大学出版社	李平
Visual FoxPro数	7302104179	1111121	T	清华大学出版社	李平
Visual FoxPro数	7302104179	1111122	T	清华大学出版社	李平

图 1-7　图书—借还记录—读者之间的关系

在关系数据库中，基本的数据结构是二维表，表之间的联系通过不同表中的公共字段来体现。如果要查询某读者的借阅情况，首先在“读者”表中根据姓名或借书证号找到该读者的信息，以借书证号在“借还记录”表中找到所有该借书证号所借图书的信息，最后通过查到的图书条码在“图书”表中找出相对应的图书信息，如图 1-8 所示。

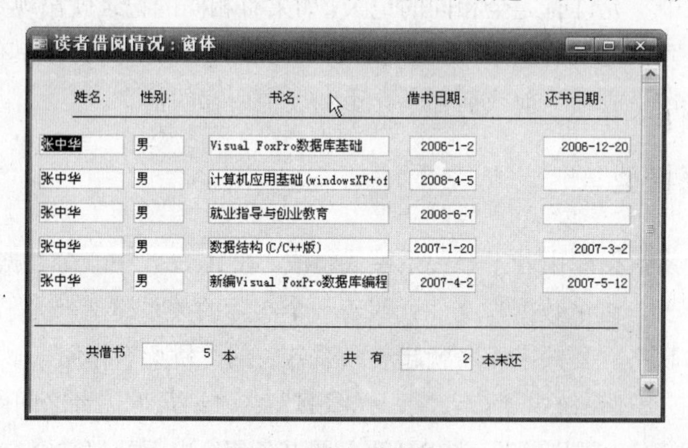
读者借阅情况：窗体

姓名:	性别:	书名:	借书日期:	还书日期:
张中华	男	Visual FoxPro数据库基础	2006-1-2	2006-12-20
张中华	男	计算机应用基础(windowsXP+of	2008-4-5	
张中华	男	就业指导与创业教育	2008-6-7	
张中华	男	数据结构(C/C++版)	2007-1-20	2007-3-2
张中华	男	新编Visual FoxPro数据库编程	2007-4-2	2007-5-12

共借书 5 本　　共 有 2 本未还

图 1-8　读者借阅情况

1.1.6　关系的完整性

关系模型的完整性规则是对关系的某种约束条件，以保证数据的正确性、有效性和相容性。

关系模型中有 3 类完整性约束。

1. 实体完整性

实体完整性规则要求表中的主键不能取空值或重复的值。例如在读者表中，“借书证号”字段为主键，“借书证号”索引属性为“有(无重复)”，“必填字段”属性为“是”。这样就保证了表中没有重复记录，即没有完全相同的记录。

2. 域完整性

通过定义数据的类型、指定字段的宽度和设置输入有效性规则，可以限定表数据的取值类型和取值范围，对输入的数据进行有效性验证。

3. 参照完整性

参照完整性与表之间的联系有关，当插入、删除或修改一个表中的数据时，通过参照引用相互关联的另一个表中的数据，来检查对表的数据操作是否正确。例如：图书管理系统中，如果在表“借还记录”中添加一条记录，其中的“借书证号”必须是“读者”表中存在的“借书证号”，“图书条码”也必须是“图书”表中存在的“图书条码”，否则该借书信息就找不到相应的借阅者，也找不到相应的图书信息。

1.1.7 关系运算

关系的基本运算有两类：一类是传统的集合运算(并、差、交等)，另一类是专门的关系运算。

1. 传统的集合运算

进行并、差、交集运算的两个关系必须具有相同的结构。

(1) 并

两个相同结构关系的并是由属于这两个关系的记录组成的集合。例如，有两个结构相同的表，计算机061班(见表1-4)、计算机062班(见表1-5)的成绩表，分别存放两个班的成绩，把计算机062班的成绩追加到计算机061班的后面就是这两个表的并运算(见表1-6)。

(2) 差

两个结构相同的关系差运算的结果，是由属于第一个关系但不属于第二个关系的记录构成的集合。表1-6与表1-5差运算的结果是表1-4。

表1-4 计算机061班成绩单

学 号	姓 名	计算机	英 语	电 子
060101	张俊	95	98	88
060102	张国庆	89	99	90
060103	李才	91	95	65
060104	李联想	94	90	97

表 1-5　计算机 062 班成绩单

学　号	姓　名	计 算 机	英　语	电　子
060201	李俊	95	98	88
060202	赵清华	79	99	90
060203	钱国勇	91	95	65

表 1-6　并运算结果

学　号	姓　名	计 算 机	英　语	电　子
060101	张俊	95	98	88
060102	张国庆	89	99	90
060103	李才	91	95	65
060104	李联想	94	90	97
060201	李俊	95	98	88
060202	赵清华	79	99	90
060203	钱国勇	91	95	65

(3) 交

两个表具有相同的关系，它们的交是由两个表中共同的记录组成的集合。

2. 专门的关系运算

(1) 选择

从关系中找出满足给定条件的记录的操作称为选择。例如，从图书表中找出由清华大学出版社出版的图书信息就是一种选择运算。

选择运算是从行角度进行的运算，即从水平方向抽取记录。

(2) 投影

从关系模式中指定若干个属性组成新的关系称为投影。

例如：从图书表中选择出图书名、出版社、作者和定价等属性组成一个新的关系。

投影是从列的角度进行运算，经过投影运行得到一个新的关系，新关系的属性个数少于原关系的属性个数。投影运算提供了垂直调整关系的手段，体现出关系中列的次序无关紧要的特点。

(3) 联接

联接是关系的横向结合。联接运算将两个关系模式拼接成一个更宽的关系模式，生成的新关系中包含满足联接条件的记录。

例如：可以从图书、读者、借还记录三个关系中得到读者借阅图书信息的新表。联接过程是通过联接条件来控制的，联接条件中将出现两个表中的公共字段，或者具有相同语义、可比的属性。

1.2 Access 简介

Access 是 Microsoft 公司开发的面向办公自动化的关系型数据库管理系统，它同时又是一个非常强大的前端应用开发工具，可以像使用 Excel 一样方便地使用它。利用它可方便地建立日常管理数据库，并搭建复杂而又稳健的应用系统，因此目前 Access 被广泛用于许多企业或公司的日常管理中。

1.2.1 Access 的发展

Microsoft 公司从 1992 年 11 月正式推出 Access 1.0 以来，Access 的功能不断地完善和增强，先后推出了 Access 1.1、Access 2.0、Access 7.0、Access 97、Access 2000、Access 2002、Access 2003、Access 2007 等不同版本。

本书主要介绍 Access 2003 中文版的使用，在以后章节的叙述中，如果没有特别说明，提到的 Access 均指 Access 2003 中文版。

Access 2003 中文版是 Office 2003 办公组件中的一个数据库管理软件，具有与 Word、Excel 和 PowerPoint 等应用程序统一的操作界面。它功能强大，容易使用，适应性强，目前已经成为用户选用的中小型数据库管理系统的主要工具之一。

1.2.2 Access 的主要用途及应用领域

小型数据库系统 Access 不仅用于单纯地存储数据，还可以作为前端应用程序，也就是说，Access 既是数据库，同时也是开发工具，可开发支持多种后台的数据库。所以 Access 能有效地组织数据、查询信息、完成友好界面的设计、输出报表、建立数据共享机制、开发应用系统。

Access 可以应用在各种不同的行业和领域中。

例如，Access 可以在个人理财、日记备忘、联系人管理等个人信息管理方面发挥作用；Access 可在中小企业的仓库管理、财务、生产管理等方面大显身手；Access 可以和大型数据库 SQL Server、Oracle 等结合，应用在安全效率要求高，海量数据管理的场合；Access 也可以作为一些应用程序的后台数据库，如 Access 数据库广泛应用在以 ASP 应用程序开发的网站中。

1.2.3 安装 Access 2003

(1) 将 Office 2003 的安装光盘放入光驱中，安装程序会自动启动，弹出欢迎使用的界面。如果安装程序没有自动运行，可以通过以下两种方法启动安装程序：

- 通过“我的电脑”或“资源管理器”找到光盘根目录下的 setup.exe 文件，双击该文件运行安装程序。

- 选择“开始”→“运行”命令，在“运行”对话框中单击“浏览”按钮，找到光盘中的 setup.exe 文件后，单击“确定”按钮，运行安装程序。

(2) 在“准备安装”步骤结束之后，会出现如图 1-9 所示的界面。将产品包装盒上的 25 位密钥输入到【产品密钥】文本框后，单击【下一步】按钮，安装程序将对密钥的有效性进行检查。

(3) 如果输入的密钥正确，安装程序会进行下一步操作，进入如图 1-10 所示的界面，在这里，需要输入用户名、缩写、单位等信息。输入后单击【下一步】按钮。

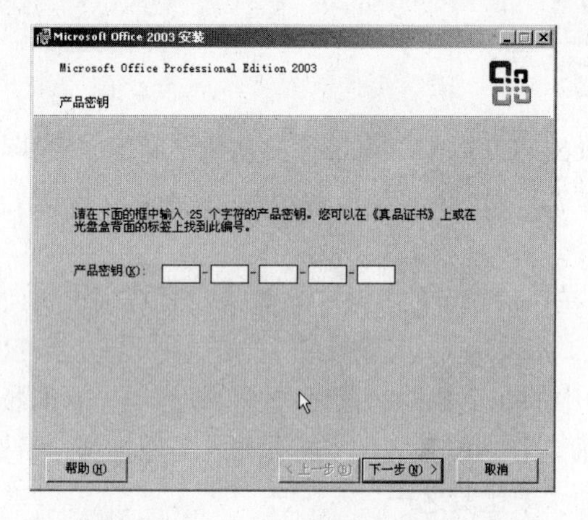

图 1-9　Office 2003 中文版输入产品密钥界面

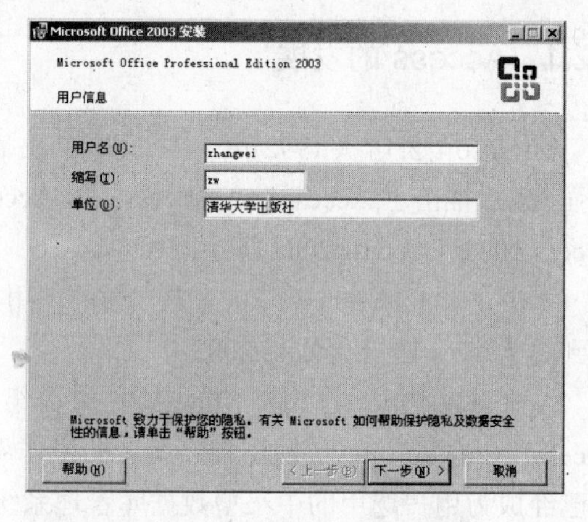

图 1-10　用户信息输入界面

(4) 在这一步里，安装程序会将《用户许可协议》显示出来，选择“我接受《许可协议》的条款”，然后单击“下一步”按钮。

(5) 这一步需要选择安装类型及安装路径，如图 1-11 所示。选择完毕后单击【下一步】按钮。进入如图 1-12 所示的界面。程序将按选择项进行安装。

(6) 安装程序准备就绪时，可以选择执行的任务，可接受默认设置，也可根据需要重新选择安装的程序。完毕后单击【安装】按钮。程序将按选择项进行安装。

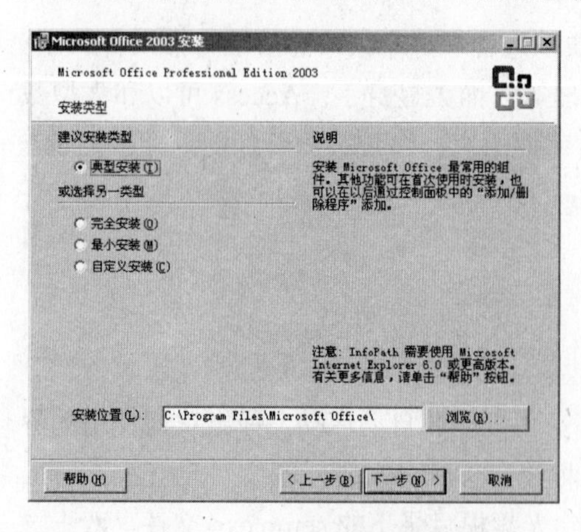

图 1-11　安装类型界面

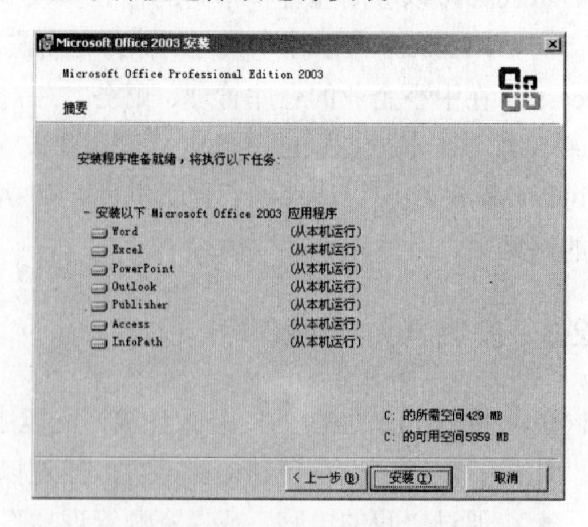

图 1-12　安装准备就绪

说明：安装类别的选择如下。

- 典型安装：安装最常用的组件，包含了绝大多数常用功能，其他功能可在首次使用时安装，也可以在以后通过控制面板中的“添加/删除程序”添加。推荐一般用户选择本项。
- 完全安装：安装所有组件，但是会占用较大的硬盘空间和花费较长的安装时间。
- 最小安装：安装最基本的组件，占用空间较小，安装速度快，但是很多常用组件未安装，在以后使用时需要安装，会给使用带来很多不便。
- 自定义安装：根据需要选择要安装的组件，推荐高级用户使用。

(7) 如图1-13所示是安装过程，这时系统自动准备安装所需要的临时文件夹及做一系列准备工作，随后将文件复制到目的文件夹，并且在注册表中添加注册表项。

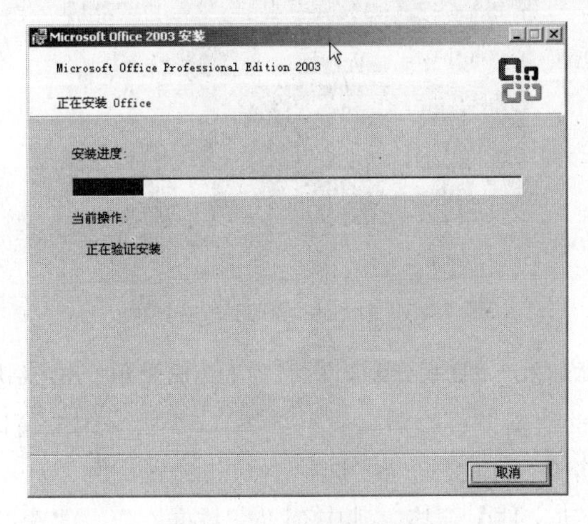

图1-13 安装进度界面

(8) 安装完成后，会自动进入如图1-14所示的界面，如果用户想从网站上更新组件，可选择更新选项(为节省磁盘空间，最好选择“删除安装文件”选项)。最后单击【完成】按钮，完成Access 2003的安装。

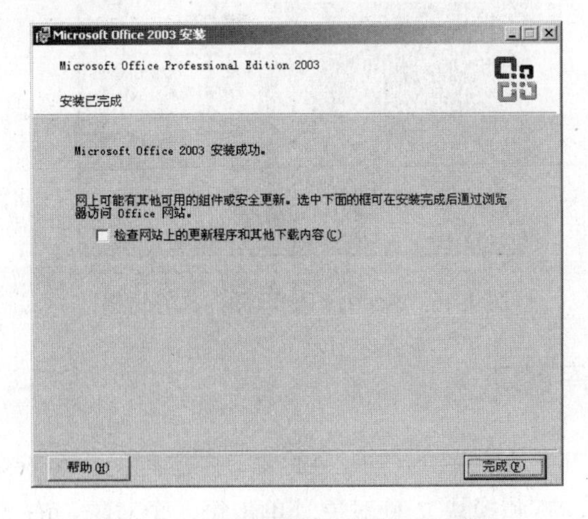

图1-14 Office 2003安装结束界面

1.2.4 Access 的启动

启动 Access 有两种方法：

- 选择"开始"→"所有程序"→"Microsoft Office"→"Microsoft Office Access 2003"命令，即可启动 Access 系统。Access 2003 的主界面如图 1-15 所示。

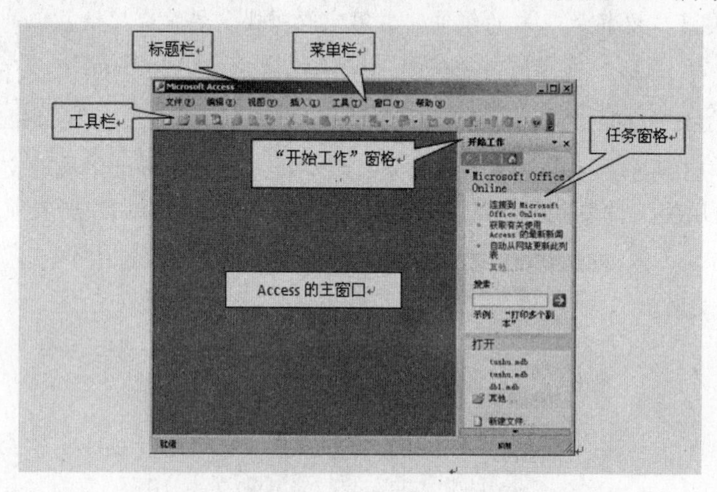

图 1-15　Access 2003 的主界面

- 如果 Windows 桌面上创建了快捷图标，可以更简单、快捷地启动 Access，只要直接双击桌面上的快捷图标，就可打开如图 1-15 所示的主窗口。

在【开始工作】窗格中可以根据需要选择不同的选项，例如，单击"新建文件"，出现如图 1-16 所示的【新建文件】窗格。其中有"空数据库"、"空数据访问页"、"使用现有数据的项目"、"使用新数据的项目"及"根据现有文件"等选项供选择。

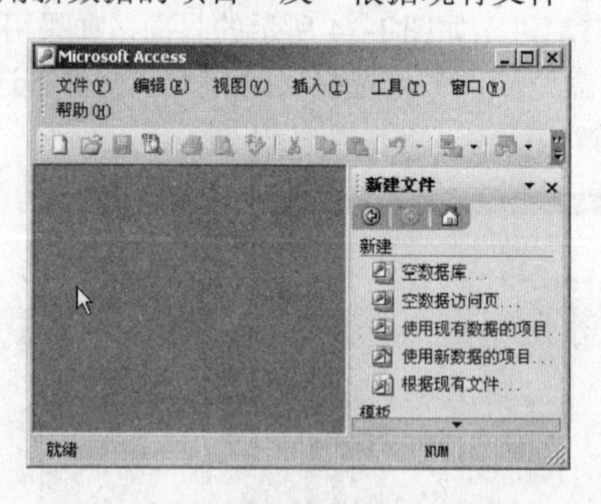

图 1-16　Access 2003 新建文件窗格

1.2.5 Access 数据库窗口

Access 的所有操作都是在如图 1-17 所示的窗口中进行的。Access 的窗口左侧包含表、查询、窗体、报表、页、宏和模块 7 种对象。单击每一个对象，右侧将显示已经创建的对象和创建对象的工具。

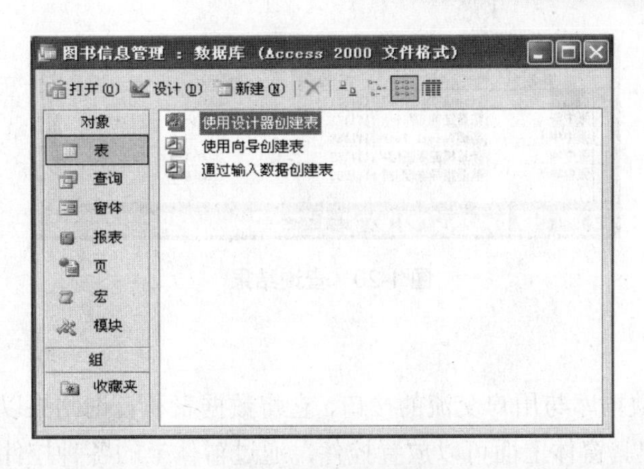

图 1-17 Access 数据库窗口

1. 表

表是关于特定主题的数据集合。在 Access 中的表都是二维表，其结构如图 1-18 所示。每个表由表名、字段和记录组成。表是数据库的核心与基础，数据库中的数据就存放在表中。

班级：表

班级名称	班级代码	人数	学制	辅导员
计算机应用05-1	0101200501	45	3	张国庆
计算机应用05-2	0101200502	44	3	张国庆
计算机网络技术05-1	0102200501	40	3	张国庆
计算机网络技术05-2	0102200502	46	3	张国庆
软件工程05-1	0103200501	30	3	王也
软件工程05-2	0103200502	50	3	王也
应用电子技术05-1	0201200501	42	3	李莉
应用电子技术06-1	0201200601	50	3	李莉
电子信息工程06-1	0202200601	25	3	李莉
电子信息工程07-1	0202200701	46	3	李莉

记录： 1 共有记录数：10

图 1-18 表结构

2. 查询

查询是 Access 进行数据查找并对数据进行分析、计算、更新及其他加工处理的数据库对象。查询是通过从一个或多个表中提取数据并进行加工处理而生成的。查询只是一个结构，它在使用的时候是根据结构从相应的表中提取数据。图 1-19 是建立的一个查询，其运行结果如图 1-20 所示。

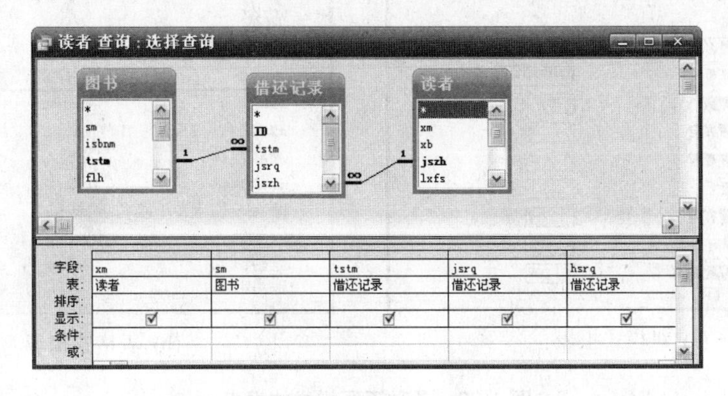

图 1-19 查询

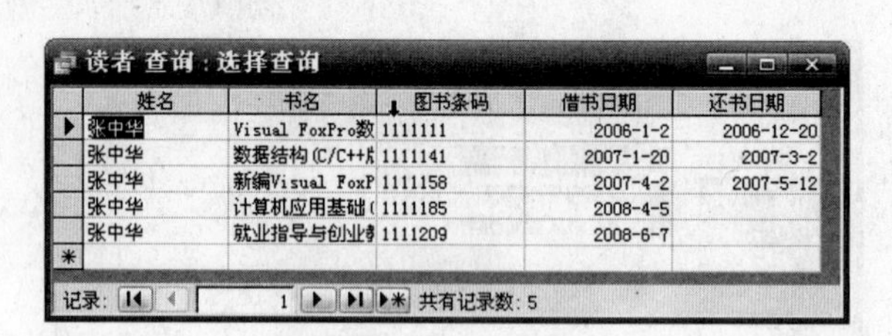

读者 查询：选择查询

姓名	书名	图书条码	借书日期	还书日期
张中华	Visual FoxPro数	1111111	2006-1-2	2006-12-20
张中华	数据结构(C/C++版	1111141	2007-1-20	2007-3-2
张中华	新编Visual FoxP	1111158	2007-4-2	2007-5-12
张中华	计算机应用基础(	1111185	2008-4-5	
张中华	就业指导与创业教	1111209	2008-6-7	

记录：1 共有记录数：5

图 1-20　查询结果

3. 窗体

窗体是 Access 数据库与用户交流的接口，它将数据表和查询结果以一种比较直观和友好的界面提供给用户。窗体上面可以放置控件，通过窗体上的各种控件可以方便而直观地访问数据表，使得数据输入、输出、修改更加灵活。如图 1-21 所示为一学生信息窗体。

图 1-21　学生信息窗体

4. 报表

报表是 Access 中专门为数据计算、归类、汇总、排序而设计的整理打印数据的一种工具。在报表中可以按照一定的要求和格式对数据加以概括和汇总，并将结果打印出来或者直接输出到文件中。如图 1-22 所示为两种不同样式的报表。

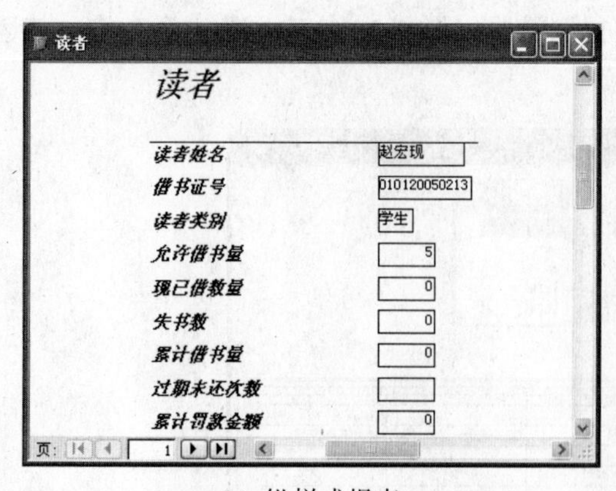

(a) 纵栏式报表

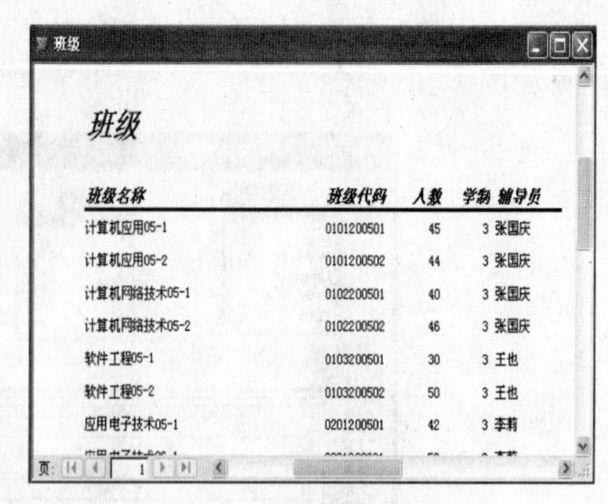

班级

班级名称	班级代码	人数	学制	辅导员
计算机应用05-1	0101200501	45	3	张国庆
计算机应用05-2	0101200502	44	3	张国庆
计算机网络技术05-1	0102200501	40	3	张国庆
计算机网络技术05-2	0102200502	46	3	张国庆
软件工程05-1	0103200501	30	3	王也
软件工程05-2	0103200502	50	3	王也
应用电子技术05-1	0201200501	42	3	李莉

(b) 表格式报表

图 1-22　两种不同样式的报表

5. 页

页是一种特殊类型的网页，用于查看和处理来自 Internet 或 Intranet 的数据，它允许用户在 IE 上查看和使用在 Access 数据库(.mdb)、SQL Server 数据库或 MSDE 数据库中存储的数据。

数据访问页使用 HTML 代码、HTML 内部控件和一组叫作 Microsoft Office Web Components 的 ActiveX 控件来显示网页上的数据。

如图 1-23 所示为页的效果。

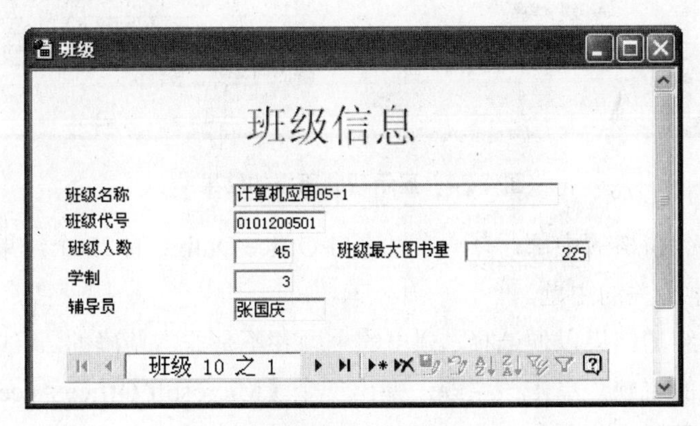

图 1-23　页

6. 宏

宏是指一个或多个操作组成的集合，其中每个操作能够实现特定的功能。宏是一种操作命令，它和菜单操作命令是一样的，只是它们对数据库施加作用的时间有所不同，作用时的条件也有所不同。

7. 模块

模块是子程序和函数的集合，如一些通用的函数、通用的处理过程、复杂的运算过程、核心的业务处理等，都可以放在模块中，利用模块可以提高代码的可重用性，同时有利于代码的组织与管理。

1.2.6 使用 Access 帮助

Access 的联机帮助涵盖了几乎所有 Access 开发所需要的内容，所有的操作问题都可以在联机帮助里找到答案。

最便捷查询帮助的方法是使用菜单栏右部的「键入需要帮助的问题」框。直接在此框中输入问题即可迅速找到所需要的答案。

在“键入需要帮助的问题”框中输入一个要查找的主题，这里输入“记录指针”，按下 Enter 键会显示出“搜索结果”任务窗格，如图 1-24 所示。

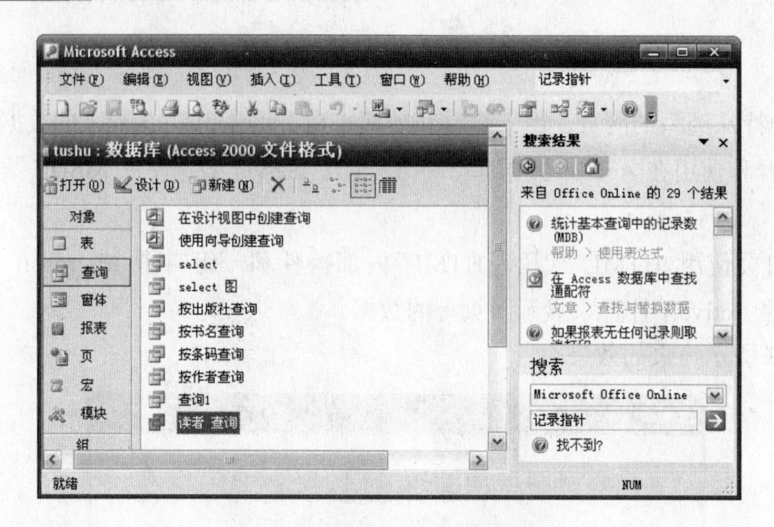

图 1-24　显示帮助所搜的结果

在搜索结果任务窗格的中部，有一个“来自 Office Online 的 29 个结果”列表框，其中列出了 29 个与搜索相关的主题。

为了提供更详细的结果以便选择，列出的主题并不是非常精确的。可以滚动该列表框，从中选择一个相关的主题，单击该主题，弹出一个【Microsoft Office Access 帮助】窗口，其中列出了有关主题的详细信息。如选择“统计基本查询中的记录数(MDB)”主题，出现如图 1-25 所示的帮助窗口。

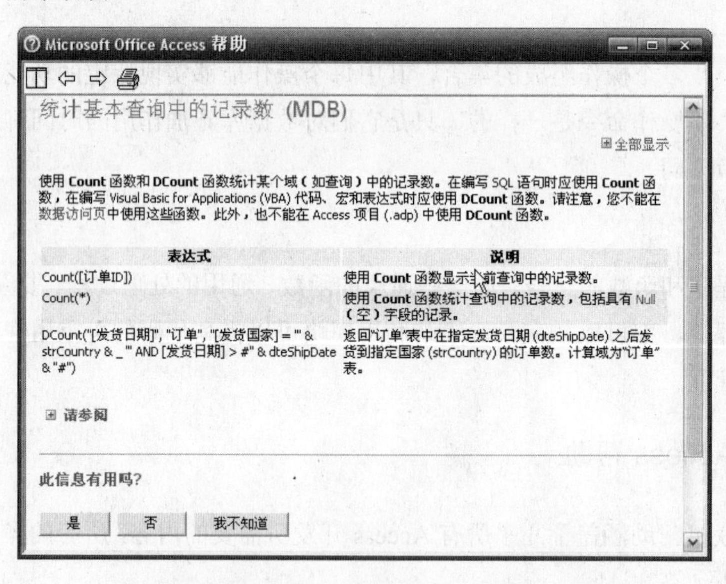

图 1-25　【Microsoft Office Access 帮助】窗口

通过“Access 帮助”任务窗格可访问所有“Office 帮助”内容。

按下 F1 键即可打开“Access 帮助”任务窗格，从菜单栏中选择“帮助”→“Microsoft Office Access 帮助”命令，如图 1-26 所示，也可打开“Access 帮助”，帮助窗格如图 1-27 所示。

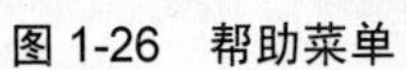
图1-26　帮助菜单

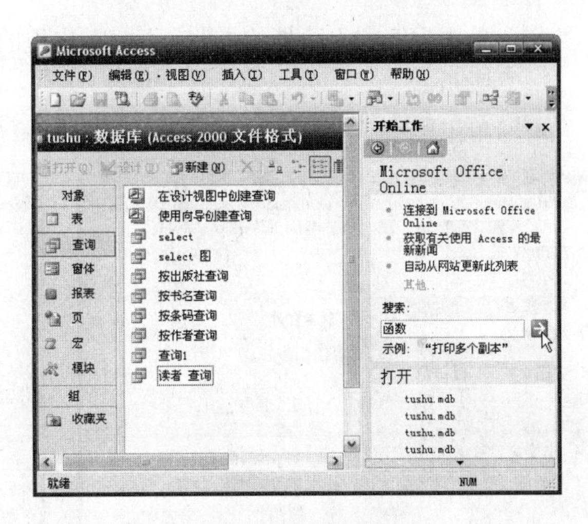

图1-27　帮助窗格

在【搜索】框中输入要查找问题的主题，单击右边的“开始搜索”按钮，出现如图1-24所示的帮助信息。

Office助手是Office提供获得帮助的一种智能化手段，也是Office默认的帮助系统。在工作过程中，当需要帮助时，只需单击Office助手就能得到帮助。

从菜单栏中选择“帮助”→“显示Office助手”命令，就打开如图1-28所示的Office助手。Office助手可以帮助查找“帮助”主题，显示提示，并针对正在使用的程序的各种特定功能提供帮助信息。

图1-28　Office助手

关闭Office助手的操作方法如下。

(1) 单击Office助手图标，再单击“选项”按钮。

(2) 清除“选项”卡上的“使用Office助手”复选框。此后不对助手进行激活，Office助手将不再出现。

1.2.7　Access的退出

当完成数据库的各种操作之后，应该正常退出数据库以及Access应用程序，Access 2003的退出方法有三种：

- 单击程序左上角处的控制图标，在出现的下拉菜单中选择【关闭】命令。如图 1-29 所示。
- 单击程序右上角的关闭按钮。如图 1-30 所示。

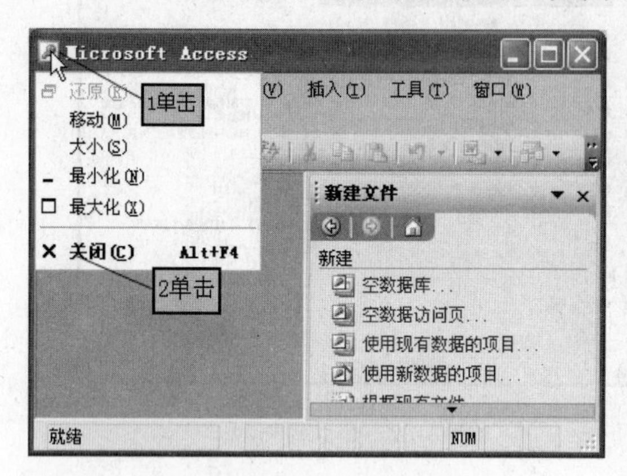

图 1-29 关闭 Access 方法一

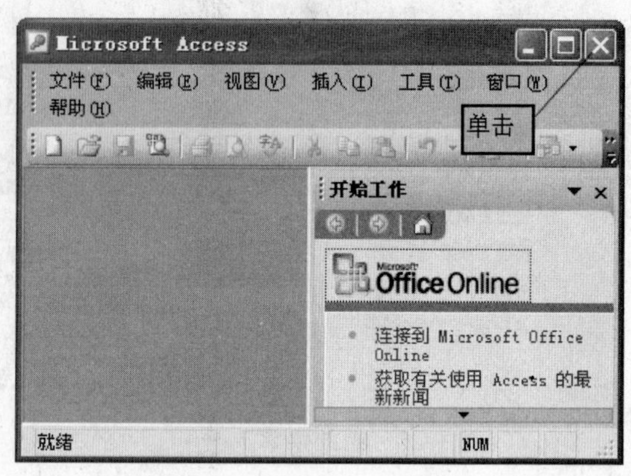

图 1-30 关闭 Access 方法二

- 从菜单栏中选择【文件】|【退出】命令。如图 1-31 所示。

如果在退出时没有保存数据，程序会提示保存，这时需要选择【是】，如图 1-32 所示。

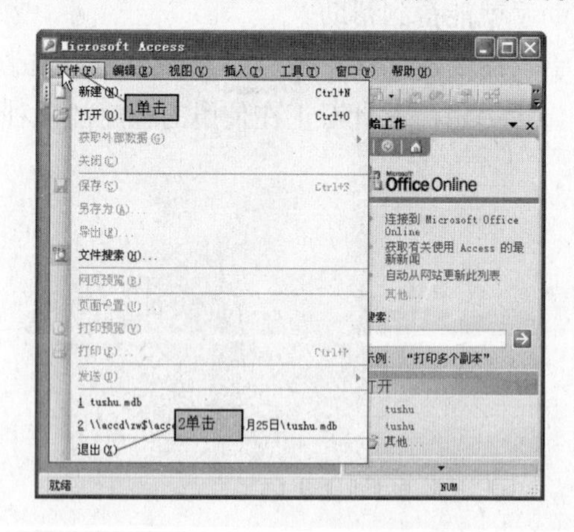

图 1-31 关闭 Access 方法三

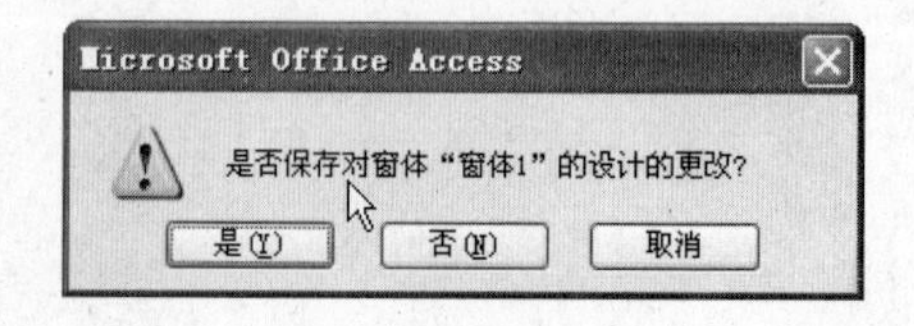

图 1-32 提示保存

1.3 练 习 题

一、选择题

1. 数据库系统与文件系统的主要区别是(　　)。

   A. 数据库系统复杂，而文件系统简单

   B. 数据库系统很好地解决了数据冗余和数据共享问题，而文件系统不能

   C. 文件系统管理的数据量较少，不能管理大量数据，而数据库系统可以

   D. 文件系统只能管理程序文件，数据库系统能管理各类文件

2. 用二维表数据来表示的实体及实体之间联系的数据模型称为(　　)。

A. 层次模型　　　　B. 网状模型

C. 实体与关系模型　　　　D. 关系模型

3. Access是一种关系型数据库管理系统，所谓的关系是指(　　)。

A. 一个数据库文件与另一个数据库文件之间有一定的关系

B. 数据模型符合一定条件的二维格式

C. 数据库中的实体存在的联系

D. 数据库中各实体的联系是唯一的

4. 下列说法错误的是(　　)。

A. [illegible]程序之间存在大量重复数据，数据冗余大

B. 文件管理阶段程序和数据有一定的独立性，数据文件可以长期保存

C. 数据库阶段提高了数据的共享性，减少了数据冗余

D. 上述说法都是错误的

5. 数据库技术是从20世纪(　　)年代中期开始发展的。

A. 60　　B. 70　　C. 80　　D. 90

6. 使用 Access 按用户的应用需求设计的结构合理、使用方便、高效的数据库和配套的应用程序系统，属于一种(　　)。

A. 数据库　　　　B. 数据库管理系统

C. 数据库应用系统　　　　D. 数据模型

7. 二维表由行和列组成，每一行表示关系的一个(　　)。

A. 属性　　B. 字段　　C. 集合　　D. 记录

8. 数据库是(　　)。

A. 以一定的组织结构保存在辅助存储器中的数据的集合

B. 一些数据的集合

C. 辅助存储器上的一个文件

D. 磁盘上的一个数据文件

9. 关系数据库是以(　　)为基本结构而形成的数据集合

A. 数据表　　B. 关系模型　　C. 数据模型　　D. 关系代数

10. 关系数据库中的数据表(　　)。

A. 完全独立，相互没有关系　　　　B. 相互联系，不能单独存在

C. 既相对独立，又相互联系　　　　D. 以数据表名来表现其相互间的联系

二、简答题

1. 什么是数据？什么是数据库？
2. 数据库系统与数据库管理系统的关系如何？
3. 什么是文件管理系统？它有什么特点？
4. 数据库系统要解决的主要问题是什么？
5. 关系数据库的特点有哪些？

第 2 章　创建 Access 数据库

【本章要点】

本章重点介绍数据库的设计步骤，常用的数据库创建方法以及数据库的基本操作。通过本章的学习，能够掌握数据库的设计方法及步骤，能够根据实际情况创建数据库，并能熟练掌握对数据库的基本操作。

2.1　数据库设计

数据库设计是指对于一个给定的应用环境，构造最优的数据模式，建立数据库及其应用系统，使之能够有效地存储数据，满足各种应用要求的一种设计过程。要成功地创建一个符合要求的数据库，不仅要清楚数据库的基本概念，还要了解数据库的设计步骤。

一般来讲，设计一个数据库要经过以下步骤：目标分析、选择数据和确定数据库主题。

2.1.1　目标分析

数据库设计的第一步就是确定建立数据库的目的，明确需求。确定建立数据库的目的也称之为目标分析。目标分析的任务就是通过与客户沟通来了解客户的各种需求，从而了解客户希望从数据库中得到什么样的信息。

2.1.2　选择数据

经过目标分析，知道了各种需求之后，为完成给定目标，就要调查和分析，收集与需求相关的数据，然后从中选择需要数据库保存的数据信息。这是数据库设计过程中最困难的一步。

2.1.3　确定数据库主题

确定数据库主题包括确定数据库表及其相应的结构和确定各个实体之间的联系。

根据选择的数据，确定各个独立的表及相应的结构。确定数据库中的表是数据库设计过程中技巧性最强的一步。在确定各个独立的表及其结构时应注意以下问题。

(1)　每个表有且仅有一个主题的信息。因为这样便于维护每一个表。

(2)　表中的字段应包含与主题有关的所有信息，并且表中的每个字段都要与主题相关。

(3)　表中存储的是原始数据，不应包含推导或计算的数据。如“学生信息”表中不应有“年龄”字段，因为“年龄”可以通过“出生年月日”计算得出。

(4)　以最小的存储单元存储数据。

根据实际需要，确定各实体间的联系。各个实体并不是孤立存在的，实体与实体间存在着联系，例如，一个班级可以有多个学生，一个学生只能在一个班级学习，那么班级和学生两个实体之间的关系就是一对多的关系，因此可以通过“学生信息”表里面的“班级代码”和“班级”表里面的“班级代码”将学生和班级两个实体联系在一起。所以正确地建立各个表之间的关联，能生动形象地反映现实世界中各个实体之间的真正联系。

【例 2.1】设计一个“学校图书管理系统”数据库。

设计过程如下。

(1) 通过与客户沟通，可以得知创建学校图书管理系统的目的是为了对学校图书馆的图书进行有效管理，提高工作效率，方便学校师生借阅图书。

(2) 了解创建数据库的目的之后，经过调查和分析，收集相关数据。可以得到与创建数据库相关的数据信息有：读者信息、学生信息、班级信息、专业信息、所在院系信息、图书信息、图书分类信息、条形码信息、图书借阅信息和工作人员信息等。

(3) 根据收集到的相关信息，就可以确定“学校图书管理系统”中应该创建的数据库表及其字段。在该数据库中应该创建如下表和字段：

- 系名称(系名，系代码)
- 专业名称(专业名，专业代码，系代码)
- 班级(班级名称，班级代码，班级人数，学制，辅导员)
- 学生信息(姓名，学号，班级代码，性别，身份证号，照片，家庭住址，出生日期，备注)
- 读者(借书证号，读者类别，办证日期，班级/部门代码，读者状态)
- 图书(图书名，书籍条形码，图书馆条码，图书类别，出版社，页数，作者，简介，价格，书架号，是否入库，登记日期，是否借出)
- 分类(分类号，分类名称)
- 借还记录(条形码，图书名，借/还，借书证号，读者姓名，借/还日期，工作人员)
- 工作人员(姓名，口令，权限)

确定了要创建的表和字段之后，就可以根据实际需要，建立表与表之间的关系。“图书管理系统”的关系模型如图 2-1 所示。

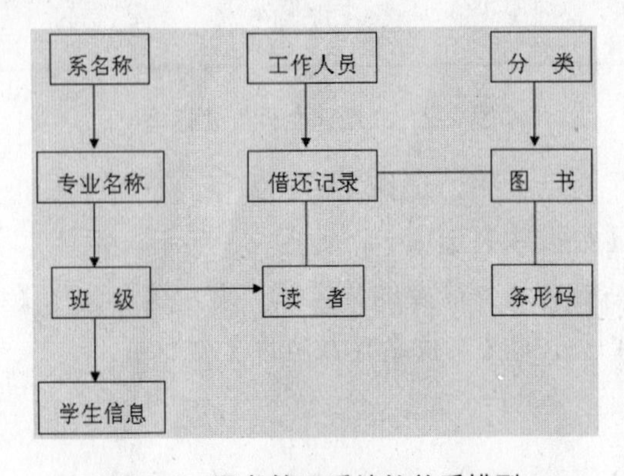

图 2-1　图书管理系统的关系模型

其中每个方框代表一个表，没有箭头的连线代表一对一的联系，单箭头的连线代表一对多的联系。系统总共有 10 个表，每个数据表都代表一个实体。并且实体与实体之间不是孤立存在的，实体与实体之间通过外部关键字反映出各实体间的联系。

2.2 创建数据库

Access 是存储数据信息的一个容器。数据库中的主要对象有表、查询、窗体、报表、页、宏和模块等。数据库在存储过程中，文件的默认扩展名为.mdb。

完成对数据库的设计之后，就可进行数据库的创建。创建数据库的常用方式有三种。

2.2.1 使用数据库向导创建数据库

Access 2003 提供 10 种现成的数据库模板供选择，以快速建立数据库。

【例 2.2】使用数据库向导创建“订货管理”数据库。

方法与步骤如下。

(1) 启动 Access 2003。

(2) 从菜单栏中选择“文件”→“新建”命令，出现如图 2-2 所示的“新建文件”对话框。

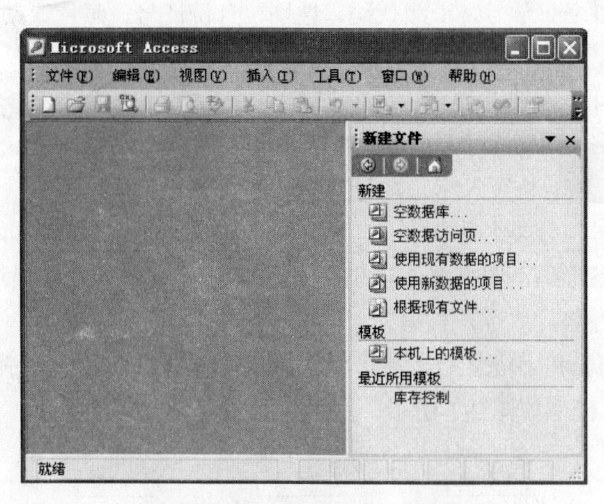

图 2-2 “新建文件”对话框

(3) 在“新建文件”对话框中，选择【模板】栏，单击【本机上的模板】选项，打开【模板】对话框，选择【数据库】选项卡，如图 2-3 所示。

(4) 从【模板】对话框中选择需要的数据库类型，这里选择【订单】模板，单击【确定】按钮，打开如图 2-4 所示的【文件新建数据库】对话框。

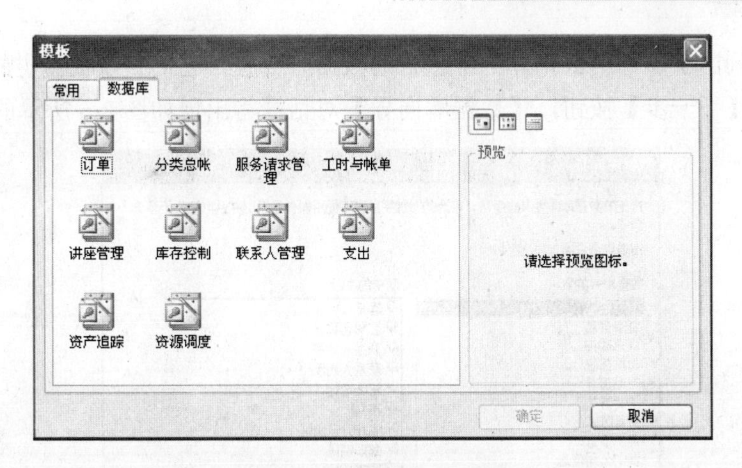

图 2-3　【模板】对话框

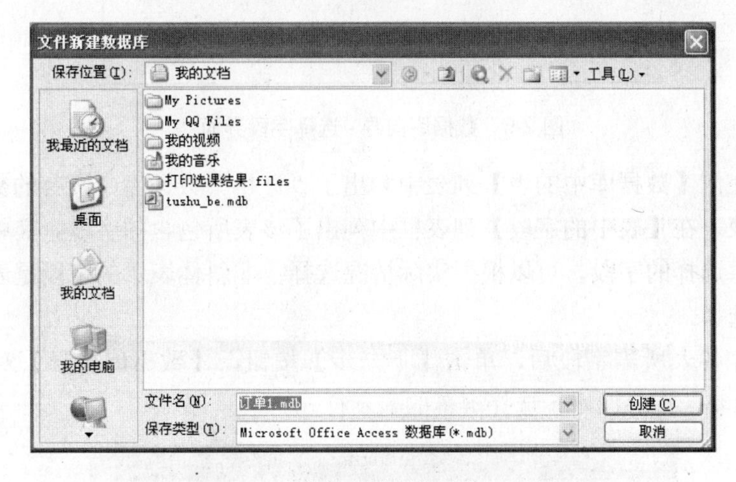

图 2-4　【文件新建数据库】对话框

(5) 在【文件新建数据库】对话框中，选择文件保存的位置并指定文件的名称，然后单击【创建】按钮，弹出如图 2-5 所示的【数据库向导】对话框。

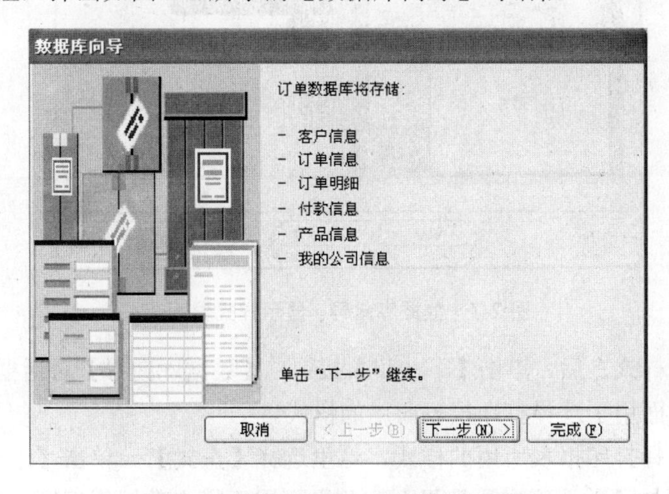

图 2-5　数据库向导 - 数据库信息界面

该对话框列出了“订单数据库”中包含的数据库信息，它们是模板提供的表对象。

(6) 单击【下一步】按钮，【数据库向导】对话框将出现如图 2-6 所示的内容。

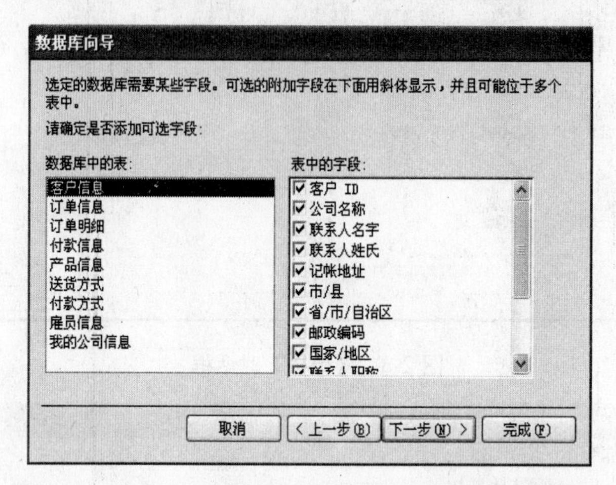

图 2-6 数据库向导 - 选择字段界面

对话框的左侧【数据库中的表】列表中列出了“订单”数据库中所有的数据库表。选中其中的一个表，在【表中的字段】列表框中列出了该表所包含的字段。其中表中用斜体表示的字段是供选择的字段，可以根据实际情况选择；非斜体表示的字段是表中必须包含的字段，无法选择。

(7) 设置完各表所需字段后，单击【下一步】按钮，【数据库向导】对话框出现如图 2-7 所示的内容，该界面用于选择屏幕的显示样式。

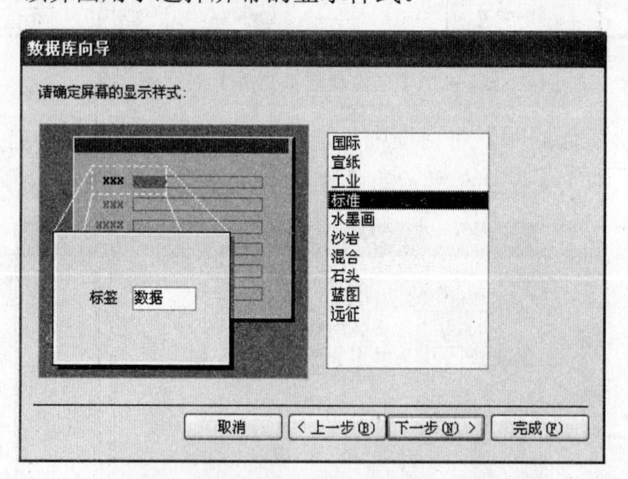

图 2-7 数据库向导 - 显示样式界面

(8) 选择显示样式之后，单击【下一步】按钮，【数据库向导】对话框将出现如图 2-8 所示的内容，该界面用于选择打印报表所用的样式。

(9) 按要求选择打印报表所用的样式，这里选择【正式】。单击【下一步】按钮，将出现如图 2-9 所示的【数据库向导】界面。此界面用于指定数据库标题，同时选择是否在所有报表中加一幅图片。

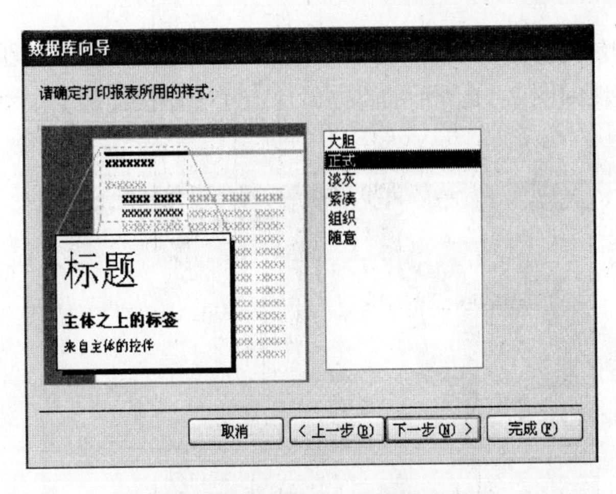

图 2-8 数据库向导 - 报表样式界面

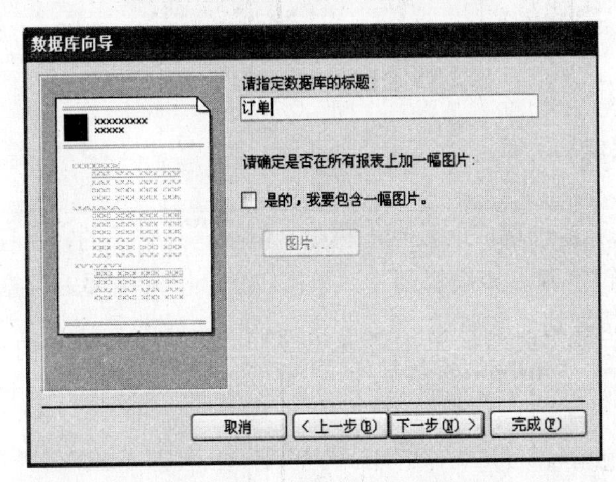

图 2-9 数据库向导 - 指定标题界面

(10) 输入数据库标题并选择是否在报表中加图片，单击【下一步】按钮，出现如图 2-10 所示【数据库向导】界面。

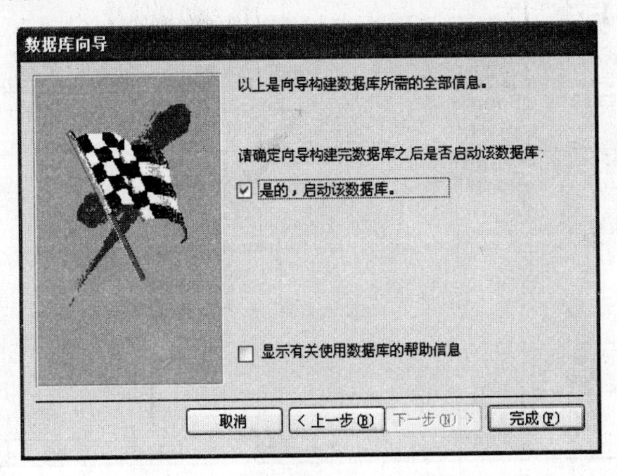

图 2-10 数据库向导 - 完成界面

(11) 选择向导构建完数据后是否启动该数据库，单击【完成】按钮，“订货管理”数据库已经完成，将出现如图 2-11 所示的界面。单击【主切换面板】上对应的按钮完成相应的操作。

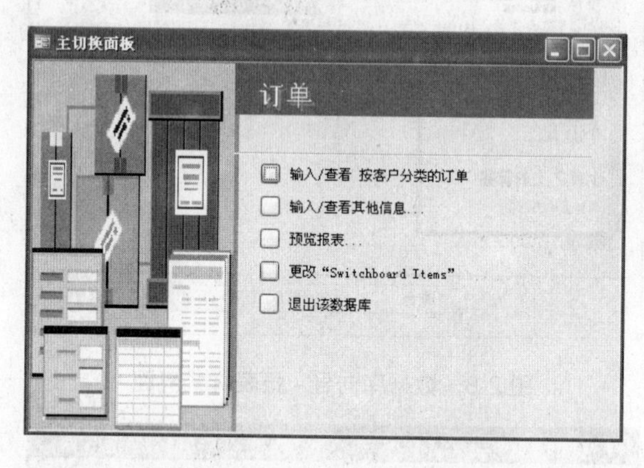

图 2-11 【主切换面板】对话框

2.2.2 创建空数据库

虽然 Access 提供了多种现成的数据库模板，但毕竟是有限的，并且利用数据库模板创建的数据库表格式比较单调。如果想创建一个比较适合实际需要的数据库，可以先创建一个空数据库，再根据需要进行设计。

【例 2.3】 创建一个“tushu”空数据库。

方法与步骤如下。

(1) 启动 Access 2003。

(2) 从菜单栏中选择“文件”→“新建文件”命令，或者单击工具栏上的“新建”按钮，出现如图 2-2 所示的【新建文件】对话框。

(3) 在【新建文件】对话框的【新建】栏中单击【空数据库】选项，打开如图 2-12 所示【文件新建数据库】对话框。

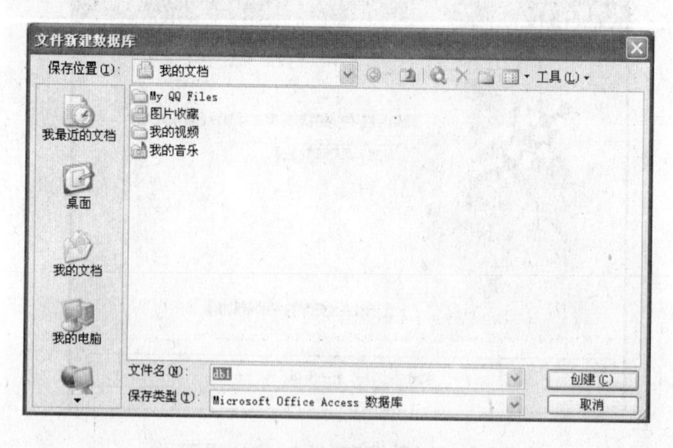

图 2-12 【文件新建数据库】对话框

(4) 选择文件的保存位置和文件的文件名。例如保存位置选择【我的文档】，文件名为“tushu”。然后单击【创建】按钮，就可以创建一个名为“tushu”的空数据库文件，如图 2-13 所示。

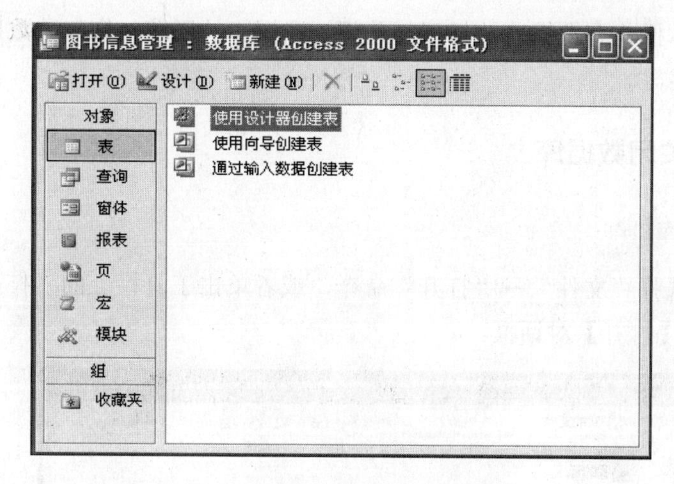

图 2-13　图书信息管理数据库

2.2.3　使用现有数据创建数据库

Access 还可以根据现有数据创建数据库，方法与步骤如下。

(1) 启动 Access 2003。

(2) 从菜单栏中选择“文件”→“新建”命令，出现如图 2-2 所示的【新建文件】对话框。

(3) 在“新建文件”对话框的【新建】栏中单击【根据现有文件】选项，打开如图 2-14 所示的【根据现有文件新建】对话框。

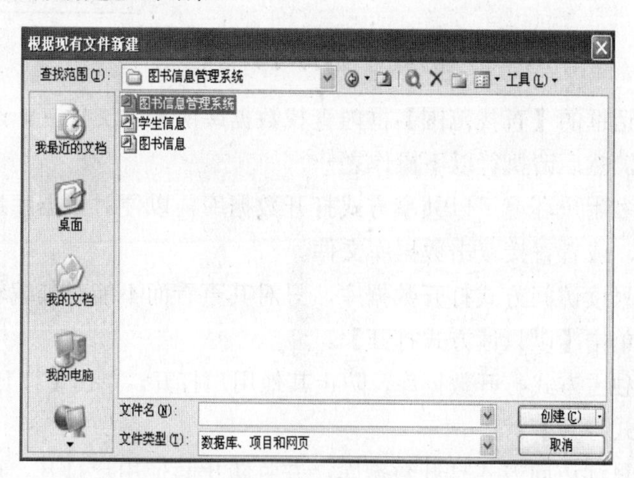

图 2-14　【根据现有文件新建】对话框

(4) 选中作为新数据库文件基础的现有文件，然后双击该文件或者单击【创建】按钮，即可创建新数据库。

2.3 数据库的基本操作

数据库的基本操作有数据库的打开与关闭、数据库的压缩与修复、数据库的拆分、数据库的删除与更名等。

2.3.1 打开和关闭数据库

1. 打开数据库

从菜单栏中选择“文件”→“打开”命令，或者单击工具栏上的“打开”按钮，打开如图 2-15 所示的【打开】对话框。

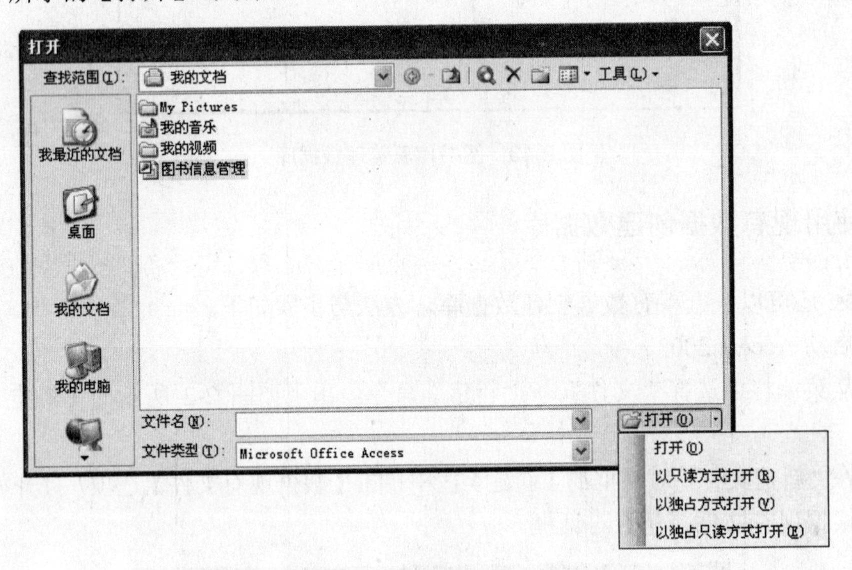

图 2-15 【打开】对话框

在【打开】对话框的【查找范围】框内查找数据库所在的文件夹，从列表框中选中要打开的数据库文件，然后请执行以下操作之一。

(1) 如果要在多用户环境下以共享方式打开数据库，以便对数据库进行读写操作，可单击【打开】按钮，或者直接双击数据库文件。

(2) 如果要以只读访问方式打开数据库，只对其查看而不能对其编辑，单击【打开】按钮旁的箭头，并单击【以只读方式打开】。

(3) 如果要以独占方式打开数据库，防止其他用户打开，单击【打开】按钮旁的箭头，并单击【以独占方式打开】。

(4) 如果要以只读访问方式打开数据库，并且防止其他用户打开，可单击【打开】按钮旁的箭头，并单击【以独占只读方式打开】。

在默认情况下，Access 2003 数据库是以“共享”的方式打开的，这样可以保证多人能够同时使用同一个数据库。不过，在以共享方式打开数据库的情况下，有些功能(例如压缩和修复数据库)是不能使用的。

2. 关闭数据库

常见的数据库的方法有以下几种。

(1) 选择“文件”→“关闭”命令。

(2) 单击“数据库”窗口右上角的【关闭】按钮。

(3) 双击“数据库”窗口右上角的【控制】菜单图标。

2.3.2 压缩与修复数据库

删除数据库系统中的数据时，实际只是作删除标记，并没有把数据从数据库文件中真正删除，这样就会在数据库文件中产生很多碎片，从而使整个数据库文件的使用率下降。压缩可以去除碎片，使 Access 2003 重新安排数据，收回空间。在对数据库文件压缩之前，系统会对文件进行错误检查，如果检测到数据库被损坏，就要求修复数据库。

当数据库处于打开的情况下，要实现压缩与修复数据库可以单击菜单栏中的【工具】命令，然后选择【数据库使用工具】命令中的【压缩与修复数据库】子命令。当没有数据库处于打开的情况下，要想实现压缩与修复数据库也可用上述方法。选择【压缩与修复数据库】子命令会弹出如图 2-16 所示的【压缩数据库来源】对话框，选择数据库所在的位置及其数据库文件名，然后单击【压缩】按钮。

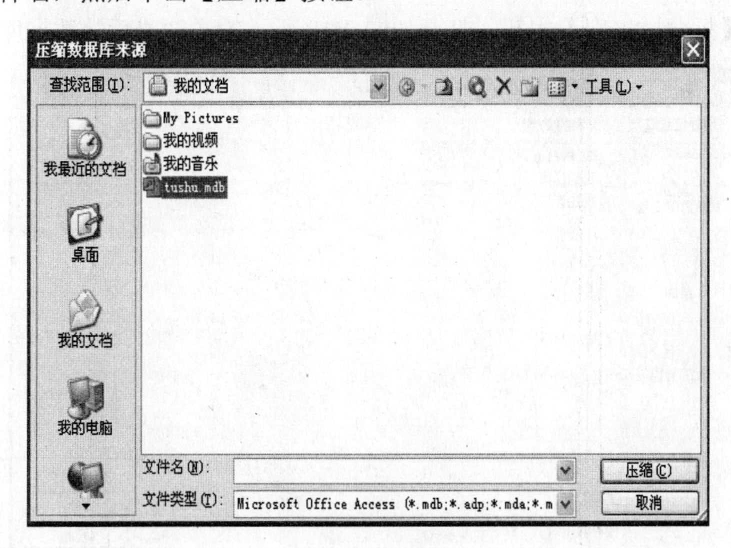

图 2-16 【压缩数据库来源】对话框

2.3.3 拆分数据库

当数据库应用系统共享给网络上多个用户使用时，就会发现如果要想访问数据库中的数据，必须把数据库中所有的表、查询、报表、页和宏等数据对象复制到本地计算机中，这样很不方便。拆分数据库其实是把数据库中的前台程序文件和后台数据文件分开，将数据库文件放在后端数据库服务器上，而前台程序文件放在每一个用户的计算机上。这样用户负责在自己的机器上操作，而数据库服务器负责传输数据，从而构成一个客户/服务器的应用模式。

实现拆分数据库的方法如下。

(1) 选中要拆分的数据库，从菜单栏中选择“工具”→“数据库实用工具”→“拆分数据库”命令，打开如图 2-17 所示的【数据库拆分器】对话框。

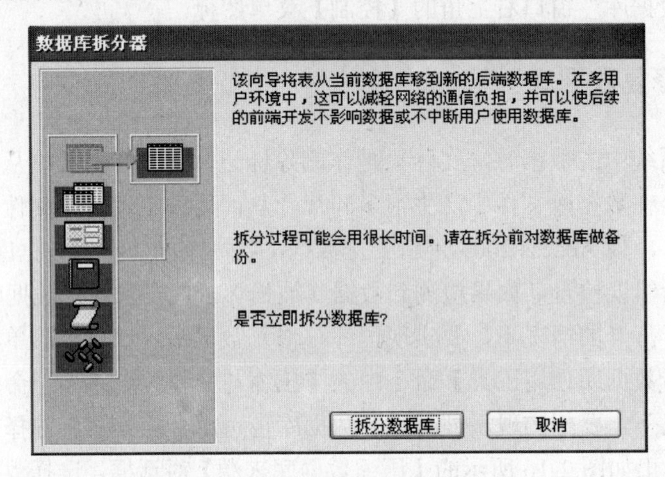

图 2-17 【数据库拆分器】对话框

(2) 单击【拆分数据库】按钮，打开如图 2-18 所示的【创建后端数据库】对话框。

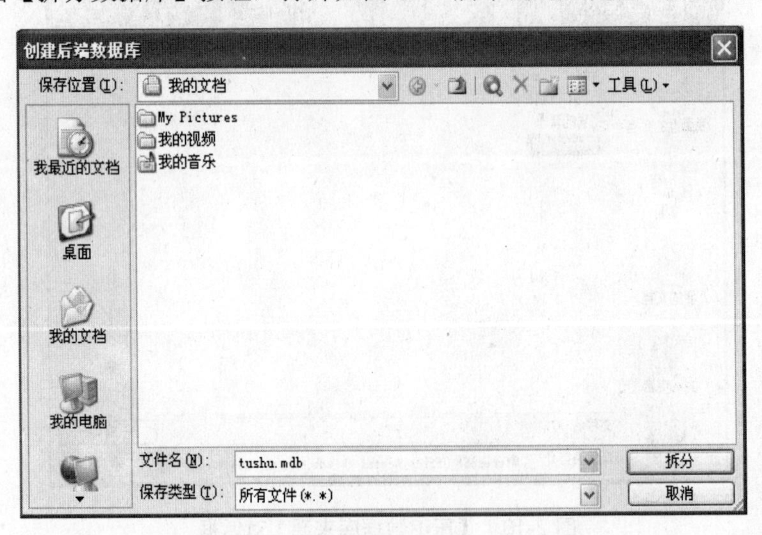

图 2-18 【创建后端数据库】对话框

(3) 选择后端数据库保存位置和文件的文件名，单击【拆分】按钮之后，系统会弹出“数据库拆分成功”对话框。单击“确定”按钮即可。

在拆分数据库成功之后，前端数据库窗体中数据库表的名字前都有一个小箭头，如图 2-19 所示。这是因为当前的表是连接到后端数据库的，这里的表只是一个空表，里面没有数据。而在后端数据库中只有数据库表，其他数据库对象都放在前端数据库中。

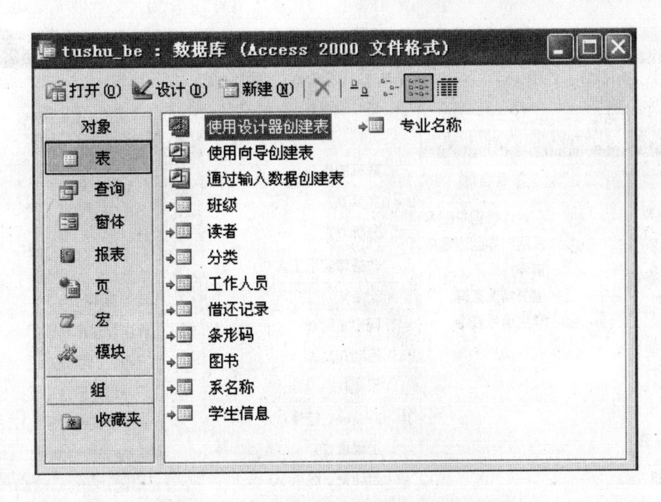

图 2-19　前端图书信息数据库窗体

2.3.4　数据库的删除与更名

Access 2003 数据库是以.mdb 为文件扩展名进行保存的，因此数据库删除和更名操作，即为文件的删除和更名操作。需要注意的是，对数据库进行更名和操作时，必须在数据库关闭的情况下进行。

2.3.5　数据库的安全管理

在 Access 中，通过设置数据库密码和不同权限的账户，可以限制一些非法访问。

1. 设置数据库密码

保护 Access 数据库的最简单方法是为是数据库设置密码。设置密码后，在打开数据库时就必须先输入密码；密码正确时用户才可以打开数据库，否则就打不开数据库。

设置数据库密码的方法如下。

(1)　以独占方式打开数据库。操作方法是：从菜单栏中选择“文件”→“打开”命令，在“打开”对话框中单击“打开”按钮右侧的箭头，从打开方式列表中选择“以独占方式打开”选项。

(2)　从菜单栏中选择【工具】|【安全】|【设置数据库密码】命令，如图 2-20 所示，打开【设置数据库密码】对话框，输入并验证要设置的密码，输入的两次密码必须相同，并注意字母的大小写，然后单击【确定】按钮，如图 2-21 所示。

设置密码成功后，在下一次打开数据库时会弹出要求输入密码的对话框，如果密码输入不正确就不能打开数据库。

数据库密码与数据库文件存储在一起，如果丢失或遗忘密码，就无法打开数据库。

撤消数据库密码的方法是：先用“独占方式”打开数据库。然后选择菜单栏中的“工具”→“安全”→“撤消数据库密码”命令，在弹出的对话框中输入正确的数据库密码后单击“确定”按钮，就可以撤消这个数据库密码。

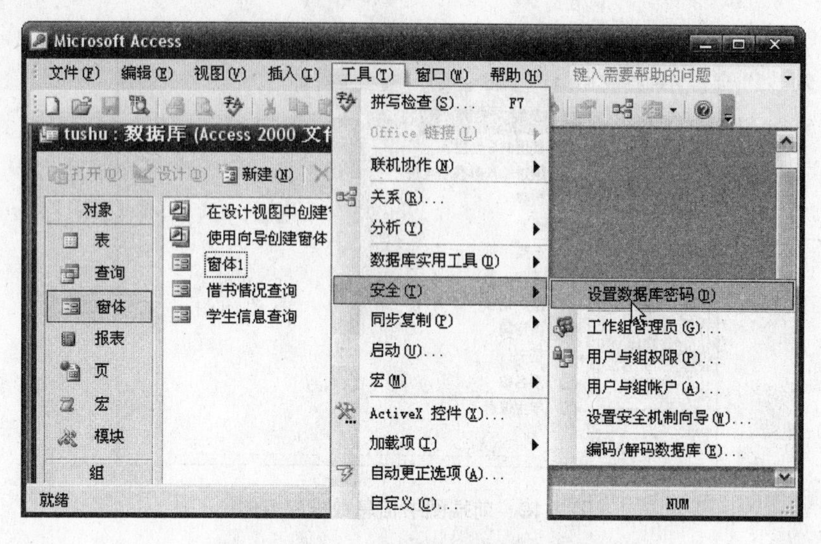

图 2-20　打开【设置数据库密码】菜单

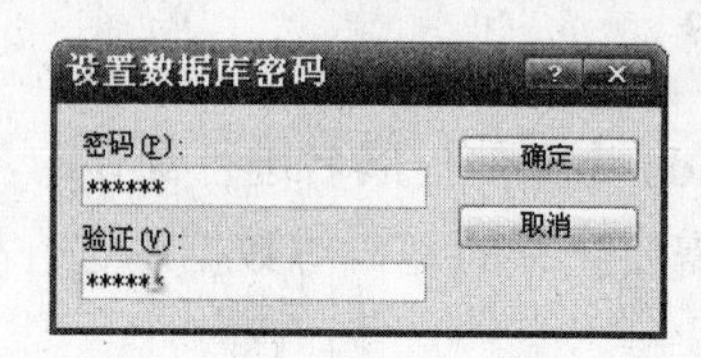

图 2-21　【设置数据库密码】对话框

若要更深层次地保护数据库密码，可以从菜单栏中选择“工具”→“安全”→“编码解码数据库”命令，为数据库加密。

2. 用户级安全机制

在 Access 数据库中，使用用户级安全机制可以让数据库管理员和对象的所有者为各个用户或几组用户授予对表、查询、窗体、报表和宏的特定权限，防止用户因更改这些对象而破坏应用程序，同时帮助保护数据库中的敏感数据。

(1)　用户账户、组账户与权限

使用账户和权限，可以规定个人和组对表、查询、窗体、报表和宏的等数据库对象的访问权限。

用户账户是由用户名和个人的 ID(PID)表示的用户。组账户是用户账户的集合，由组名称和个人 ID 标识，分配给一个组的权限适用于组中所有的账户。Access 提供两个默认组：管理员组和用户组，此外也可以定义其他组。

权限是一组属性，用于指定账户对数据库中的数据或对象所拥有的访问权类型。

当开始使用 Access 系统时，所有的账户都是管理员的身份，拥有最大的权限，可以对 Access 进行任意的操作。

为简化对权限的管理，建议只向组授权，然后将用户添加到适当的组中。使不同权限用户对数据库实施不同级别的操作。

例如，为了保护“图书”数据库，可以为“馆长”建立一个组，为“图书管理员”建立一个“管理员”组，然后将具有最少限制的权限赋予“馆长”组，将具有较多限制的权限赋予“管理员”组。

(2) 工作组和工作组信息文件

Access 工作组是在多用户的环境下共享数据的一组用户。工作组信息文件是 Access 在启动时读取的包含工作组中用户信息的文件，这些信息包括账户名、密码及所属组。为这些账户指定的权限本身将存储在启用安全功能的数据库中。

当首次运行 Access 时，系统会自动创建一个工作组信息文件，包含 3 个预定义的用户。

- 管理员：默认的用户账户，Access 的每一个副本都如此。
- 管理员组：一个组账户。该组中的所有账户都能管理这个 Access 数据库，其中至少拥有一个管理员账户。在最初建立数据库时管理员组只包括一个管理员账户 Administrator。
- 用户组：一个组账户，账户中的所有成员都可以使用 Access 数据库，当使用管理员户建立一个账户时，该账户将自动加入到用户组中。

(3) 建立用户账户与组账户

建立用户账户与组账户的方法如下。

① 以管理员账户登录数据库。

② 从菜单栏中选择“工具”→“安全”→“用户与组账户”命令，打开【用户与组账户】对话框，如图 2-22 所示。

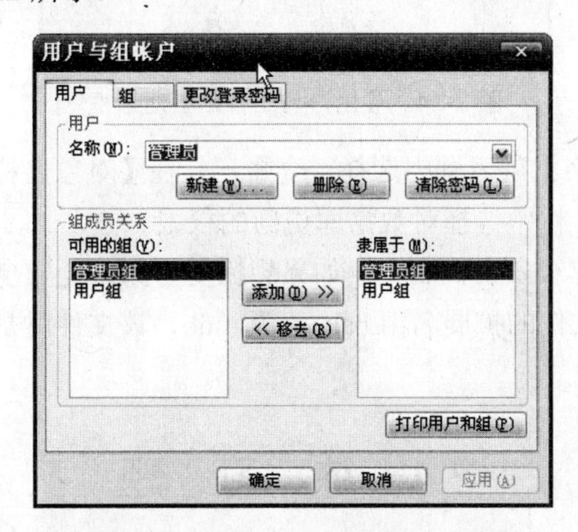

图 2-22 【用户与组账户】对话框

如果要建立用户账户，可以选择【用户】选择卡，然后单击【新建】按钮，打开【新建用户/组】对话框，如图 2-23 所示，输入新账号的名称和个人 ID。

图 2-23 【新建用户/组】对话框

如果要建立组账户，可以选择【组】选项卡，然后单击【新建】按钮，来新建一个组账户。

(4) 设置用户与组的权限

要使数据库的使用者拥有不同的权限——即有的人可以修改数据库的内容，而有的人只能浏览数据库的内容但不能修改，就需要为不同的用户或用户组设置不同的权限。

设置用户与组的权限的方法如下。

① 以管理员账户登录数据库，从菜单栏中选择“工具”→“安全”→“用户与组权限”命令，打开【用户与组权限】对话框，如图 2-24 所示。

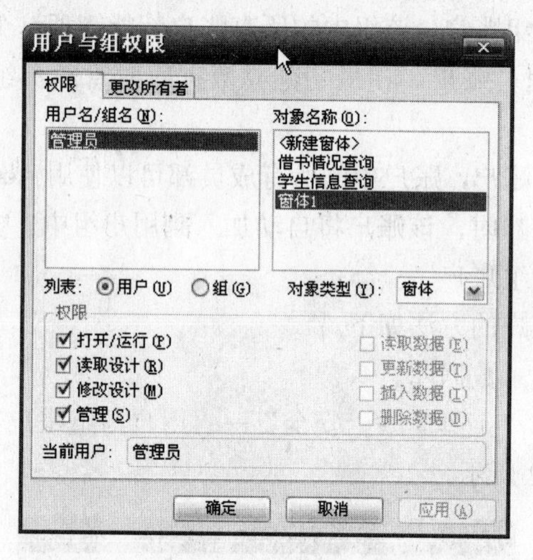

图 2-24 【用户与组权限】对话框

② 在【用户名/组名】列表框中选择一个账户，在【对象名称】列表框中选择要设置权限的对象，在【权限】栏中选择对数据库访问的权限。

对数据库设置了用户级安全机制后，如果想恢复为原来无安全机制的数据库，可以将生成的数据库备份副本文件的扩展名由.bak 改为.mdb，该文件就是原来无安全机制的数据库文件。

2.4 练 习 题

一、填空题

1. 数据库中的主要对象有________、________、________、________、页、宏、和模块等。

2. 数据库在存储过程中文件的默认扩展名为________。

3. 数据库设计的步骤为：________、________、确定数据库主题。

4. Access 2003 提供了 10 种现成的数据库模板，分别是订单入口、________、________、服务请求管理、________、________、联系管理、支出、资产追踪、资源调度。

二、简答题

1. 创建数据库有哪几种常用方法？
2. “压缩与修复数据库”有何意义？
3. “拆分数据库”的作用是什么？
4. 数据库的打开方式有哪几种？

三、实训题

1. 使用数据库向导创建一个“仓库管理”数据库。
2. 拆分“仓库管理”数据库。

第3章　表的基本操作

【本章要点】

本章重点介绍数据表的概念、表的创建方法、表结构的修改、数据的输入、查询与修改方法。通过学习可以掌握数据表的基本概念，学会以不同方式创建表，学会操作表内的数据，例如添加数据、修改数据和删除数据；学会通过不同方式管理数据表，如筛选、查找和替换等；学会设计表与表之间的关系。

3.1　表

3.1.1　表的概念

在 Access 中，表是关于特定主题的数据集合。在 Access 中的表都是二维表。每个表由表名、字段和记录组成。表是数据库存储数据的基本单元。如果把数据库比喻成一个大型的超市，那么数据表则是超市里面的货架，而各种货品(数据)则存放在这些货架(表)上。

1. 表是一种实体的描述

实体是数据库中包含的各种对象，体现了现实中的事物或事物间的联系。在数据库中，同一类的所有实体用一个表来描述。

2. 表名唯一

数据库中每个表的表名必须是唯一的，不能出现重复的情况，因为每个表反映了一个实体，所以要避免重复。出于同样的原因，表尽量使用该实体的名称作为表名。

3. 表由记录和字段组成

数据库中的表是由行和列组成的。表中的一行称为记录，记录某一个具体实体的信息；表中的一列称为元组，记录这些实体的某一个属性。

4. 表与表之间存在关系

数据库中的表与表之间多数存在关系，基本上不存在单独存在于数据库中的表。

3.1.2　表的结构

Access 作为一个关系数据库，每一个表都对应一个关系，所以表也是二维结构，由行和列组成。

行也称记录，用来记录一个实体的相关属性。

列也称字段、属性，用来记录实体的某种特征。

表的结构如图 3-1 所示，其中由“计算机应用 05-1”、“45”、“张国庆”等信息组成的一组数据，都是关于“计算机应用 05-1”这个班级实体的，称为行。“人数”是用来描述所有实体的某一个特征的，称为列。

班级：表

班级名称	班级代码	人数	学制	辅导员
计算机应用05-1	0101200501	45	3	张国庆
计算机应用05-2	0101200502	44	3	张国庆
计算机网络技术05-1	0102200501	40	3	张国庆
计算机网络技术05-2	0102200502	46	3	张国庆
软件工程05-1	0103200501	30	3	王也
软件工程05-2	0103200502	50	3	王也
应用电子技术05-1	0201200501	42	3	李莉
应用电子技术06-1	0201200601	50	3	李莉
电子信息工程06-1	0202200601	25	3	李莉
电子信息工程07-1	0202200701	46	3	李莉

记录: 1 共有记录数: 10

图 3-1 表的结构

3.1.3 Access 的数据类型

在数据库中，每个字段都拥有自己的数据类型。字段的数据类型决定了该字段中可以存储哪一类的数据。例如，“年龄”字段如果设定为“数字型”，那么在向该字段内输入数据时，只能输入一些数字，而不允许输入字母或汉字。

如果使用向导或者是输入数据的方式，表中字段的数据类型、字段大小以及字段属性等信息由系统自动生成，只需进行简单的调整就可以了。但是在实际应用中，多数情况下使用“表设计器”设计并建立表，此时就要求选择字段的数据类型。Access 一共向用户提供了 10 种数据类型。

1. 字段的数据类型

(1) 文本型(Text)：可以使用字符和数字的组合，如姓名、地址等；或者是不需要计算的数字，如电话号码。最长为 255 个字符，默认大小为 50 字符。可以根据需要修改这个默认值。从菜单栏中选择“工具”→“选项”命令，在弹出的【选项】对话框中选择【表/查询】标签，如图 3-2 所示。该窗体还可以对其他的一些默认值进行设置。

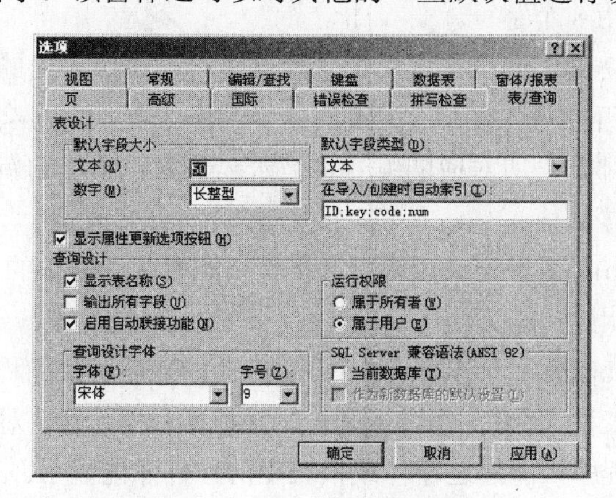

图 3-2 【表/查询】选项卡

(2) 备注型(Memo)：长文本与数字的组合，最多为65535个字符。但是备注型的数据不允许进行排序操作，也不允许设定索引。

在为“备注”型数据字段添加数据时，可以通过“Shift+F2”来打开【显示比例】对话框，如图3-3所示。在该对话框内，用户可以设定和编辑备注的内容和格式，并可以设置备注的字体。如果需要另起一行，可以通过Ctrl+Enter实现。

图3-3　备注数据类型的【显示比例】对话框

(3) 数字型(Number)：可以存放数字型的数据，并可以对数据进行计算。该数据类型又可细分。

- 字节：表示一个单字节整数，范围为1~255。
- 整数：表示一个两字节整数，范围为-32758~32768。
- 长整数：表示一个四字节整数，范围为-2147483648~2147483648。
- 单精度型：表示一个四字节浮点数，范围为$-3.4\times10^{38}\sim3.4\times10^{38}$。
- 双精度型：表示一个八字节浮点数，范围为$-1.797\times10^{308}\sim1.797\times10^{308}$。

(4) 日期时间型(Data/Time)：100~9999范围内的日期及时间值，并可以对其进行比较，大小为8个字节。

(5) 货币型(Currency)：货币值或者是用于数学计算的数字数据，这里的计算指带有1~4位小数的数学运算，精确到小数点左边15位和小数点右边4位，输入时系统自动键入货币符号和千位分隔符。占用8个字符。

(6) 自动编号(AutoNumber)：在添加记录的同时自动按照事先的约定进行数据有规律变化的添加，例如从1开始每次递增1。占用4个字节。自动编号会永久地与记录连接，如果某条记录被删除，那么它所对应的编号也被永久删除，添加的新记录不会再次使用该编号，而是仍然按照顺序赋值。

(7) 是/否型(Yes/No)：用于记录逻辑型数据，只能取两个值中的一种，例如：Yes/No、True/False、On/Off。占用一个字符。

(8) OLE对象型(Object)：可链接或嵌入其他使用OLE协议的程序所创建的对象，如Word文档、Excel电子表格、图像、声音或其他二进制数据等。这些对象可以保存在Access数据库表中，但是部分程序只能通过窗体或报表中的控件才能显示。占用最大空间为1GB。

(9) 超链接型(Hyperlink)：用于保存超级链接的数据，以文本或数字的形式表现，以文本形式存储。超链接地址可以是 UNC 路径或是 URL，最大字符为 64000 个。

(10) 查询向导型(Lookup Wizard)：通过向导的方式自行创建的字段，允许使用组合框来选择一个表或一个自行设计列表中的值。当选中该数据类型后，将自动打开对应向导。其数据类型将由系统根据选择的列表值来进行自动设置。通常占用 4 个字符。

2. 数据类型的选择

数据类型对于表中数据有着很重要的意义，设定的时候要根据实际情况选择数据类型。在定义表中字段的数据类型时，可以从以下几个方面考虑。

(1) 字段中允许使用值的数据类型。例如，“数值”型字段中不能包含非数字字符。

(2) 字段宽度的设定。

(3) 该字段可能进行什么类型的运算和统计。例如，Access 能对数字或货币字段中的值进行求和、求平均值等运算，但不能对文本或 OLE 对象字段中的值求和。

(4) 是否需要排序或索引字段。文本、超链接以及 OLE 对象字段都不能排序或索引。

(5) 是否需要在查询或报表中使用字段对记录进行分组。备注、超链接以及 OLE 对象字段都不能用于分组。

(6) 如何排序字段中的值。在文本字段中，数字以字符串形式排序(如 1、10、100、2、20、200 等)而不是按其值排序。数字或货币型字段以数值形式排序。如果将日期数据输入到文本字段中，则不能正确地排序。

3.2 创建新表

Access 数据库管理系统提供了 6 种创建数据库表的方式：“数据库向导”、“表设计器”、“表向导”、“输入数据”、“导入表”、“链接表”。其中“导入表”与“链接表”是从其他文件中导出数据的同时建立新表，“数据库向导”是指在通过向导建立数据库的同时建立表，这三者并不是常规意义上的建立新表，本章重点介绍“表设计器”、“表向导”、“输入数据”三种创建新表的方法。

3.2.1 使用表设计器创建表结构

表设计器是最常使用的一种创建表的方法。

【例 3.1】使用表设计器创建班级表。

(1) 打开 tushu 数据库，选择“表”模块，双击“使用表设计器”选项；或单击“新建”按钮，弹出【新建表】对话框，如图 3-4 所示，选择【设计视图】，单击【确定】按钮。

(2) 弹出如图 3-5 所示的“表设计器”窗体，该窗体分成上下两个部分，上部分用来设定表内各个字段的名称和数据类型及说明等信息，下面部分用来对选中字段进行详细设定，例如字段大小、默认值、规则等。

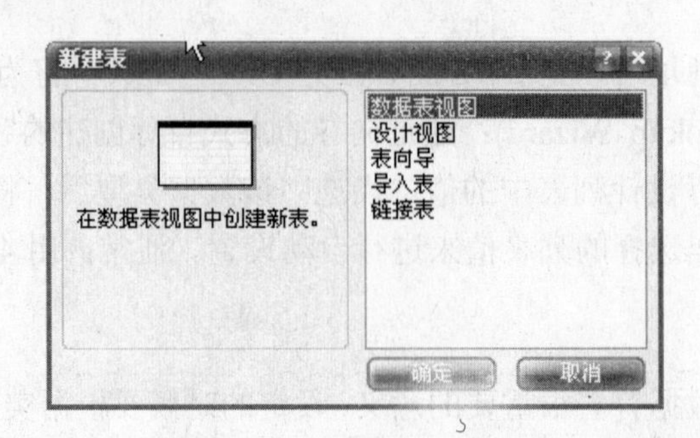

图 3-4 【新建表】对话框

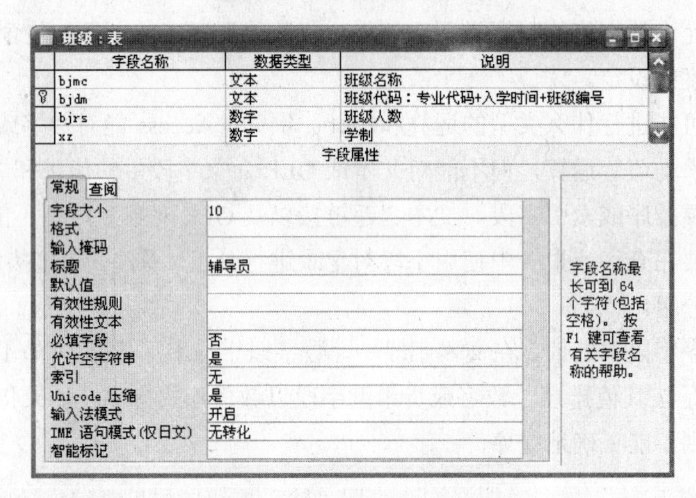

图 3-5 "表设计器"窗体

在使用设计器来定义表或修改表结构的时候，需要对各个属性字段进行一定的设置，通过对这些属性的设置可以保护数据的准确性和完整性。例如，可通过设置文本字段的"字段大小"属性来控制允许输入的最大字符数。

字段的数据类型不同，其属性也不相同。字段的主要属性有以下几种。

字段大小：指定文本型字段的最长长度，或数值型字段的类型和大小。

文字型字段的长度是 1~255 个字节，默认值为 50，在"字段属性"框中直接输入。数值型字段的长度不能设定具体的数值，而是设定它的类型，不同的类型长度不同，取值的范围和精度也不同，如表 3-1 所示。数值型字段默认为长整型。

表 3-1 数值型数据

数值类型	取值范围
字节型	1 字节，0~255 之间的整数
整型	2 字节，-2^{15}~$2^{15}-1$ 之间的整数
长整型	4 字节，-2^{31}~$2^{31}-1$ 之间的整数
单精度型	4 字节，精度到小数点后 7 位
双精度型	8 字节，精度为小数点后 15 位

格式：用来定义数字(及货币)、日期、时间、文本(及备注)的显示和打印方式。可以使用某种预定义格式，也可以使用格式设置符号来创建自定义格式。

文本和备注数据类型的格式——只有自定义格式，其自定义格式的符号和说明如表 3-2 所示。

表 3-2 特殊格式

符 号	说 明
<	使所有字变为小写
>	使所有字变为大写

数字(货币)型格式——有预定义和自定义格式，系统提供的预定义格式及简单示例，有“常规数字”、“货币”、“固定”等 7 种。

是/否型格式——可按照预定义格式选择是/否、真/假、开/关，也可设为自定义格式。

日期/时间型格式——也有预定义和自定义格式，系统提供了“长日期”、“短日期”等 7 种。

小数位数：对于数字字段或者货币字段，可以设置数字的小数点位数。默认值为“自动”，自动能显示货币、整型、标准和百分比格式种的两个小数位，并显示出一般数字格式中数字值的当前精度。设置“小数位数”属性只影响可显示的小数位数，而不影响实际存储的小数位数。

输入掩码：指定输入数据时的格式，可用“输入掩码向导”来编辑输入掩码。

该属性主要为字段的内容做一个详细的设定，在输入数据的时候可以根据掩码的提示进行输入，如果数据的格式不符合要求，系统就会拒绝操作。

输入掩码中使用的格式字符——输入掩码中出现的字符都有其固定的含义，表 3-3 列出的是常用的几种字符。

表 3-3 输入掩码的字符

字 符	意 义	说 明
0	数字	必添，只能是 0~9，不能用加号(+)与减号(-)
9	数字或空格	可选，不能用加号和减号
#	数字或空格	可选，将空白转换为空格，可以用加号和减号
L	字母	必添，A~Z
?	字母	可选，A~Z
A	字母或数字	必添
a	字母或数字	可选
&	任一字符或空格	必添
C	任何字符或一个空格	可选
<	所有字符转换为小写	

续表

字 符	意 义	说 明
>	所有字符转换为大写	
!	输入掩码从右到左显示	输入掩码中的字符正常从左到右填入，使用感叹号后，从右到左显示
\	其后字符显示本来含义	该字符可用于将该表中任何字符显示为原义字符。例如，\A 显示为 A

输入掩码示例见表 3-4。

表 3-4 输入掩码的示例

输入掩码定义	允许值示例
(0000)000-0000	(0415)252-2433
(9999)999-9999	(0415)252-2433 ( )252-2433
(999)AAA-AAA	(11)123-ABC
#999	-1 与 123
>L0L0	C5Q9
PUMA0-&&&&&&&&&-0	PUMA3-123cf-F5S-5
>LL	DB

输入法模式：在设定对于包含中文字符的字段时，可以设定输入法方式。设置为“输入法开启”，当向表中的该字段输入数据时，自动打开输入法窗口。设置为“输入法关闭”，则关闭中文输入法，可以根据字段的特点设置该属性，方便数据输入。

标题：字段的显示名称，在数据表视图中，它是列头(列标题)显示的字样。该属性只对字段的显示有作用，与字段的名称是两个概念，不会改变字段名称，如果改内容为空，则显示该字段的名称。如“bjmc”字段，如果标题项为空，在浏览表时显示为“bjmc”，如果标题设置为“班级名称”，在浏览表时该字段显示为“班级名称”。而在引用该字段时只能用字段名“bjmc”。

默认值：指定当添加新记录时，如果用户不做设定，自动填入字段中的值。

有效性规则：用于限制输入数据的表达式。

设计表中的某个字段时，可以包括一个有效性规则，用来指定字段本身需要遵守的输入范围或格式。有效性规则会检验用户输入的信息，只有在数据符合规则的时候才允许操作。

例如，规定“班级”表中“rs(人数)”字段的规则为“>0”。如果输入不符合条件，就会拒绝操作。

有效性规则的设定就是在对应的栏目中添入一个条件表达式。表达式主要由运算符和数值构成。

运算符包括：算术运算符，用于连接数字操作数，得到数字结果，有+、-、*、/、∧、\\(整除)、MOD(取余)；关系运算符，包括＜、＜＝、＜＞、＞、＞＝、Between…and…(指定一个数字范围)；逻辑运算符，在表达式中起连接、声明等作用，常用的逻辑运算符包括And(与)——前后两个条件都为真时，表达式的值才为真，Or(或)——前后两个条件只要有一个为真，表达式的值即为真，Not(非)——条件的相反值；字符串合并符&——将运算符两边的文本连接在一起。

表 3-5 是一些常用表达式的例子。

表 3-5　表达式的例子

表 达 式	含 义	符合条件的数据
Not “张三”	不是张三	李四、王五
<1000	小于 1000	20、15.3
Is Not Null	不允许为空	“张三”、12
Like “*数据库*”	字符串任何位置含有“数据库”字样	数据库基础、学习数据库

如果表达式中输入的数据是日期，Access 将自动用##包围，如果是文本，将自动用“”包围。

有效性文本：设置在输入的数据不符合有效性规则时所提示的错误信息。

必填字段：指定该字段在输入时是否必须输入数据，属性为“是”和“否”。如果选择“是”，则填写数据时，该属性必须赋值。通常只有主键属性会默认为“否”，即不允许空，其余字段都默认为“是”。

允许空字符串：文本型字段特有属性，是否允许输入空字符串。

索引：设置是否在该字段上建立索引，以及索引的类型。这里有三个选项：“无”、“有(有重复)”、“有(无重复)”。主键会自动设置为“有(无重复)”。

在如图 3-5 所示的表设计器窗体中输入如表 3-6 所示的内容。

表 3-6　班级表的表结构

字段名称	数据类型	说　明	字段大小	标　题	必填字段	输入法模式
bjmc	文本	班级名称	40	班级名称	是	开启
bjdm	文本	班级代码：专业代码 + 入学时间 + 班级编号	10	班级代码	是	开启
bjrs	数字	班级人数	整型	人数	否	关闭
xz	数字	学制	整型	学制	否	关闭
fdy	文本	辅导员姓名	10	辅导员	否	开启

(3) 表的内容设定结束后，单击窗体上方的“保存”按钮或者是直接选择关闭“表设计器”窗体，系统弹出要求输入表名的对话框，如图 3-6 所示。输入后单击【确定】按钮，

完成新表的建立。

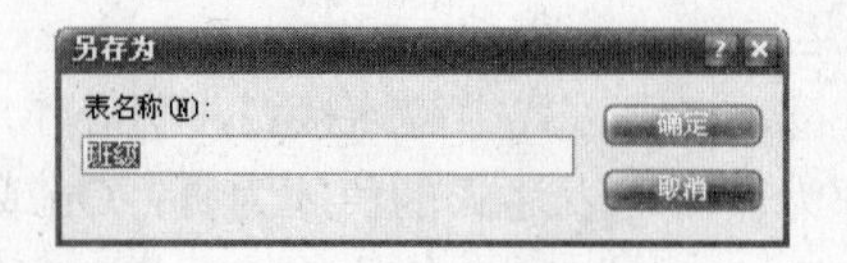

图 3-6 为数据表命名

3.2.2 使用表向导创建表结构

使用向导创建表的优点是可以根据系统的提示创建一个功能比较完善、结构比较合理的表格，缺点是缺少灵活性，只能按照系统提供的模板创建表格。

【例 3.2】使用表向导创建“学生信息表”。

具体的创建步骤如下。

(1) 打开 tushu 数据库，选择“表”模块，选择“使用向导创建表”，再单击“设计”，弹出图 3-7 所示的【表向导】对话框。或者选择“表”模块后单击“新建”按钮，在弹出如图 3-4 所示的【新建表】对话框中选择【表向导】选项，并单击【确定】按钮。

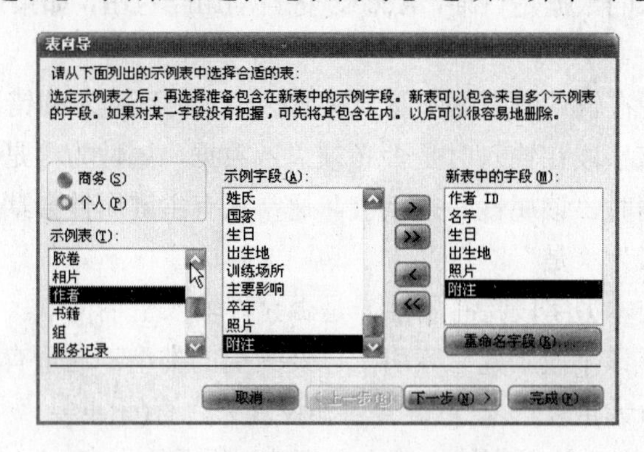

图 3-7 表向导 - 选择表类型

(2) 在【表向导】对话框中提示选择新表的类型。

该窗体分成三个部分，左侧上部分用来选择是“个人”类型还是“商务”类型的表格。左侧下端的【示例表】列表框列出了该类型所提供的示例表格模版。这里选择“个人”类型中的“作者”表。

窗体的中部的【示例字段】列表框列出了该表可供选择的示例字段名称，通过功能按钮，可以将需要的字段添加到窗体右侧的【新表中的字段】列表框中。这里添加“作者 ID”、“名字”、“生日”、“出生地”、“照片”和“附注”字段。此外，还可以通过【重命名字段】按钮将已经选择的字段进行重新命名。设定结束后，单击【下一步】按钮。

(3) 进入的界面要求输入新表的名称和是否建有主键，如图 3-8 所示。输入表名称为“学生信息”，单击【下一步】按钮。

(4) 进入的“表向导-关系设定”界面要求设定该新表与原有表的关系，如图 3-9 所示。单击右下方的【关系】按钮，可对目标表之间的关系进行设定。然后单击【下一步】按钮。

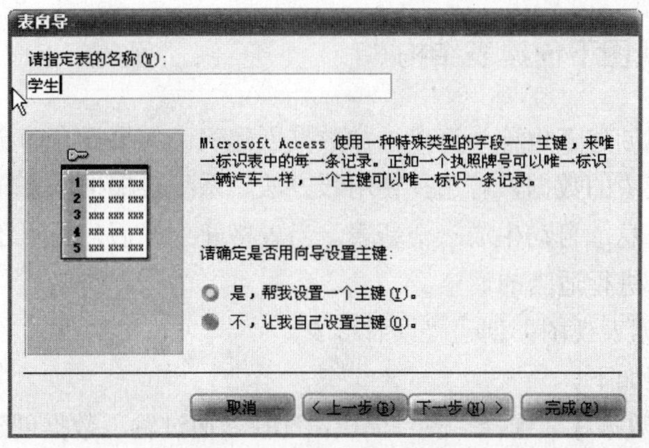

图 3-8 表向导 - 表名称设定

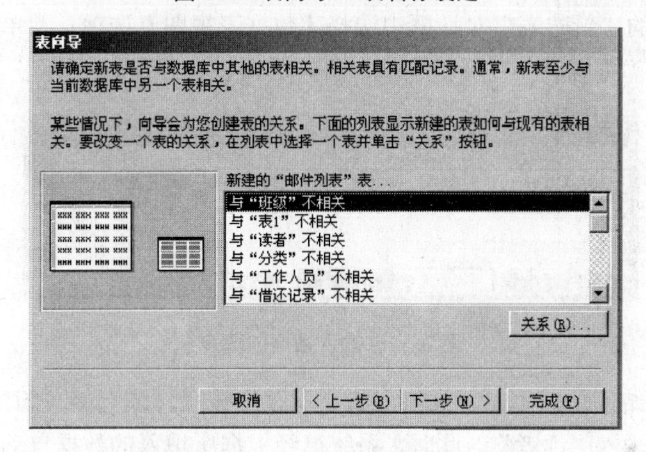

图 3-9 表向导 - 关系设定

(5) 选择表设计结束后进行的下一步操作如图 3-10 所示。选择“修改表的设计”可以对该表的结构进行调整；选择“直接向表中输入数据”选项在新表建立后马上向表内添加数据；选择“利用向导创建的窗体向表中输入数据”可以使用系统自动提供的窗体向表中添加数据。最后单击【完成】按钮。

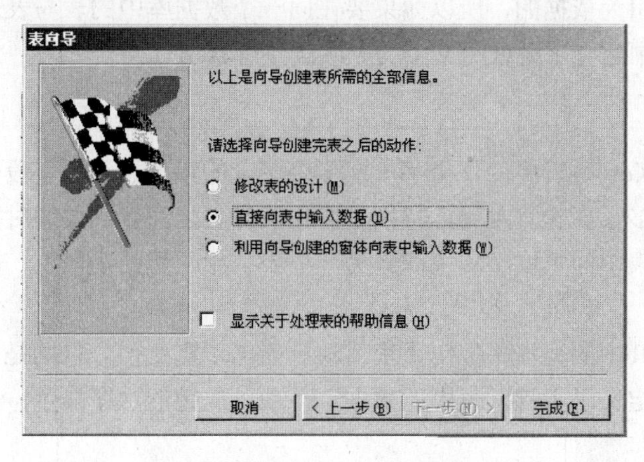

图 3-10 表向导 - 完成

3.2.3　在数据表视图下创建表结构

通过数据表视图创建表也称为直接添加数据创建表。如果没有确定表的结构，但是手中有准备存放在该表中的数据，可选择使用该方法。系统会根据原来输入的数据来判断数据的类型和长度等信息，自动生成一个新表。当表格建立好后，用户还可以根据实际情况再对表和字段的信息进行适当的调整。

【例 3.3】在数据表视图下创建“读者”表。

具体的创建步骤如下。

(1) 打开 tushu 数据库，选择“表”模块，选择“通过输入数据创建表”，再单击“设计”，弹出如图 3-11 所示的“数据表”对话框。或者选择“表”模块后单击“新建”，在弹出如图 3-4 所示的“新建表”对话框中选择【数据表视图】选项，并单击【确定】按钮。

(2) 在弹出的“数据表”对话框中输入目标数据，如图 3-11 所示。

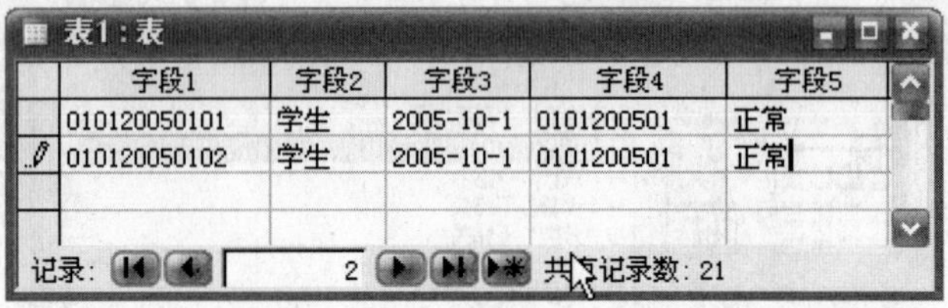

图 3-11　输入数据创建表

(3) 数据输入结束后，单击工具栏上的“保存”按钮，或直接关闭窗体。系统会要求输入表名称，这里输入“读者”。此时，系统已经根据所填入的数据自动生成了一个新表。

3.2.4　主键与索引

Access 数据库中的表是依据关系模型设计而成的，每个表分别反映现实世界中某个具体实体集的信息，如果想将这些现实中存在联系的表连接起来，就必须建立关系。关系的建立是以主键或索引为依据的，所以如果要在同一个数据库中的表与表之间建立关系，首先要保证对应的表中建有主键或是某个关联字段建有索引。

1. 主键

主键(Primary Key)是表中的一个字段或多个字段的集合，这些字段可以唯一地标识表中的某一条记录。多数表建有主键，特别是要在表与表之间建立关联时，必须指定关联表的主键。利用一个表中的主键字段关联到另一个表中相匹配的字段上，就能够在表之间建立关联。

主键字段要求其中的数据不能出现空值，不能出现重复值。目的是保证数据库数据的完整性。表中如果定义了主键，表中的数据会自动以主键的次序显示；主键能够加快查找和排序的速度。

主键具有以下特征：

- 主键不能为空。
- 主键不能重复。
- 主键不能轻易修改。

主键的建立比较简单。可以在表格建立的同时创建主键，也可以在表格建立后再创建主键，不过此时要保证要创建主键的字段内没有空值，没有重复值。

要创建主键，首先要进入“表设计器”窗体。然后选中要创建主键的字段，然后单击工具栏上的(主键)按钮。如果主键是一个字段组，创建时要一次将这些字段都选中后再单击工具栏上的(主键)按钮。

2. 索引

(1) 索引的概念

索引简单来说就如同图书的目录一样，是一个记录数据存放地址的列表。索引本身也是一个文件，一个用来专门记录数据地址的文件。在查找某个建有索引的字段内的数值时，首先在索引中搜索该值，然后按照索引中记录的该值的地址，将指针直接跳转到所指地址的内容上。因为在索引内的数据要远远少于表中的数据，所以在索引中查找某个数值远比在原表中查找快捷得多，因而，使用索引可以提高对表中特定数据的查找速度。

(2) 索引的用途

索引的主要用途如下：

- 提高数据查询速度。
- 保证数据唯一性。
- 加快表连接的速度。

(3) 建立索引的注意事项

建立索引的注意事项如下：

- 索引的创建与维护应该由DBA和DBMS完成。
- 表的主键将自动建立一个无重复值的索引。
- 应该在经常进行查询操作的表中创建索引。
- 数据量不大的表不宜建立索引。
- 包含太多重复值的列不宜建立索引
- 值很长的列不宜建立索引。
- 经常更新的列不宜建立索引。

(4) 索引的分类

在Access数据库系统中，索引基本上可以分成有重复值和无重复值两种：

- 有重复值是指索引字段中的值允许出现重复的情况。
- 无重复值是指索引字段中的值不允许出现重复的情况。

(5) 索引的创建

简单创建索引：在表的设计视图中，选定要创建索引的字段，然后在其下方的属性设定栏目中的“索引”栏目中选择索引的类型。

详细创建索引：如例 3.4 所示。

【例 3.4】 以例 3.1 中建立的“班级”表中的“bjdm(班级代码)”创建索引。

打开 tushu 数据库，单击“表”模块，选择“班级”表，单击工具栏中的“设计”按钮，打开“表设计器”。选择“bjdm”字段。

从菜单栏中选择“视图”→“索引”命令。

出现如图 3-12 所示的对话框。窗体上部用来设定某个索引的名称、对应字段和索引项的排序方式。其中前面带有钥匙符号的是该表的主键。窗体下方用来设定索引的其他属性。

主索引：只有在主键上创建的索引才是主索引，所以一个表只有一个主索引。

唯一索引：建立索引的字段中是否允许出现重复数据。

忽略 Nulls：是否对字段中的空值地址进行登记。

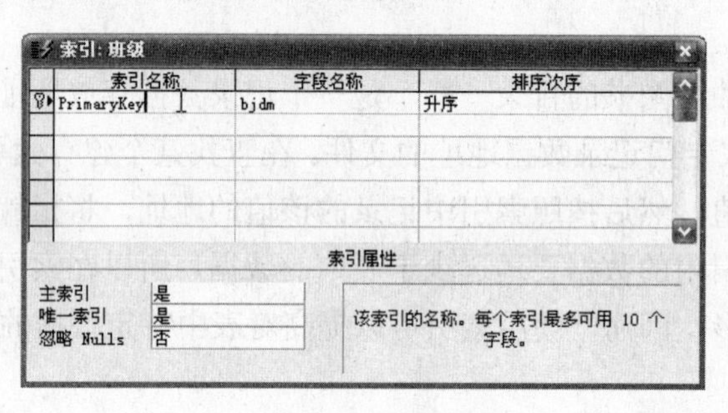

图 3-12　索引详细设计

保存设置，关闭“表设计器”。

每个表根据需要可以创建多个索引。在表设计视图中，可以随时添加或删除索引。索引的内容会在保存表时自动保存，其内容会根据对应数据的更改、删除或添加而自动更新。

3.3　表中数据的操作

3.3.1　打开表

打开数据表的方式有两种，一种是在表模块内双击要打开的目标表；另一种是首先选中要打开的数据表，然后单击窗体上方的“打开”命令。

3.3.2　输入数据

输入数据是指将数据添加到表中的操作。Access 中，数据的输入可以通过两种方式：直接录入和利用自动窗体录入。

直接录入是通过打开的数据表，用鼠标或键盘定义到单元格，然后输入数据。

利用自动窗体输入数据是通过 Access 提供的窗体进行输入。选中要输入数据的表，如例 3.1 中创建的班级表，然后从菜单栏中选择“插入”→“自动窗体”命令，利用弹出的如图 3-13 所示的窗口进行数据的输入。数据输入结束后关闭窗口即可。关闭时系统会询问是否保存窗体，保存与否不影响刚才输入的数据。

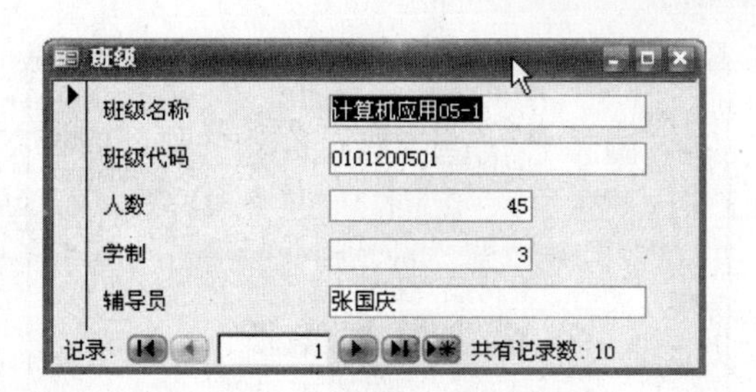

图 3-13 数据输入窗口

在 Access 中，一些特殊数据类型的录入与普通数据不同。

(1) “是/否”型数据

这种类型的数据在录入的时候，就是在对应的方框内打勾。打勾代表“是”(-1)，没有勾代表“否”(0)。

(2) 日期与时间型数据

在输入日期型数据时，系统按照该字段设定的格式自动调整输入的结果。例如，“借阅日期”创建时定义成“短日期”的日期型，输入的是“86/6/13”，但是在保存时自动调整成“1986-6-13”进行保存；如果定义为“长日期”，将以“1986 年 6 月 13 日”保存。

此外，输入简化日期时，Access 自动判断是 20 世纪还是 21 世纪，当前分界点为 30，例如，30/1/1 系统认为是 1930-1-1，而 29/1/1 作为 2029-1-1。

(3) OLE 对象型数据

OLE 字段使用插入对象的方式来输入数据。

在填入数据的时候，在需要插入对象的数据项上单击右键，选择快捷菜单中的“插入对象”命令，打开“插入对象”对话框，如图 3-14 所示。

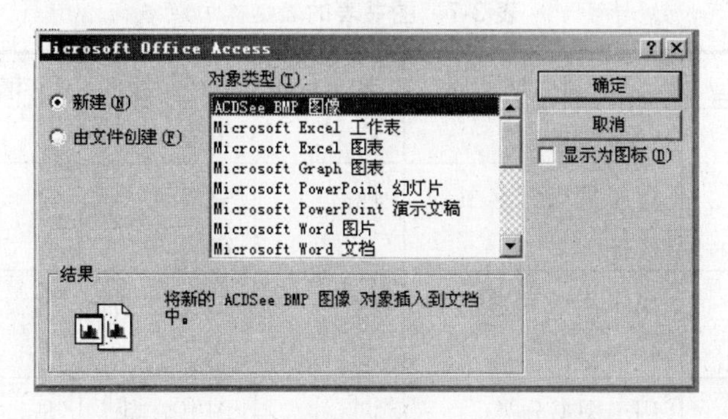

图 3-14 插入对象对话框 - 插入新建对象

如果是创建新对象，需要选中“新建”选项，然后在右侧的“对象类型”中选择新建文件的类型，单击【确定】后系统会自动打开该对象，可以在其中自行设计。如果是插入一个已经存在的对象，则选择“由文件创建”选项，则对话框中的对象类型列表框变为显示文件名的文本框，如图 3-15 所示。单击【浏览】按钮，弹出“浏览”对话框。在其中选择一个需要插入的对象，再单击【确定】按钮，则“浏览”对话框关闭。且“插入对象”对话框的文件名文本框中显示所选中的文件的路径名。

单击【确定】按钮，所选对象会插入到相应的位置。

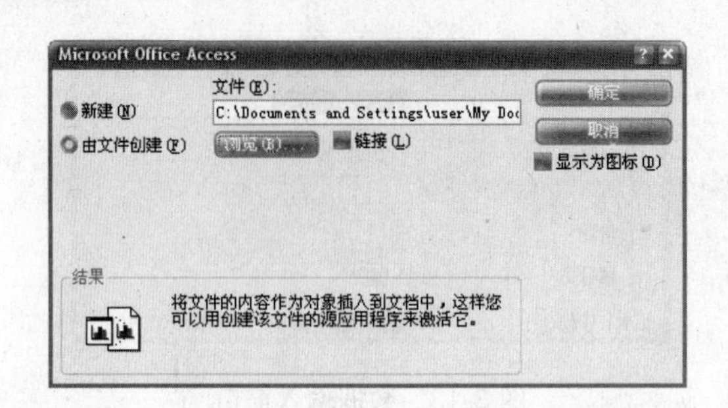

图 3-15　插入对象对话框 - 插入已有对象

(4) 输入超链接型数据

超链接数据可以使其保存的字符串变成一个可以链接的地址。当在该类型的字段中输入内容的时候，输入的内容会自动变成超链接方式。

3.3.3　查阅列

在现实世界的数据表中，数据的冗余是不可避免的。这些冗余体现在不同表之间存在相同的字段，例如，“图书”表中有书的编号，“借还记录”表中同样有该属性；同一个表内，字段内会出现大量重复的数据，例如“性别”字段的“男”和“女”。这些数据在输入的过程中，不仅很繁琐，而且还容易造成数据的不一致性，破坏数据的完整性。

Access 提供了查阅列功能，使用列表框或组合框进行数据的选择性录入。即方便输入，又保证了数据的一致性，杜绝了错误数据的输入。

【例 3.5】在 tushu 数据库中建立“图书”表(表 3-7)和“借还记录”表(表 3-8)。

表 3-7　图书表的表结构

字段名称	数据类型	说　明	字段大小	标　题	必填字段	输入法模式
tsm	文本	记录图书称	50	书名	是	开启
isbn	文本	用于同版同名书的统计	13	书籍条形码	是	关闭
isbn	文本	用于同版同名书的统计	13	书籍条形码	是	关闭
flh	文本	用于图书分类	1	图书分类	是	关闭
cbs	文本	出版社	30	出版社	否	开启
zzxm	文本	作者姓名	16	作者	否	开启
jianjie	文本	该书内容简介	100	简介	否	开启
jiage	货币	记录该书的价格	货币	价格	否	
sjh	文本	记录该书存放位置	6	书架号	是	否
djrq	日期/时间	登记日期	短日期	登记日期	否	关闭
sfjc	是/否	是否借出	是/否	是否借出	否	

表 3-8　借还记录表的表结构

字段名称	数据类型	说　明	字段大小	标　题	必填字段	输入法模式
txm	文本	图书条形码，每本书的唯一标示；与图书表中 tsgtm 字段对应	7	图书条形码	是	关闭
isbn	文本	用于同版同名书的统计	13	书籍条形码	是	关闭
jszh	文本	与读者表是jszh对应	12	借书证号	是	关闭
jh	文本	记录此次操作是借书、还书或续借	4	借/还	否	开启
jhrq	日期/时间	借/还/续借日期	短日期	借/还日期	是	关闭

将“借还记录”表中的“txm”字段的查阅列设置为“图书”表中的“tsgtm”字段。

说明：“图书”表中的“tsgtm”字段与“借还记录”表中的“txm”字段都是指图书的唯一标识编号。“借还记录”表中的“txm”字段应依附于“图书”表中的“tsgtm”字段。如果将“借还记录”表中的“txm”字段的查阅列设置为“图书”表中的“tsgtm”字段。一来可以简化操作，二来可以保证数据的一致性和完整性，杜绝错误数据的输入。称“借还记录”表为查阅表，“图书”表为被查阅表。

(1) 首先进入查阅表“借还记录”表的设计视图。

(2) 选中需要设置查阅属性的字段“txm”字段，并更改其数据类型为“查阅向导”型。此时会弹出如图 3-16 所示的【查阅向导】对话框。

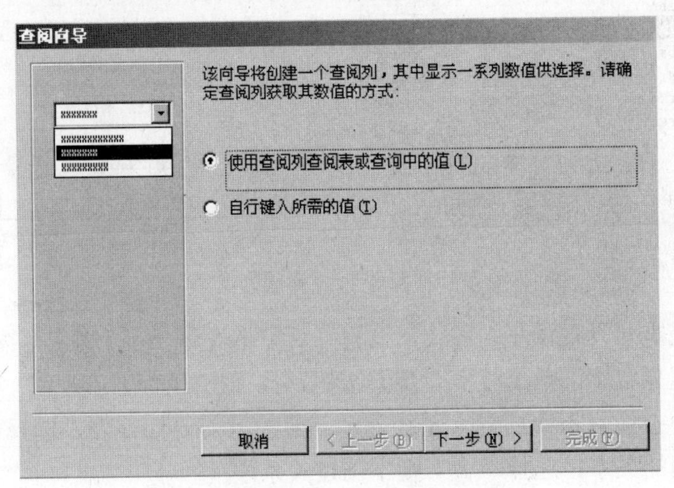

图 3-16　查阅列 - 获取方式

(3) 在【查阅向导】对话框中选择“使用查阅列表查阅表或查询中的值”，单击【下一步】按钮。

(4) 在如图 3-17 所示的界面中需要设置被查阅表，这里选择“图书”表。

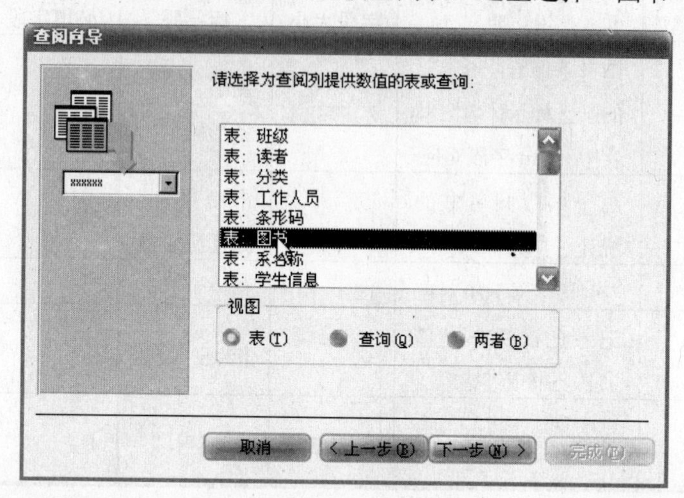

图 3-17　查阅列 - 数据来源

(5) 接下来设置被查阅列，也就是数据来源的列，这里设置为“tsgtm”，如图 3-18 所示。

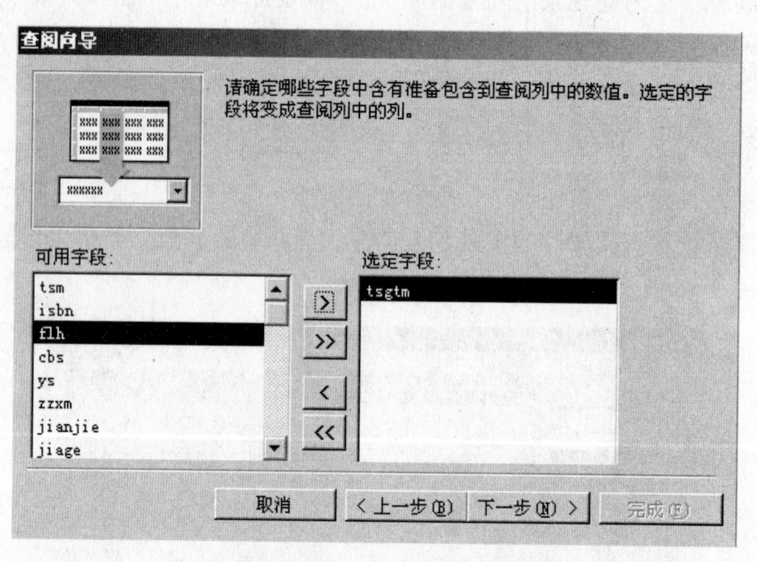

图 3-18　查阅列 - 查阅列设定

(6) 然后系统需要设置排序的方式，设置好后单击【下一步】按钮，如图 3-19 所示。

(7) 适当调整列宽度，单击【下一步】按钮，在弹出的“设定宽度”对话框中调整宽度，单击【完成】按钮，退出向导。系统提示创建关系前要保存表，选择“是”，Access 自动创建两表之间的关系；选择“否”则不创建关系。

两表之间的查阅列设置后，当打开查阅表的查阅列输入内容时，就可以通过右侧的按钮来从被查阅列中选择数据，保证数据的正确性。

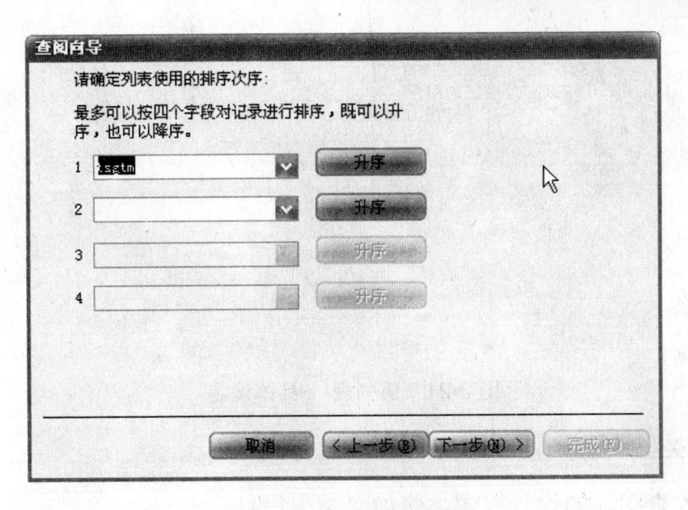

图 3-19　查阅列 - 排序

3.3.4　值列表

如果某字段中存在大量的重复数据，如“性别”字段的“男”和“女”，则可以通过设置该字段的查阅属性为“值列表”来简化操作。

值列表的创建有两种方式。

1. 字段属性设置

【例 3.6】 以 tushu 数据库中的“借还记录”表为例，设置“jh”字段的值列表。

(1)　打开目标表的设计视图。选中目标字段“jh”，并在下方的字段属性窗口中选择【查阅】选项卡，单击【显示控件】属性右侧的下拉按钮，从中选择“列表框”，如图 3-20 所示。

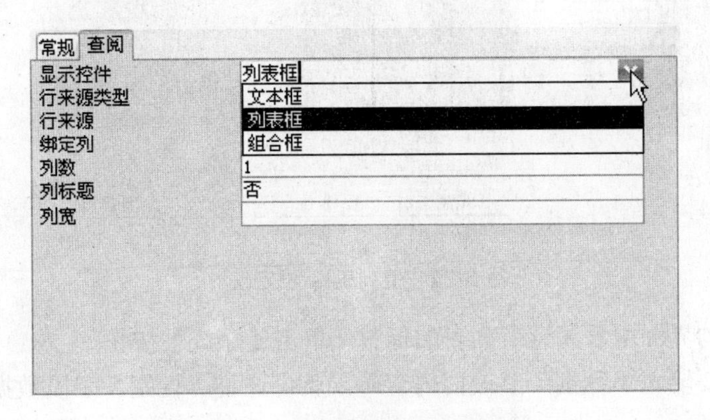

图 3-20　值列表 - 设置显示控件

(2)　在如图 3-21 所示的界面中，【行来源类型】设置为“值列表”，并在【行来源】中输入“借;还;续借”，注意，这里的分号要使用英文半角符号。

(3)　保存数据表结构并退出。

图 3-21　值列表 - 具体设定

2. 字段数据类型设置

(1) 首先进入查阅表的设计视图，例如“学生信息”表。

(2) 选中需要设置查阅属性的“xb(性别)”字段，并更改其数据类型为“查阅向导”型。此时弹出如图 3-16 所示的对话框。

(3) 在打开的“查询向导”对话框中选择【自行键入所需的值】，然后单击【下一步】按钮。

(4) 在出现的界面中填入需要设置的列值“男”、“女”，如图 3-22 所示。单击【下一步】按钮。

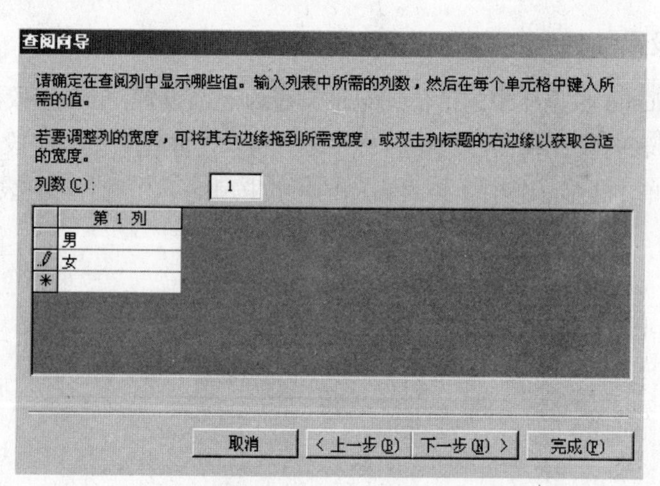

图 3-22　值列表 - 设定值

(5) 在出现的界面中设置该值列表的标签，单击【完成】按钮。

这样，当需要输入“性别”字段的内容时，就可通过“性别”字段数据项右侧的菜单选择“男/女”。

3.3.5　导入数据

导入数据是指从外部 Access 所识别的文件中获取数据后形成数据表的操作。比较常用的是从另一个 Access 表中导入或从 Excel 导入。

1. 导入 Access 表

(1) 打开需要录入数据的数据库。

(2) 从菜单栏中选择“文件”→“获取外部数据”→“导入”命令。也可以单击“新建”按钮，在弹出的“新建表”对话框的列表中选择“导入表”选项并单击“确定”按钮，此时会弹出“导入”对话框。

(3) 在“导入”对话框中找源表所在的数据库，并打开。

(4) 在弹出的如图 3-23 所示的【导入对象】对话框中选择源表并单击【确定】按钮。

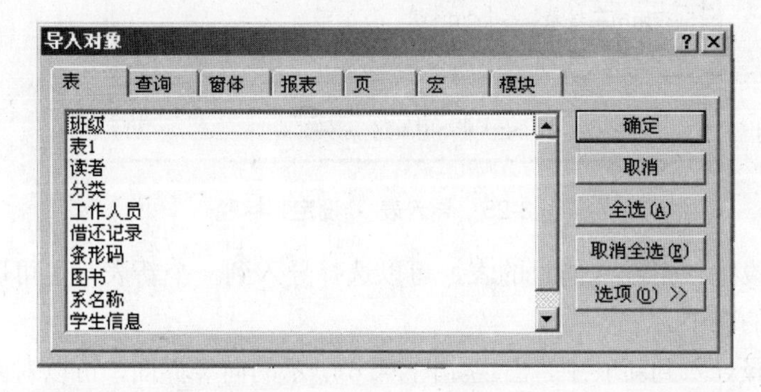

图 3-23 导入表 - 确定源表

2. 导入 Excel 表

导入 Excel 表的前两步与导入 Access 表相同，然后在弹出的“导入”对话框中选择目标 Excel 文件并打开(如选择“专业名”)，系统会打开导入向导界面。注意首先要将对话框下方的文件类型设置成 Excel 类型。

(1) 导入向导首先要求设定需要导入的工作表，如图 3-24 所示。设定结束后单击【下一步】按钮。

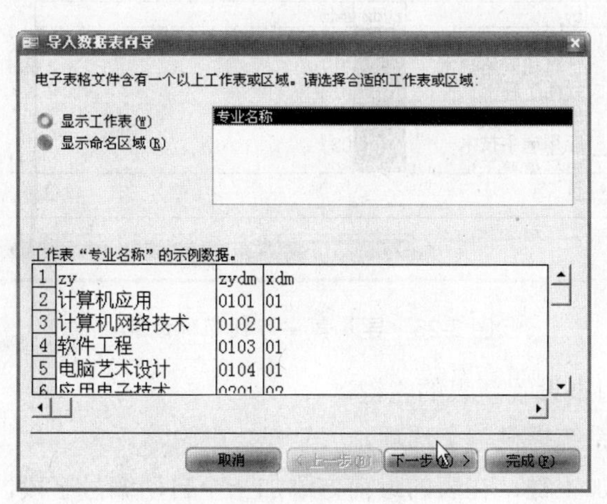

图 3-24 导入表 - 选择区域

(2) 然后设置新表中是否使用 Excel 数据表的第一行作为字段标题，如图 3-25 所示。完成后单击【下一步】按钮。

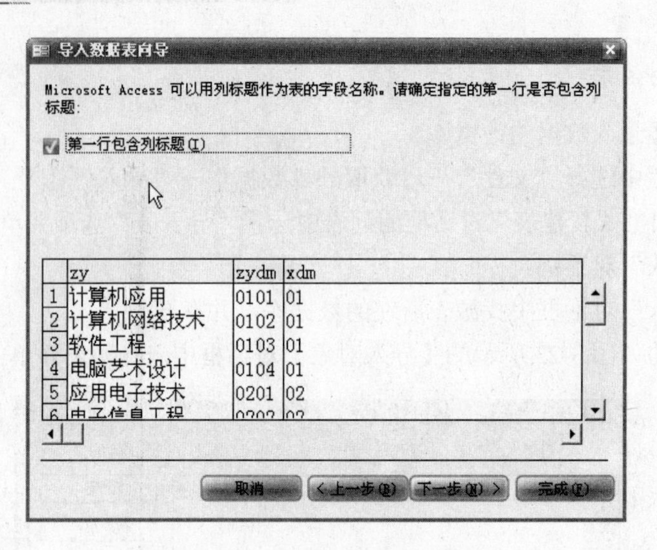

图 3-25　导入表 - 设定列标题

(3) 接下来设置数据导入的目的表，可以选择导入到一个新表，也可以选择导入到数据库中已经存在的表中。

(4) 如果选择导入到新表中，出现如图 3-26 所示的向导界面，可以对新表中的列逐一设置字段名。可以选择使用默认名称，也可以对字段名进行修改。设置结束后单击【下一步】按钮。

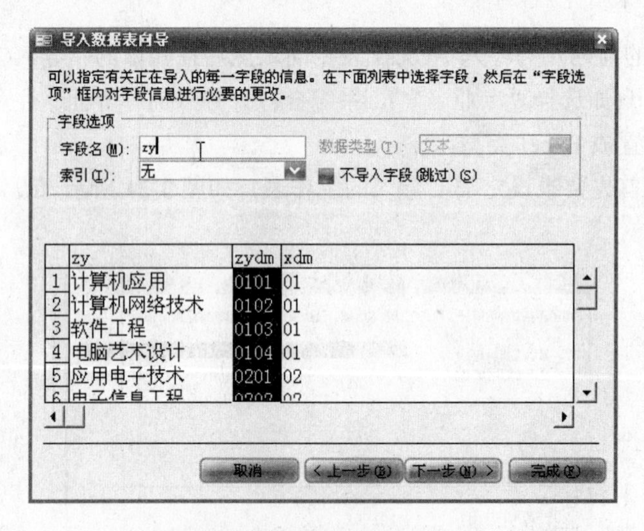

图 3-26　导入表 - 字段名称设定

(5) 进入的界面用来设置新表的主键。

如图 3-27 所示，系统提供三个选项。

- 让 Access 添加主键：在表的最前方添加一个自动编号字段，作为主键。
- 我自己选择主键：可以从表的现有字段中选择一个作为主键。
- 不要主键：暂时不设置主键。

(6) 最后设置新表的名称，完成数据的导入。

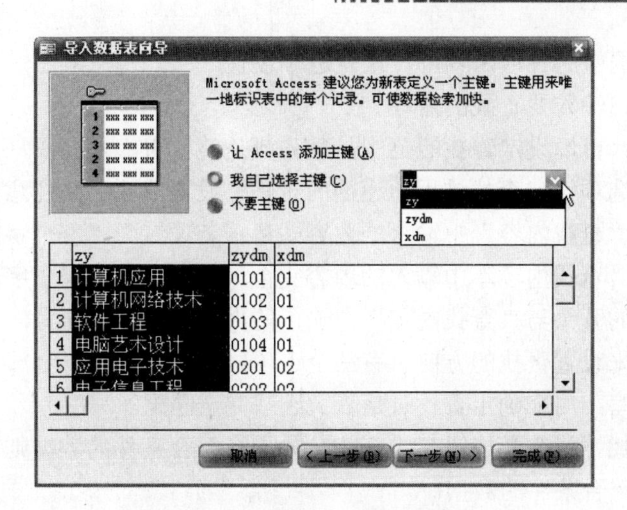

图 3-27 导入表 - 设定主键

3.3.6 增加记录

首先打开需要添加数据的数据表，在数据表视图中，从菜单栏中选择“插入”→“新记录”命令或单击【记录指示器】中的▶*(新记录)按钮，可插入一条新记录。

3.3.7 删除记录

删除记录时，在数据表视图中，选定一条或多条需要删除的记录，再按 Del 键或单击工具栏中的(删除记录)按钮。

3.3.8 查找数据

通常数据库中存储的数据量比较大，如果逐条寻找目的数据需要浪费大量的时间。可以使用查找命令来快速定位目标数据。

【例 3.7】在例 3.1 建立的“学生信息表”中查找姓名为“王也”的学生。

(1) 打开“读者”表。

(2) 从菜单栏中选择“编辑”→“查找”命令或单击(查找)工具按钮，在出现的对话框中选择【查找】选项卡，如图 3-28 所示。

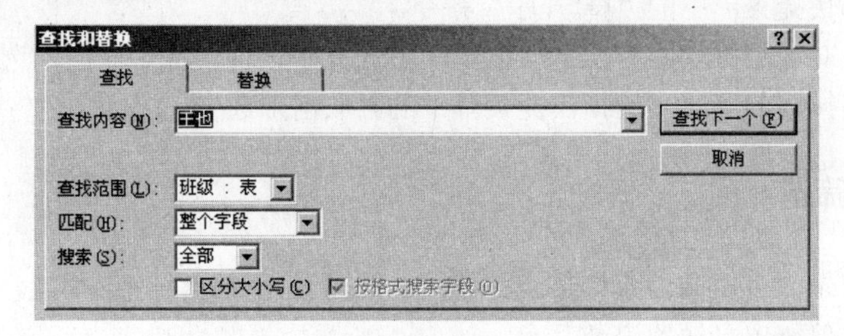

图 3-28 查找与替换

(3) 通过对话框中的各项内容可对查找进行设置。

- 查找内容：输入要查找的内容。
- 查找范围：可以设定查找的范围是某列或是整个表。
- 匹配：此选项设定查找过程中遵循的规则，设置成“字段任意部分”，则只要数据中包含“查找内容”中输入的内容即可；若设置为“整个字段”，则需要查找的内容与“查找内容”中输入的内容完全一致；若设置为“字段开头”，则需要查找内容的开头与“查找内容”中输入的内容一致，后面为任意字符。
- 搜索：用来设置查找的方向，有三个选项：向上、向下、全部。
- 区分大小写：用来确定查找时是否大小写完全匹配。

(4) 单击【查找下一个】按钮完成查找。如果有符合条件的数据则反白显示，否则弹出对话框提示没有符合条件的数据。

3.3.9 数据的替换操作

数据的替换与数据的查找基本相同，在图 3-28 的【查找和替换】对话框中选择【替换】选项卡。

首先在对话框的“查找内容”文本框中输入需要替换的原有数据，然后在“替换值”文本框中输入用于替换的数据内容。

其他选项的功能与查找相同。

右侧的按钮实现不同的功能。“查找下一个”按钮用来将光标定位到第一个与“查找内容”文本框中所输入的数据匹配的字段上。“替换”按钮用来将当前与“查找内容”文本框中输入的数据匹配的字段内容替换为“替换值”文本框中输入的数据。“全部替换”按钮一次性将所有符合条件的数据全部替换。

3.3.10 记录排序

很多时候，需要按照一定的排序方式来查看数据，例如图书价格的升降序，学生成绩的升降序。数据库系统提供了按照一个或多个字段的内容对记录进行排序的方法，以便按某种方式观察数据。设置排序的方法如下。

选中需要排序的字段，单击表工具栏上的(降序)或(升序)按钮。或在需要排序的字段上右击，选择快捷菜单中的“降/升序”命令。

取消按字段对记录排序的方法是从菜单栏中选择“记录”→“取消筛选/排序”命令，或右击需要取消排序的字段，选择快捷菜单中的“取消筛选/排序”命令。

3.3.11 修改筛选

如果表中记录太多，会给查询带来不便；此时可使用数据的筛选功能，将无关的记录暂时筛选掉，只保留感兴趣的记录。

最常用的筛选方式有三种：“按选定内容筛选”、“按窗体筛选”和“内容排除筛选”。

1. 按选定内容筛选

首先选中感兴趣的数据，例如查看“清华大学”出版社的图书，就首先选中表中任何一个“清华大学”数据项。然后从菜单栏中选择“记录”→“筛选”→“按选定内容筛选”命令；或单击表工具栏上的“按选定内容筛选”按钮；或右键单击该网格，选择快捷菜单中的“按选定内容筛选”命令，系统就会自动将目标数据筛选出来并显示。

2. 按窗体筛选

首先打开要筛选数据的表，单击工具栏上的“按窗体筛选”按钮，或从菜单栏中选择“记录”→“筛选”→“按窗体筛选”命令。弹出“按窗体筛选”对话框，选择需要设置条件的字段，并在其下拉列表中选择想要的值，也可以直接将值输入到该字段中。可以输入多个条件进行筛选。

输入条件后，单击工具栏上的“应用筛选”按钮，或从菜单栏中选择“筛选”→“应用筛选/排序”命令即可进行筛选。

3. 内容排除筛选

首先选中不想显示的数据内容，然后从菜单栏中选择“记录”→“筛选”→“内容排除筛选”命令，或右击该网格，选择快捷菜单中的“内容排除筛选”命令。系统就会自动将选中的内容筛选掉，不予显示。

4. 取消对记录的筛选

从菜单栏中选择“记录”→“取消筛选/排序”命令；或单击表工具栏上的“删除过滤器”按钮；或选择快捷菜单中的“取消筛选/排序”命令，都可以取消对记录的筛选。

3.4　维护表结构

3.4.1　插入新字段

在表的设计完成后，可以增加新的字段，方法有两种。

(1) 表视图方式

① 打开需要添加新列的表格，单击需要在其前添加新列的目标列。

② 单击鼠标右键，在弹出的快捷菜单中选择“插入列”命令；或者从菜单栏中选择“插入”→“列”命令，此时即可在该位置的前面插入一个新的字段，系统默认其字段名为“字段1”。

③ 用鼠标双击“字段1”，可以对其字段名进行修改。

(2) 设计表方式

① 进入需要添加新列的表设计视图，选中要在其前添加新列的字段。

② 单击鼠标右键，在弹出的快捷菜单中选择“插入行”命令；或者从菜单栏中选择

“插入”→“行”命令。

③ 对新字段进行属性上的设置。

3.4.2 修改字段名与字段属性

在数据库的使用过程中，如果发现某字段的名称不合理或不符合要求，可以对其进行修改。与插入字段相同，修改的方式也分为两种。

(1) 表视图方式

① 打开需要修改字段名与字段属性的表格，双击需要改名的目标列。

② 当列名反白后直接修改即可。

注意：如果该字段使用了标题，那么修改的新名为字段名，标题将不存在。

(2) 设计表方式

在设计视图下打开表，直接修改字段的名称。

字段属性的修改需要进入到表的设计视图，然后在设计视图中对字段的相应属性进行设置，设置方法与创建表时相同。

3.4.3 删除字段

如果需要将表中的无用字段删除，可通过两种方式进行。

(1) 表视图方式

① 打开需要删除列的表，选中目标列。

② 单击鼠标右键，在弹出的快捷菜单中选择“删除列”命令；或者从菜单栏中选择“编辑”→“删除列”命令。

注意：列一旦删除，该列内的所有内容也一并删除。

(2) 设计表方式

① 进入表的设计视图，选中要删除的字段。

② 单击鼠标右键，在弹出的快捷菜单中选择“删除行”命令；或者从菜单栏中选择“编辑”→“删除行”命令。

3.5 设置表格外观

当数据表创建好后，在使用的过程中可以设置表格的外观样式，例如行高、列宽、表格样式、字体等。通过设置可以使表格的外观更加美观大方，或者更加适合使用要求。

3.5.1 设置表的行高

表创建后，行的高度为默认值。行高的设置比较简单，可以分为手动和精确设置两种。

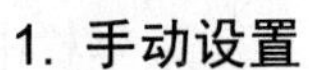

1. 手动设置

将鼠标放在需要修改行的任意一段分隔线位置，当出现双向箭头后，按下左键拖动到适当的高度即可，如图 3-29 所示。

班级：表

班级名称	班级代码	人数	学制	辅导员
计算机应用05-1	0101200501	45	3	张国庆
计算机应用05-2	0101200502	44	3	张国庆
计算机网络技术05-1	0102200501	40	3	张国庆
计算机网络技术05-2	0102200502	46	3	张国庆
软件工程05-1	0103200501	30	3	王也
软件工程05-2	0103200502	50	3	王也
应用电子技术05-1	0201200501	42	3	李莉

记录：1 共有记录数：10

图 3-29 手动设定行高

2. 精确设置

从菜单栏中选择“格式”→“行高”命令，弹出“行高”的对话框，根据需要进行设置即可。如果选中“标准高度”复选框，行高会恢复到系统默认的行高度。

注意：行高的设置是作用在所有行上，而不能对某一行单独设置。

3.5.2 设置列宽

与行高一样，列宽的设置也可以分为手动和精确两种。

1. 手动设置

将鼠标放在需要修改列与后一列的分隔线上，当出现双线箭头后按下左键拖动到适当宽度松开即可。

2. 精确设置

从菜单栏中选择“格式”→“列宽”命令，或者在需要设置的列上单击右键，从快捷菜单中选择“列宽”命令，在弹出的对话框中设置列的精确宽度。如果选中“标准宽度”选项，那么列宽会恢复到系统的默认值。如果选择“最佳匹配”命令，根据该列最长数据的长度来设置该列宽度，达到匹配效果。此外，如果双击某列后面的分隔线，将会按照最佳匹配命令来设置该列的列宽。

注意：与行不同，列宽的设置只对选中列起作用。

3.5.3 隐藏列

查看表中数据时，如果表中字段太多，需要不断调整窗体下方的横向滚动条，才能看到没有需要的字段。需要打印某个表时，有些列是不需要打印的。此时可以暂时将某些暂时不关心的字段隐藏，需要时再重新显示。

隐藏列的操作方法是：打开目标数据表，然后选中需要隐藏的字段，再从菜单栏中选择【格式】→【隐藏列】命令，或者直接在目标列上右击，选择【隐藏列】快捷菜单命令。

注意：被隐藏的列仍然为该表的一部分，在该表的设计视图中仍可以看到。

3.5.4 显示列

需要重新显示被隐藏的列时，可从菜单栏中选择“格式”→“撤消隐藏列”命令。在弹出的如图 3-30 所示的【取消隐藏列】对话框中进行设置。在复选框中被选中的是已经显示出来的，没有被选中的是隐藏的，如“图书馆条码”、“图书分类”、“出版社”三个字段被隐藏，如果需要显示某个字段，就新选该字段。

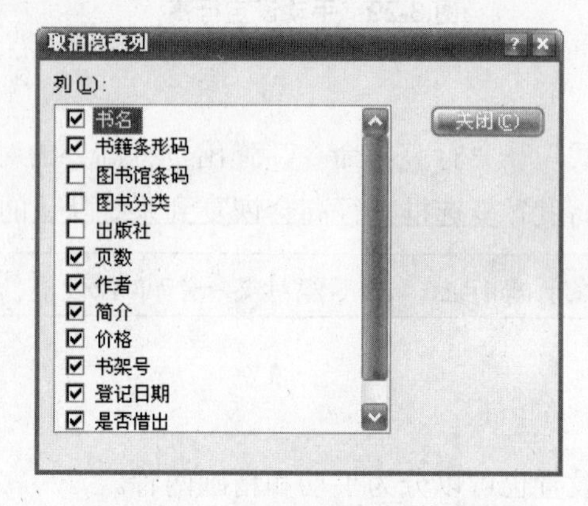

图 3-30 【取消隐藏列】对话框

3.5.5 冻结列

当表中字段较多时，只有滚动窗体下方的滚动条才能看到后面的字段，而此时又可能看不到前面重要的字段。这时可以使用冻结列方法，使某些列始终在窗体的左端，不会受滚动条所影响。即在滚动字段时，这些列在屏幕上的左端是固定不动。一般冻结主键这样比较重要的字段。

(1) 冻结列的操作方法如下。

在打开的表中选中需要冻结的列，从菜单栏中选择“格式”→“冻结列”命令。

(2) 取消对列的冻结的方法如下。

从菜单栏中选择“格式”→“取消对所有列的冻结”命令。

3.5.6 设置数据表格式

数据表在创建好后，可以根据需要来设置表的结构和外观。

从菜单栏中选择“格式”→“数据表”命令，在打开的【设置数据表样式】对话框中可以根据需要来设置表格的样式，如图 3-31 所示。

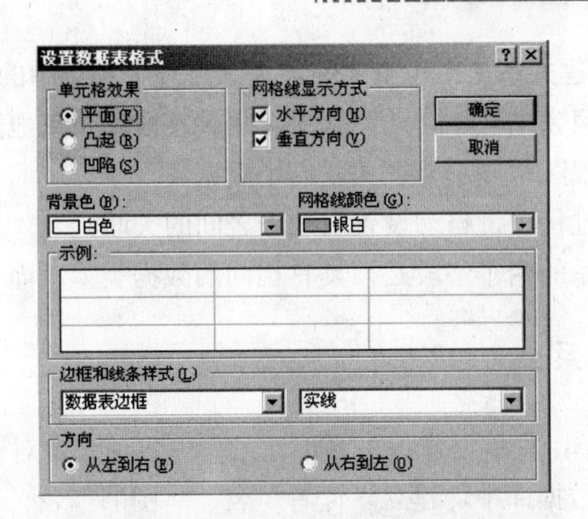

图 3-31 设置数据表格式

【设置数据表格式】对话框主要用来设置表格的样式，例如单元格的效果、网格的颜色等。所有的设定都可以通过窗体中下部的“示例”来查看效果。

此外，还可以利用“工具”菜单中的“选项”命令打开“选项”窗口来设置，在这里进行的设置将作为系统的默认设置。

3.5.7 字体

从菜单栏中选择“格式”→“字体”命令，在打开的“字体”对话框中可以根据需要来设置字体。

3.6 数据库的表关系

3.6.1 表关系的作用及关系的类型

表关系是指利用两个表之间的共有字段创建的关联性。数据库系统利用这些关联性，可以将表连接成一个整体。关系对于整个数据库的性能及数据的完整性起着关键的作用。

关系的主要作用是使多个表之间建立联系，数据协调一致，以便快速、准确地进行数据交换。关系的建立是通过键来实现的。表之间的关系分为：一对一关系、一对多关系和多对多关系，三者的区别如表 3-9 所示。

表 3-9 三种表之间的关系类型

类 型	说 明
一对一	一个表中的一个记录只与第二表中的一个记录匹配
一对多	一个表中的一个记录与第二个表中的一个或多个记录匹配，第二个表中的每个记录只能与第一表中一个记录匹配
多对多	一个表中的每个记录与第二个表中的一个或多个记录匹配，第二个表中的每个记录同样与第一表中一个或多个记录匹配

在 Access 系统中创建关系是比较重要的。关系在整个系统中的作用主要有：

- 对数据实施参照完整性，自动级联更新相关字段及自动删除相关记录。
- 可以在数据表视图中显示与之关联的子数据表。
- 在查询的创建过程中，自动设置表与表之间的关联。

Access 要求创建关系的两个字段必须具有相同的数据类型，而名称则可以不同。

3.6.2 建立和修改关系

关系的建立比较简单，关键要掌握关系创建过程中各项设定对于关系的作用。

【例 3.8】在 tushu 数据库中，建立“读者”表、“图书”表、“借还记录”表之间的联系。

(1) 打开“tushu”数据库，选择“表”模块，在对象栏的空白处单击鼠标右键，从弹出的快捷菜单中选择【关系】命令，如图 3-32 所示。

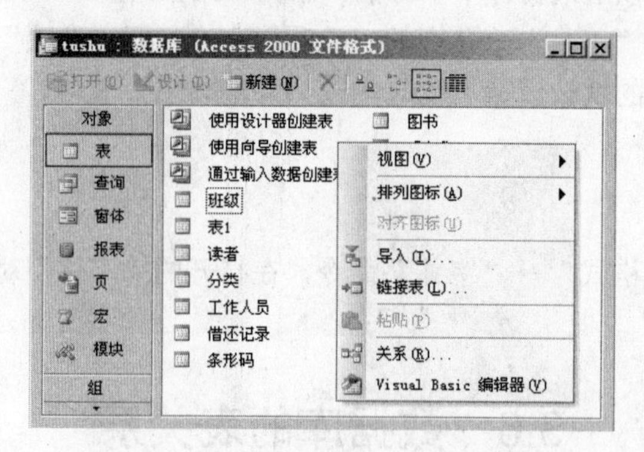

图 3-32　创建关系 - 关系命令

(2) 弹出【关系】对话框，右击，如图 3-33 所示，选择【显示表】菜单命令。

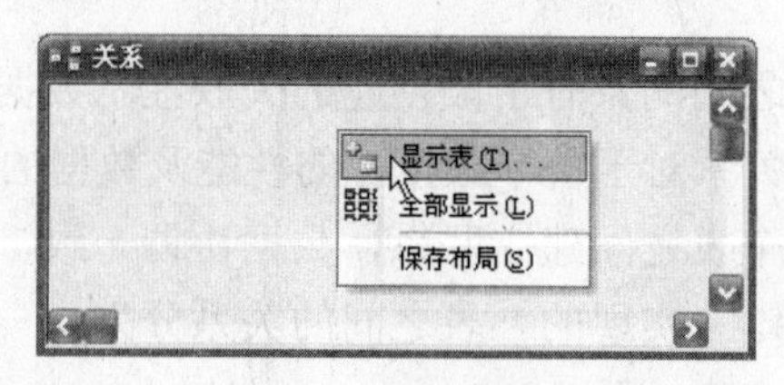

图 3-33　关系对话框

将【读者】、【借还记录】和【图书】表添加进关系表，添加后如图 3-34 所示。

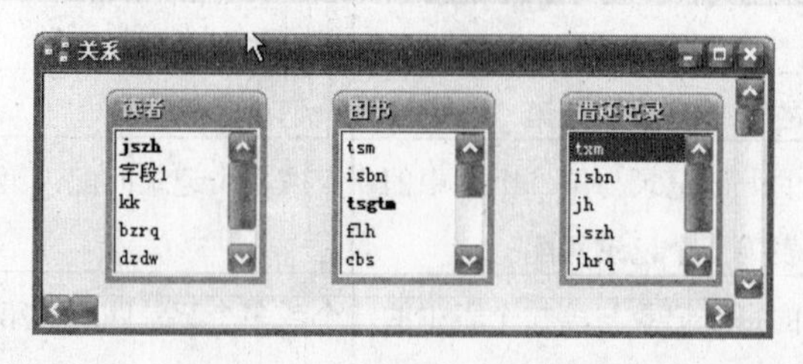

图 3-34　创建关系 - 添加表

(3) 首先创建“读者”表与“借还关系”表之间的关系。在“读者”表的主键“jszh”上按下左键，拖动到“借还记录”表的“jszh”字段上松开。此时，会弹出编辑关系的对话框，如图 3-35 所示。

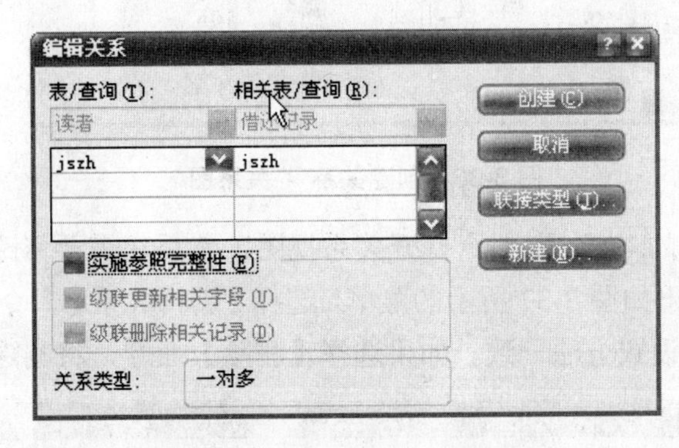

图 3-35 创建关系 - 关系设定

(4) 对关系进行设定。在该对话框中需要设定的信息如下。

- 连接字段：上面的操作中，是将“读者”表的主键“jszh”与“借还记录”表的“jszh”进行连接，连接字段由系统自动设定，否则用户需要手动设置连接表和相关的连接字段。
- 完整性要求：窗体下方有一个【实施参照完整性】选项，如果需要在建立连接的同时对两个表的相关数据实施参照完整性检查，就需要选中这个选项。如果选中，下方的两个选项也被激活。
- 级联更新相关字段：是指如果主键的数据发生变化，附表中相对应的字段也会做出相应的更新。例如，主表“读者”的主键是“jszh”，当一个读者的编号由原来的“001”变为“B001”后，相关表“借还记录”中凡是“001”的编号也都变为“B001”。
- 级联删除相关记录：是指主表中的数据被删除时，附表中相对应的数据也要被删除。例如，删除主表“读者”中的一个读者记录，则将同时删除“借还记录”中该读者所有的借阅记录。

注意： 在选择【实施参照完整性】选项时，必须保证现有数据符合参照完整性要求，否则关系就不能正常创建。因为关系的这种特征，最好在向表内添加数据之前创建关系。首先，先创建关系，因为表中没有数据，所以可以保证关系的顺利创建。其次，关系创建好后输入数据，有了关系的约束，可以保证数据的准确性。

窗体的最下方声明了连接的类型，类型是由系统根据连接字段的情况确定的。

设定结束后，单击【创建】按钮创建关系。创建好的关系如图 3-36 所示。关闭关系窗体，退出关系管理界面。

在使用的过程中用户可以对其进行修改或删除。

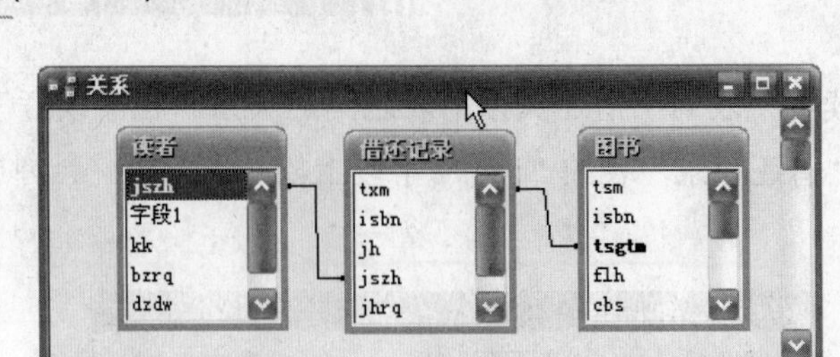

图 3-36　创建关系 - 关系图

首先通过工具栏上的[图标](关系)命令打开关系视图，然后在需要修改或删除的关系的连线上单击鼠标右键，弹出如图 3-37 所示的菜单。选择【编辑关系】命令，进入到编辑界面，编辑界面与创建界面的设置方法一致。如果选择【删除】命令，将删除两表之间的关系。

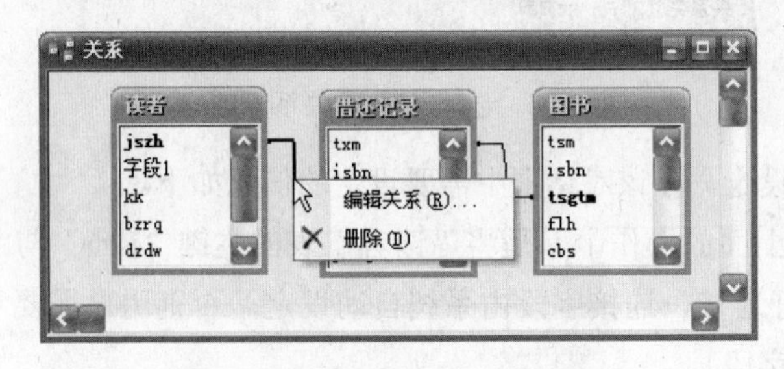

图 3-37　创建关系 - 编辑关系

如果从关系中去掉某个表，可从菜单栏中选择“编辑”→“删除”命令，也可按 Delete 键。如果在表标题上单击右键，从弹出的菜单中选择“隐藏表”命令，将只是把该表在关系中隐藏，并不是把该表删除。

3.6.3　使用参照完整性

在关系的所有设置中，最重要的是“参照完整性”的设置。数据库系统通常使用参照完整性来确保相关表中记录之间关系的正确性，防止意外地删除或更改相关数据，并保证数据的准确性。

如果两个字段只实施了参照完整性，而没有设置级联删除与级联更新，则这两个段就遵守以下规则。

(1)　外键字段只能输入主键字段中的值。例如，“借还记录”表的“jszh”字段为外键，只能输入主键(“读者”表的“jszh”字段)内的值。如果主表(“读者”表)的“jszh”中没有编号为“010120050101”的记录，则不能在“借还记录”表中输入读者编号“010120050101”。

(2)　在没有设置“级联删除”的前提下，如果在相关表中存在匹配的记录，不能从主表中删除这个记录。例如，“借还记录”中有一条读者编号为“010120050101”的读者的借书信息，则不能从主表“读者”表中删除读者编号为“010120050101”的读者的记录，从现实意义上讲，杜绝了“借还记录”表中还有其借书信息，就从“读者”表中删除该读者的信息，造成图书的流失。

(3)　在没有设置“级联更新”的前提下，如果某个主键在相关表中存在对应记录，则不能修改其值。例如，“借还记录”中有一条读者编号为“010120050101”的借阅信息，则不能在主表“读者”表中修改该记录的主键值。

如果两个表格的关系设置了“实施参照完整性”，那么在主表每个记录前面都会出现树状结构的图标。在打开状态下，可以显示出该记录在相关表中的对应记录，用户可以对这些相关表中的记录进行添加、修改和删除操作，如图3-38所示。图中为打开的图书表，单击“Visual FoxPro数据库基础”字段前面的结构图标，就可以看到该书在“借还记录”表中的相关记录。

图书 : 表

书名	书籍条形码	图书馆条码	图
Visual FoxPro数据库基础	7302104179	1111111	T

图书名	借/还	借书证号	读者姓名
Visual FoxPro	借	010120050101	李建洲
*			

图 3-38 具有参照完整性的表

这种结构可以同时对两个关系表中的相关联数据进行管理，保证了关联数据的准确性，减少了操作引起的数据不一致性几率。同时也可以从一个表中查看与其关联的数据，提供了更加简便的操作环境。

3.7 练 习 题

一、填空题

1. Access中有两种数据类型可以同时保存文本和数字，它们是________和________。
2. 在Access中，筛选的方式有________、________、________和________。
3. Access一共提供了______种数据类型，其中______和______数据类型可以进行计算。

二、选择题

1. Access一共提供了10种数据类型，其中用来存储多媒体对象的数据类型是(　　)。
   A. 文本　　B. 查阅向导　　C. 备注　　D. OLE对象
2. Access中，后添加的数据的自动编号字段内容(　　)已经删除的自动编号。
   A. 使用　　B. 不使用　　C. 可能使用　　D. 可设定
3. (　　)数据类型可以设置索引。
   A. 数字、货币、备注　　B. 数字、超链接、OLE对象
   C. 数字、文本、货币　　D. 日期\时间、备注、文本
4. 假设一表中的字段由左到右的顺序为：A，B，C，D，E，F，操作如下——同时选中B和C字段然后冻结，然后再选中E冻结，此时顺序为(　　)。
   A. BCAEDF　　B. ABCEDF
   C. BCEADF　　D. ABECDF
5. (　　)数据类型可以进行排序。
   A. 备注　　B. OLE对象　　C. 自动编号　　D. 超级链接

三、判断题

1. 学生与课程之间的关系应该是一对多的关系。 ( )
2. 被隐藏的列在打印的时候同样会被打印出来。 ( )
3. 被冻结的列会显示在表格的最左端，解冻后仍然在左端。 ( )
4. 如果需要年龄字段大于 20 岁，同时小于 30 岁，那么条件应该写：
   between 20 and 30 ( )

四、实训题

1. 创建名称为“学生管理”的空白数据库。
2. 创建“学生”表，其中主要包括下列字段：
   学号，姓名，性别，年龄，所在系
   其中，学号为主键；性别要求只能是“男”和“女”之一；
   年龄介于 16 到 30 之间。
3. 创建“课程”表，其中主要包括下列字段：
   课程号，课程名，任课教师
   其中课程号为主键。
4. 创建“成绩”表，其中主要包括下列字段：
   学号，课程号，成绩。
   其中学号和课程号为主键；成绩为 0~100 的整数。
5. 建立上述表格的关系图。
6. 向每个表中添加 10 条数据。
7. 用筛选功能，查询出男同学的资料。
8. 按照数据的实际情况，调整表的行高与列宽。

第 4 章　建立和使用查询

【本章要点】

通过本章的学习，学会各种查询的创建及使用方法，例如选择查询、参数查询和总计查询等；学会 SQL 查询语句的基本格式，并可以用 Access 中的工具进行 SQL 查询。

4.1　查询对象概述

4.1.1　查询对象的概念

当数据库创建好以后，就可以对数据库中的各个对象进行管理和使用，其中最重要的操作就是数据的查询。查询不仅仅可以快速、准确地找到目标数据，更是数据重组、统计分析、编辑修改和输入输出等操作的基础。Access 提供了多种查询工具，可以根据需要选择不同的查询工具完成对数据的操作。

查询是 Access 进行数据查找并对数据进行分析、计算、更新及其他加工处理的数据库对象。查询是通过从一个或多个表中提取数据并进行加工处理而生成的。查询本身也是一个表结构，仅仅是一个结构，也就是说并不占有相应的物理空间，它在使用的时候是根据结构从相应的表中提取数据。当对应表中的数据发生变化时，查询也进行相应的更新。查询结果可以作为窗体、报表或是数据访问页等其他数据库对象的数据源。

查询分为 4 类。

- 选择查询：可以进行数据的检索和统计。
- 参数查询：根据用户提供的数据参数进行数据的检索。
- 操作查询：在选择查询的基础上，对查询出的结果进行更新操作。
- SQL 查询：通过编写 SQL 语句进行数据的检索。

4.1.2　查询对象的功能

数据库中的数据通常是根据种类分别存放在不同的表中。在实际的应用中，很多工作并不是对整个表中的数据进行操作，或者某些操作的数据不是来源于一个表，这个时候就需要将目标数据检索并重新组合起来。查询主要就是完成这项工作的。查询可以以表格的形式将关心的数据重新组合并显示，而实际上这些数据的物理信息并没有改变。

查询在数据库的管理与使用中的作用如下：

- 使用查询可以快速准确地将注意力放到目标数据上，将其他无关数据排除到查询之外。通过查询浏览表中的数据，分析数据或修改数据。
- 通过操作查询可以对查询结果(也就是目标数据)进行操作，方便了用户操作。

- 查询虽然本身只是一个结构，并不真正具有数据，但和表一样可以作为数据源为其他数据库对象(例如窗体、报表等)服务。
- 查询是一个固定的结构，可以将某个经常处理的数据或统计定义为查询，可以减少操作的步骤，不用每次都从原始数据中进行查询，这样就可提高效率。
- 通过查询，用户可以对数据进行统计和计算。

查询的结果有一定的生存期。当一个查询关闭后，其结果就不存在了。所有记录都是保存在原来的表中。这样处理有两个好处。

(1) 节约外存空间。对查询的要求是多种多样的，长期使用数据库，必然会生成大批量的、种类繁多的查询，如果将这些查询的结果都保存下来，必然会占用巨大的外存空间。另外，许多查询用过之后可能再也不会使用了，也没有必要长期保存。

(2) 当记录数据信息的基本表发生变化时，仍可用这些查询进行同样的查找，并且获得的是变化之后的实际数据。也就是说，可以使查询结果与表的更改保持同步。

4.2 选择查询

选择查询就是按设定的条件从数据源中查找目标数据的操作。查询的结果是一个二维表结构，但这个二维表结构并不实际存在，只是一个数据记录的动态集，可以进行查看、修改等操作。选择查询是数据库应用技术中使用频率最高的一种查询。此外，选择查询还可以对数据进行分组等复杂操作，并针对分组之后的数据进行求和、计数、求平均值等汇总计算。

4.2.1 简单查询

简单查询是指对于查询的结果没有条件的限制，只是从一个数据源或多个数据源中提取感兴趣的字段组成一个新的记录集的查询方式。

简单查询的创建主要有两种方式：设计视图和查询向导。新建简单查询的步骤如下。

(1) 在数据库窗口中选择“查询”模块。

(2) 单击工具栏上的“新建”按钮，然后在弹出的对话框中选择新建的方式，如图 4-1 所示。

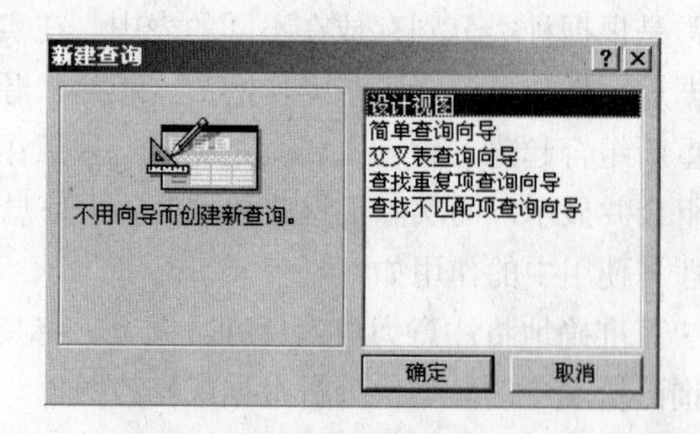

图 4-1 选择创建查询方式

(3) 在新建查询对话框中可以选择使用“设计视图”或者“向导”方式来创建简单查询，其中向导方式根据查询类型的不同还可以分成：简单查询向导、交叉表查询向导、查找重复项查询向导、查找不匹配项查询向导。

查询的创建可以由一个查询设计器或4个查询向导共5种方式来完成，在向导的指导下可以完成不同功能的简单查询设计。

1. 使用查询设计器创建查询

使用查询设计器创建查询具有很高的灵活性。

【例4.1】使用查询设计器创建查询，查询所有读者借阅图书的“书名”、“价格”与“读者姓名”。

(1) 打开tushu数据库，选择“查询”模块，“在设计视图中创建查询”命令或者单击“新建”按钮，在如图4-1所示的对话框中选择【设计视图】。

(2) 选择查询涉及到的表。在如图4-2所示的【显示表】对话框中选择查询所涉及到的表。双击需要添加的表名，或是选中表后单击【添加】按钮，就可以将目标表添加到这次查询中。添加结束后单击【关闭】按钮，进入设计视图。这里将“图书”、“读者”和“借还记录”三个表添加到设计器中。

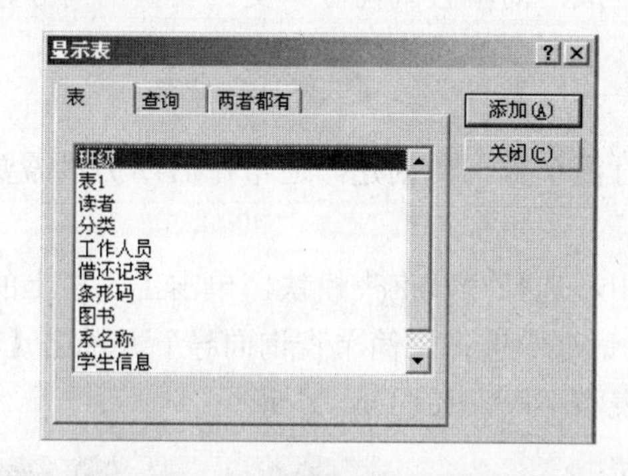

图4-2 创建查询-添加相关表

(3) 选择查询涉及的字段。

如果事先对表之间的关系进行了正确的配置，三个表之间会自动建立连接。如果表之间没有建立连接则需要手动连接相关表格，连接的方法与创建关系时相同，如图4-3所示。

将查询相关字段添加到字段列表中，添加字段的方法有两种：第一种，从表单中双击目标字段，字段会自动添加到窗体下方的字段列表中；第二种，选中目标字段，然后按住左键，将目标字段拖动到字段列表的相应位置松开。这里添加读者表的“dzxm”字段、图书表的“tsm”和“jiage”字段。

视图下方的各种栏目根据查询类型的不同有不同的组合。常用的是：

- 字段——添加与查询有关系的字段。
- 表——设定字段所在的表。
- 显示——设定在最后的查询结果中是否显示该字段，如果该字段只是作为查询条件，而不是最终用户感兴趣的字段，可将该栏目的“√”号去掉。
- 条件——设定查询的条件。

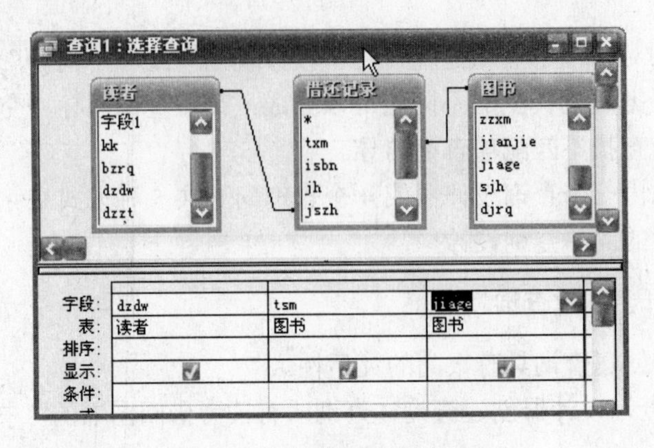

图 4-3　相关表自动创建连接

(4)　完成创建。

设定结束后对查询对象进行保存，并设定查询的名称。

2. 使用向导创建选择查询

使用向导创建查询的优点是方法比较简单、直观，但是缺少灵活性。选择查询向导根据查询类型的不同还可以分成：简单查询向导、交叉表查询向导、查找重复项查询向导、查找不匹配项查询向导。

(1)　简单查询向导

简单查询向导只能进行简单查询的创建，通常在后期仍然需要对向导创建的查询进行补充和调整。

①　在打开的数据库中，选择“查询”模块，单击工具栏上的“新建”按钮。在如图 4-1 所示的“新建查询”对话框中选择“简单查询向导”并单击【确定】按钮。

②　设定查询涉及的表与字段，如图 4-4 所示。

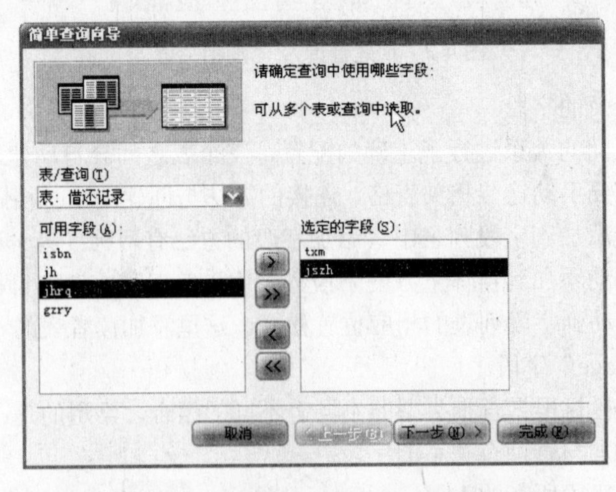

图 4-4　创建查询向导 - 选择相关字段

对话框主要有三个部分，首先从【表/查询】下拉列表框中选择某个与查询有关的表，例如“借还记录”表。此时下方【可用字段】列表框中会列出该表中的所有字段。然后依次将本次查询需要的字段通过动作按钮添加到右侧的【选定的字段】列表框中。选定结束后单击【下一步】按钮。

注意：首先保证相关表之间建立了正确的表关系，否则可能出现不能正确使用向导的情况。

③ 弹出的对话框要求指定查询的名称以及向导结束后进行的工作。这里使用默认的查询名称“借阅信息 查询”。设定结束后单击【完成】按钮。

(2) 查找重复项查询向导

查找重复项是指从某字段中查找重复的数据，并可以将这些数据对应的其他字段显示出来。

【例 4.2】查找哪些用户借阅了 2 本以上的图书，并显示借还的日期。

实际就是查找那些在“借还记录”表“jszh(借书证)”字段中存在重复情况的记录。

打开 tushu 数据库，选择【查询】模块，单击工具栏中的【新建】按钮，在如图 4-1 的窗体中选择“查找重复项查询向导”命令。

弹出的窗体要求用户选择重复数据字段所在的表或查询，如图 4-5 所示。选择“借还记录”，单击【下一步】按钮。

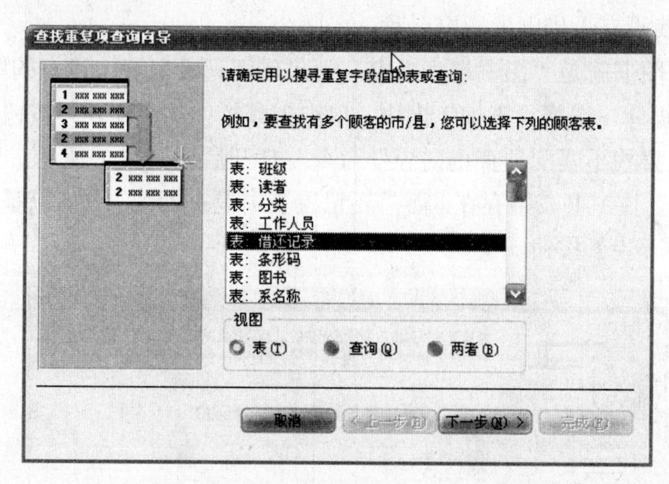

图 4-5 查找重复项查询向导 - 数据源设定

进入的“查找重复项查询向导 - 字段设定”界面要求设定查找重复数据的目标字段，将左侧【可用字段】中列表中的“jszh”字段添加到右侧的“重复值字段”列表中，单击“下一步”按钮。

进入的“查找重复项查询向导 - 其他字段设定”界面要求输入除了重复字段外还显示什么字段，如图 4-6 所示。这里将左侧【可用字段】列表中的“jhrq”、“jszh”两字段添加到右侧的列表中。单击【下一步】按钮。

设定查询的名称以及向导结束后的工作。向导结束后有两种选择：查看查询和修改设计。如果对查询结构还需要调整，则选择“修改设计”，并进入到“查询设计器”窗口对查询结构进行调整。可以选择“查看查询”，查看本次查询的结果。设定后单击【完成】按钮。

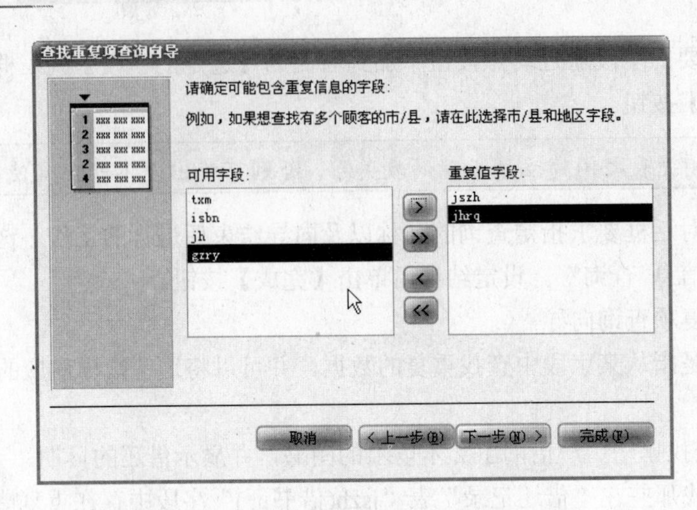

图 4-6　查找重复项查询向导 - 其他字段设定

(3)　查找不匹配项查询向导

查找不匹配项查询是对两个表中的两个字段进行比较，查找存在于一个字段中而另一个表中对应字段没有的数据。

【例 4.3】查找没有人借阅的图书名称。

没有人借阅的图书就是“图书”表中有，而“借还记录”表中没有的图书。

打开 tushu 数据库，选择“查询”模块，单击工具栏中的“新建”按钮，在如图 4-1 所示的窗体中选择“查找不匹配项查询向导”命令。打开后如图 4-7 所示。要求设定两个表中的基本表。因为查找图书表中存在，而借还记录表中没有的图书，所以基本表应该是“图书”表。单击【下一步】按钮。

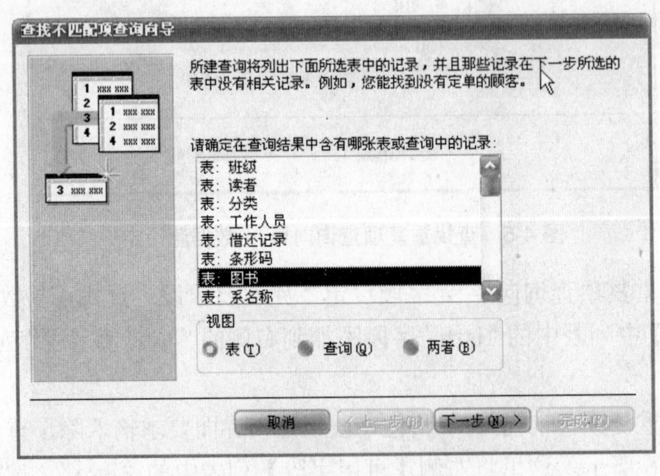

图 4-7　创建查找不匹配项查询向导 - 基本表设定

在进入的“创建查找不匹配项查询向导 - 比较表设定”界面中选择用来比较的表，所以这里选择“借阅信息”表。

在进入的“创建查找不匹配项查询向导 - 设定比较字段”界面中设定用来比较的两个字段，如图 4-8 所示。进而使用“图书”表的“tsgtm”字段与“借还记录”表中的“txm”

字段进行比较，如果“图书”表中有的“tsgtm”而“借还记录”表的“tsm”字段中没有，就说明这本书没有人借阅。设定后单击【下一步】按钮。

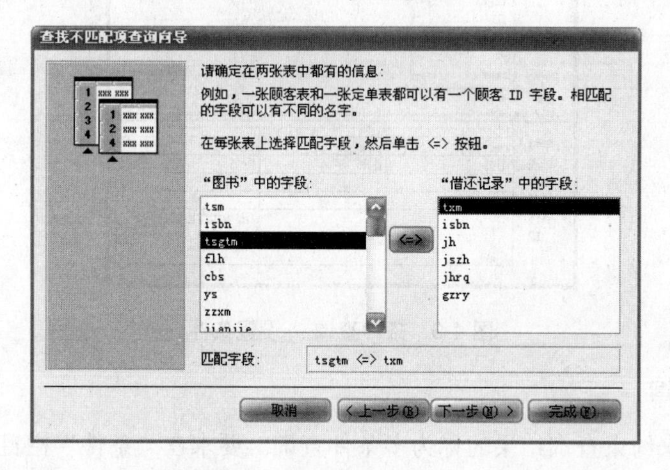

图 4-8 创建查找不匹配项查询向导 - 设定比较字段

在“创建查找不匹配项查询向导 - 设定显示字段”界面中设定最后显示的字段，这里选择将“可用字段”列表中的“tsm”字段添加到“选定字段”列表中。设定结束后单击“下一步”按钮。

设定查询的名称以及向导结束后的工作。向导结束后有两种选择：查看查询和修改设计。设定后单击“完成”按钮。

4.2.2 条件查询

条件查询是在简单查询的基础上，通过查询条件的设置来达到查找目标数据的操作。条件查询通常都是通过查询设计器来完成的。

条件查询可以分为单条件查询和多条件查询。

1. 单条件查询

单条件查询是在查询中只有一个条件约束查询结果。

【例 4.4】在“图书”表中查询“清华大学出版社”出版的图书的图书名和价格。

(1) 根据前面介绍的简单查询创建方法，将涉及到的“图书”表添加到查询设计器中。

(2) 将查询涉及到的字段添加到设计器的字段列表中，这里将“tsm”、“jiage”和“cbs”添加到列表中，如图 4-9 所示。

(3) 设定查询需要的条件。在需要设定条件的字段下方的“条件”栏目中进行设定。这里直接设定“cbs”字段的条件为“清华大学出版社”，如图 4-9 所示。

注意：用户只需要直接输入“清华大学出版社”即可，两端的双引号由系统自动生成。

(4) 单击工具栏中的(运行)按钮来查看查询的结果。如果没有问题就保存查询。

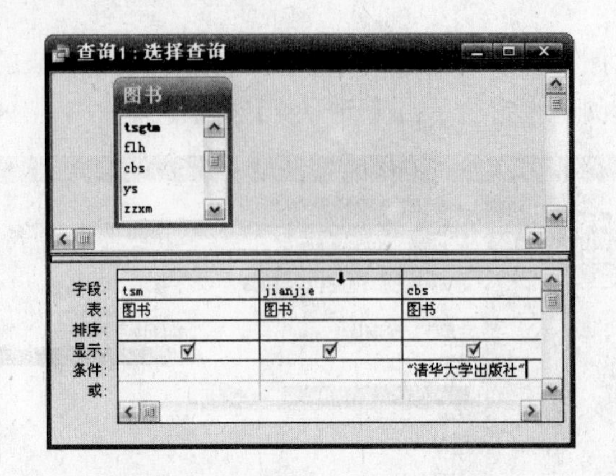

图 4-9　条件查询 - 设置条件

2. 多条件查询

有多个条件来约束查询结果的称为多条件查询。要求在“条件”栏目和“或”栏目中对条件进行设置。

如果在多个“条件”栏目和“或”栏目中都输入了条件表达式，Access 自动判断使用 And 运算符或者 Or 运算符进行条件组合，组合的原则如下：

- 在“条件”栏目中的条件使用 And 连接，查询时需要全部满足。
- 在“或”栏目中的不同行的条件使用 Or 连接，查询时只需满足其中一个条件。同行的使用 And 连接。

【例 4.5】建立同时满足“flh(分类号)”为“A”，“jiage(价格)”大小为 50 元，“清华大学出版社”的图书信息查询。

(1) 将“图书”表添加到查询设计器中。

(2) 三个条件都写在“条件”栏目中，如图 4-10 所示。等同于：flh=“A” and jiage>50 and cbs=“清华大学出版社”。

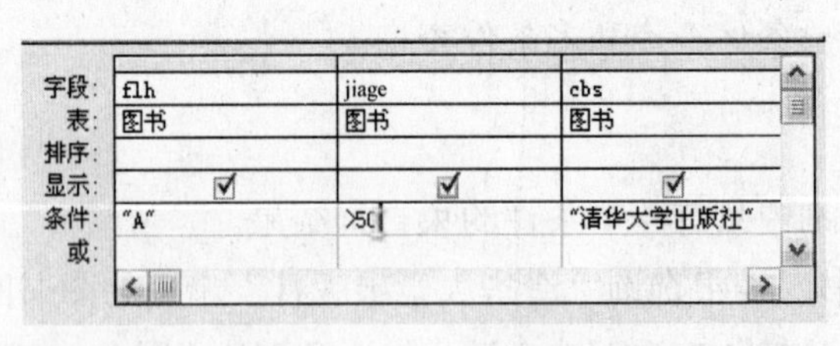

(a)

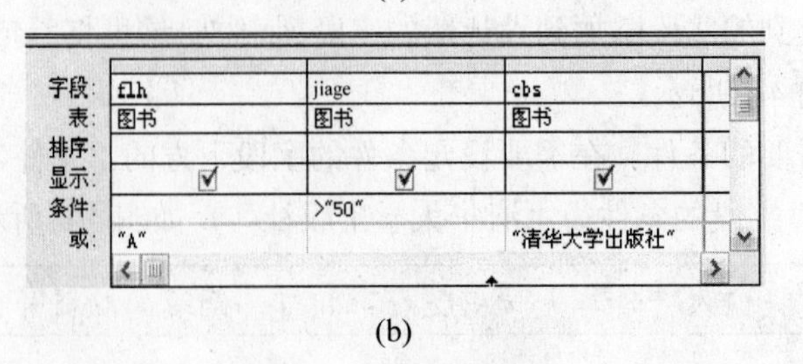

(b)

图 4-10　多条件设置

(3) 保存查询。

一个条件写在“条件”栏目中，另两个条件分别写在同一行的“或”栏目上，如图 4-10(b)所示。结果中的数据满足“jiage”大于 50，或者同时满足“flh”为“A”和“cbs”为“清华大学出版社”。

三个条件写在了不同的行中，说明这三个条件为或的关系。结果集只要“flh”为“A”，“jiage”大于 50 和“cbs”为“清华大学出版社”这三个条件中的一个就可以。

4.2.3 查询条件

1. 条件的使用

查询条件是对查询结果的一种限制与约束，得到想看到的数据。例如，想查询某个出版社出版的图书资料，就可以通过对“cbs”字段的限制来实现。

条件的实现是通过表达式完成的。这些表达式多数很简单，例如“男”，指定只显示该字段的值为“男”的记录；“Between 10 And 20”，指定显示该字段的值在 10~20 之间的记录。在一个查询中，可以在一列中或多列中使用条件。

条件表达式的输入有两种方式：直接输入与使用表达式生成器输入。直接输入就是指按照一定的格式将表达式直接填入对应字段的“条件”栏目中。表达式生成器是 Access 中专门用来生成表达式的一种工具，包含着各种格式、对象和函数等，使用它可以准确地生成表达式。

表达式生成器的打开方法如下。

打开查询设计器，单击要设置条件的字段的“条件”行网格，将插入点移入其中。

单击工具栏上的(生成器)按钮，或右击并选择快捷菜单中的“生成器”命令，打开表达式生成器，如图 4-11 所示。

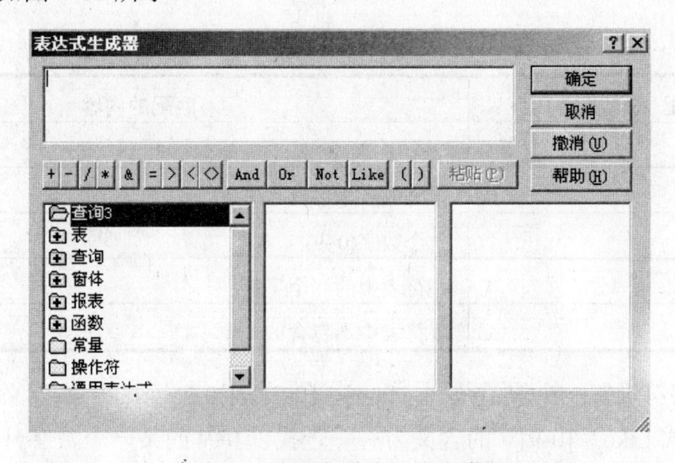

图 4-11 查询条件表达式生成器

如果在启动“表达式生成器”的网格或“条件”列中已经包含了一个值，该值将自动复制到其中的表达式框中。标准的表达式具有很多的格式要求，而“表达式生成器”中提供的选择式输入很好地解决了这个问题，由“表达式生成器”提供的条件或函数都具有准确的结构格式。

2. 条件表达式

查询的条件表达式与设计表时字段的有效性规则比较相近。如果只是以一个值为条件，只需将这个值输入到对应字段的“条件”栏中。如果查询条件比较复杂，就要使用条件表达式了。

下面介绍条件表达式的书写方法。

(1) 表达式中的运算符

在条件表达式中，除了使用常规的“+、-”等算术运算符之外，还经常使用以下几种特殊的运算符。

- And 运算符：即“逻辑与”运算符。条件表达式为<条件 1> And <条件 2>。要求查询结果集中的记录必须同时满足由 And 所连接的两个条件。
- Or 运算符：即“逻辑或”运算符。条件表达式为<条件 1> Or <条件 2>。查询结果集中的记录只需要满足由 Or 所连接的两个条件中的一个。
- In 运算符：要求从一个值域中选择某一值。例如，In(“男”, “女”)等价于“男” Or “女”。如果备选内容较多，使用 In 运算符要比使用 Or 更加简单。
- Between ... And ...：指定一个数值范围。主要用于数字型、货币型、日期型字段。条件表达式为 Between <条件 1> And <条件 2>。要求查询结果记录集中的记录值介于条件 1 与条件 2 之间，包括两个临界点。
- Like：用于按照某种约定的格式进行查找，可使用不同含义的通配符来实现不同程度的模糊查询。例如，Like“张*”，查找以字符“张”开头，后面任意长度字符的记录，而 Like“张_”则指定查找以“张”开头，后面一个字符的记录。可以使用的通配符如表 4-1 所示。

表 4-1　字符样式中的通配符

通 配 符	匹配的内容
?	一个字符
*	零个或多个字符
#	一个数字(0~9)
[字符表]	字符表中的一个字符
[!字符表]	字符表中不包含的一个字符

[字符表]为字符设置一个取值范围，[a-z]、[0-9]、[!0-9]等，用“-”来隔开范围的上下界。例如，表达式 Like“ [0-9]*”的含义为——查找以 0~9 的某一个数字开头，后面跟任意字符的字符串。

又如，表达式 Like “DataBase?[a-z]#[!0-9]*”的含义为——查找以“DataBase”开头，第二个为任意字符，第三个为 a~z 中的任意一个字符，第四个为数字，第五个为非 0~9 的任何字符，其后为任意字符的字符串。

(2) 表达式的例子

表 4-2 是一些条件表达式的例子。

表 4-2　表达式示例

表 达 式	意　义
定价>50	定价大于 50
Between #1/2/2007#And#12/30/2007	2007 年 1 月 2 日到 2007 年 12 月 30 日
图书名称 Like "*数据库*"	"图书名称" 包含 "数据库" 字符
In("党员", "团员", "群众")	党员、团员或群众
Len([出版社])＞Val(5)	出版社字段长度在 5 个字符以上
借阅日期＜Date( )-10	借阅日期在 10 天之前
身份证号 Is Not Null	"身份证号" 字段不为空

4.3　参数查询

前面章节介绍的查询条件都是在创建查询时设定好的，是一种固定的条件。例如查询条件为"清华大学出版社"，只能固定地查询"清华大学出版社"的图书，如果想查询其他出版社的图书就需要回到查询设计器中进行条件的修改。于是 Access 提供了智能参数查询功能。

参数查询就是在运行查询的时候，首先需要输入参数，再根据参数进行查询的操作。

参数查询根据其查询形式分为两种：

- 单参数查询——执行查询时只需要输入一个条件参数。
- 多参数查询——执行查询时，针对多组条件，需要输入多个参数条件。

4.3.1　单参数查询

使用参数查询时，数据库系统首先要求输入查询的参数，再根据参数进行相应的参数查询，这种查询方式具有更好的灵活性。

【例 4.6】查询某本图书的价格。

(1) 进入"查询设计器"，将"图书"表添加到查询中。

(2) 将涉及到的字段添加到下方的字段列表中。这里需要显示图书的书名和价格，所以添加"tsm"和"jiage"。

(3) 在窗体上方灰色部分右击，从弹出的快捷菜单中选择【参数】命令，如图 4-12 所示。

(4) 在弹出的参数窗口中对参数进行设计。本题根据书名进行查询，所以创建一个名为"请输入书名"的参数，如图 4-13 所示。

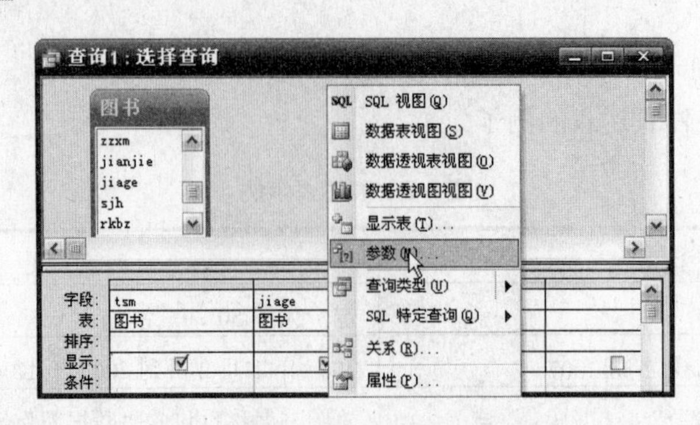

图 4-12　参数查询 - 参数菜单

注意：第一，参数的数据类型必须与参数字段的数据类型相同，这里需要和“tsm”的数据类型相同；第二，这里的参数名称会出现在进行查询时的参数输入框中，所以要根据要求输入。

图 4-13　参数查询 - 参数设定

(5) 将设定好的参数名填入相应字段的“条件”栏目中。将“请输入图书名”参数填入到“tsm”字段的“条件”栏中，如图 4-14 所示。

注意：参数的名称需要用方括号“[ ]”括起来。

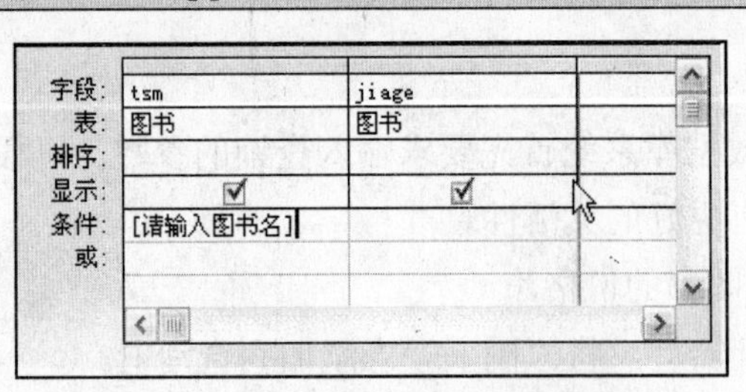

图 4-14　参数查询 - 参数与字段绑定

(6) 保存查询，并命名。

(7) 每次使用的时候，系统会首先要求输入参数，如图 4-15 所示。

注意：窗体中的提示语句就是参数名称“请输入图书名”，所以参数的名称应该根据实际情况设定。

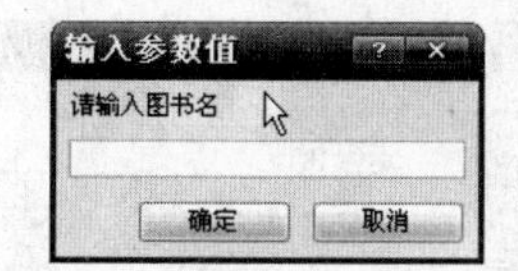

图 4-15　参数查询 - 输入参数

4.3.2 多参数查询

多参数查询的创建方式与单参数查询的创建方式相同。只是当建立参数的时候需要建立多个参数，而运行查询的时候也需要输入多个条件参数。

【例 4.7】依出版社和类别查询图书信息。

(1) 打开查询设计器，将“图书”表添加到设计器中。

(2) 打开参数设计窗口，并将查询中设计的字段添加到设计器中。这里添加“tsm”、“jiage”、“cbs”和“flh”四个字段。

(3) 创建多个参数。在如图 4-13 所示的对话框中输入“请输入出版社”和“请输入类别”两个参数。

(4) 在“cbs”和“flh”字段的“条件”栏目中输入相应的参数，保存并退出。

当使用多参数查询的时候，系统会按参数顺序依次要求用户输入查询参数的值。

4.4 操作查询

在前面的内容中介绍过，查询除了对数据有检索功能外，还是数据库其他操作的一个基础。例如对数据的修改、删除，甚至是添加都有可能是以查询为先决条件的。下面介绍的几种操作查询就是在查询的基础上对查询的结果进行操作。操作查询同样具有选择和参数查询的特征，只是在二者的基础上增加了操作功能。

操作查询除了可以操作数据外，还可以添加表。Access 数据库系统允许创建 4 种操作查询：生成表查询、更新查询、追加查询和删除查询。

4.4.1 生成表查询

生成表查询是指从一个或多个表中查询出目标数据，并将这些数据存储到一个新的表中。生成新表中的字段属性及主键属性会继承源表中字段的属性。每次运行该查询都会生成新表。

【例 4.8】在 tushu 数据库中创建“高价图书”表，将价格超过 50 元的图书书名及价格保存到新表中。

(1) 打开“查询设计器”，并将“图书”表添加到查询中。

(2) 从菜单栏中选择【查询】|【生成表查询】命令，如图 4-16 所示。

(3) 弹出的对话框要求设定新表的名称以及新表保存的数据库，如图 4-17 所示。将表的名称设定为“高价图书”，保存在当前数据库中，单击【确定】按钮。

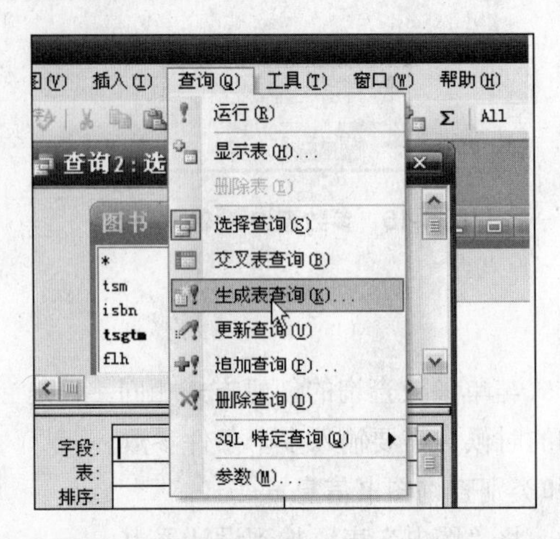

图 4-16　生成表查询 - 选择【生成表查询】

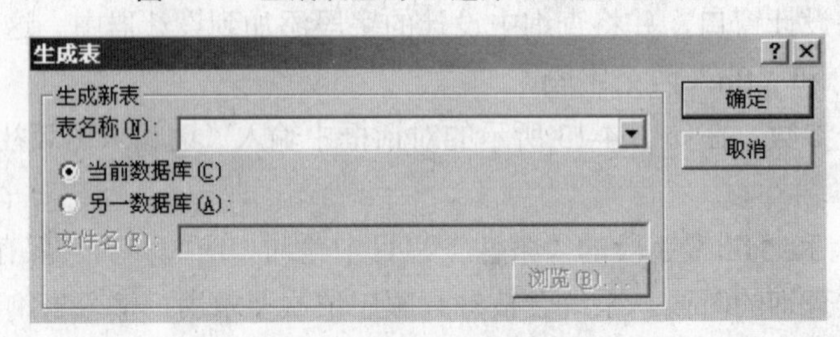

图 4-17　生成表查询 - 新表名称设定

(4) 回到“查询设计器”后，利用条件查询的方法将价格高于 50 元的书名与价格查询出来，保存该查询并退出。

(5) 双击刚才保存的查询，弹出如图 4-18 所示的提示对话框，要求确认操作。单击【是】按钮，系统会生成题中要求建立的“高价图书”表。

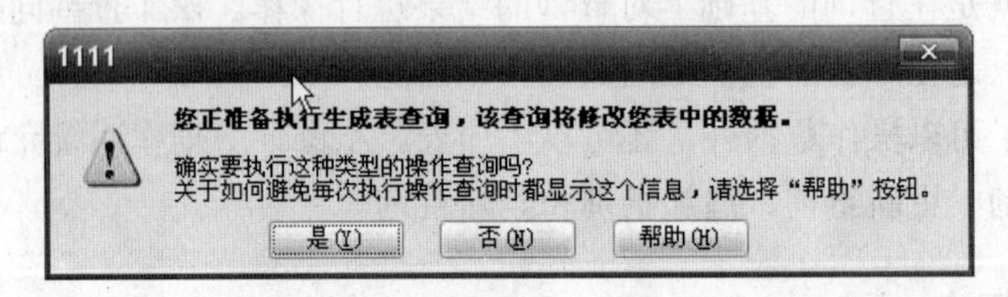

图 4-18　生成表查询 - 确认生成新表

4.4.2　删除查询

删除查询可以对查询出来的数据进行删除操作。删除后的数据是不能被恢复的，所以在进行删除前应切换到“数据表视图”进行查看，确定查询出来的数据是需要删除的数据。

【例 4.9】 删除价格大于 10 元的图书的资料。

(1) 打开“查询设计器”，并将“图书”表添加到查询中。

(2) 从菜单栏中选择“查询”→“删除查询”命令。

(3) 将涉及到的字段添加到字段列表中。因为根据价格进行删除，所以添加“jiage”字段，并在【条件】栏中输入“>10”，如图 4-19 所示。

注意：删除查询并不是选择什么字段就只删除该字段的内容，而是将符合该条件的所有记录删除，所以这里虽然只设置了“jiage”字段，但是运行该查询会将所有 10 元以上的图书都删除。

(4) 保存查询。双击查询可以进行删除操作。

图 4-19 删除查询

4.4.3 更新查询

更新查询可以将查询出来的结果批量地进行修改。使用更新查询首先将要修改的数据查询出来，然后使用一个表达式将数据进行修改。更新查询会改变数据的物理信息，所以在使用前一定要确认没有错误，以免造成数据的破坏。

【例 4.10】将“图书”表中清华大学出版社的所有图书的价格增加 10 元。

(1) 打开“查询设计器”，并将“图书”表添加到查询中。

(2) 从菜单栏中选择【查询】→【更新查询】命令，此时“查询设计器”下方的字段列表结构会发生一些改变，出现了一个“更新到”栏目。

(3) 将查询涉及到的字段添加到字段列表中，此处添加“cbs”和“jiage”两个字段。

(4) 条件设定。首先在“cbs”字段的“条件”中设定“清华大学出版社”。然后在“jiage”字段的“更新到”栏目中设定“[jiage]+10”，将价格在原有基础上增加 10 元，如图 4-20 所示。

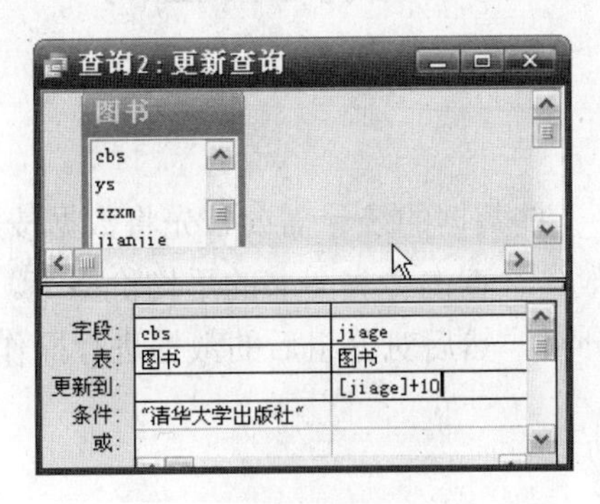

图 4-20 更新查询

(5) 保存查询，双击保存后的查询可以进行更新操作。

4.4.4 追加查询

追加查询是将查询出来的结果添加到另一个表中的操作，这些记录将被保存在目标表中的结尾。执行追加查询的前提是，追加部分的数据必须在目标表中存在对应的字段。

【例 4.11】将 40 元到 50 元的图书的书名和价格追加到例 4.8 建立的“高价图书”表中。

(1) 打开“查询设计器”，并将“图书”表添加到查询中。

(2) 从菜单栏中选择“查询”→“追加查询”命令。

(3) 弹出的窗体要求设定数据要追加的目标表。根据题意，将数据追加到“高价图书”表。设定后单击“确定”按钮。

(4) 回到“查询设计器”后，将目标字段添加到字段列表中。这里添加“tsm”和“jiage”字段。然后设定查询条件：价格介于 40 到 50 之间，就是在“jiage”的【条件】栏目里添加条件：“>40 And <=50”，然后在【追加到】栏目中设置分别将字段追加到那些新字段中，如图 4-21 所示。单击【追加到】栏目，从弹出的下拉框中选择对应表的相应字段。

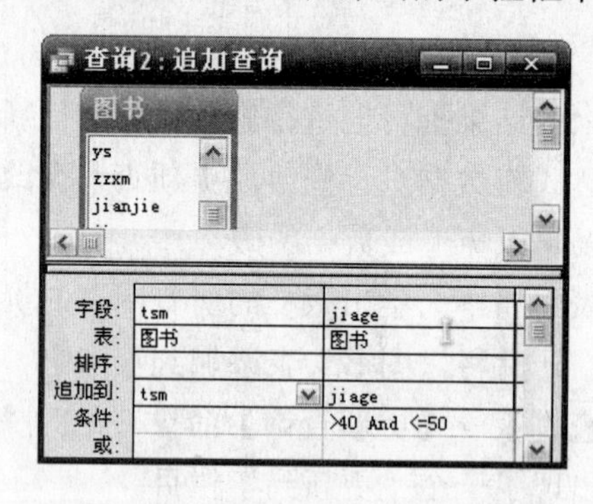

图 4-21 追加查询 - 设计视图

(5) 保存查询，并双击查询执行。

4.5 交叉表查询

4.5.1 认识交叉表查询

在数据库的实际应用中，一些数据的统计需要首先将数据按照一定规律分组后再操作，例如，查询各出版社的图书数量、查询各类图书的平均价格等。交叉表查询就是首先按照一个或一组属性对数据进行分组，然后对分组后的数据进行操作的查询。

4.5.2 交叉表查询向导

交叉表查询是一种比较特殊的查询方式，是将表或其他查询中的一些数据作为新的字段，用另一种方式来查看数据，通常用来进行数据的各种计算，例如求和、平均值、最大值、最小值和计数等。

【例 4.12】在 tushu 数据库中查询各类图书的平均价格。

(1) 实际是要求将图书按照类别进行分组，然后求每组的平均价格。在新建查询窗体中双击“交叉表查询向导”，进入到数据源设定窗口，如图 4-22 所示。

(2) 在窗体内设置需要使用的数据源。本题涉及到的字段都来源于“图书表”，所以这里选中“图书表”，并单击【下一步】按钮。

注意：交叉表查询的记录源必须是唯一的，所以窗体中声明：如果包含多个表的字段，需要先创建一个包含这些字段的查询。

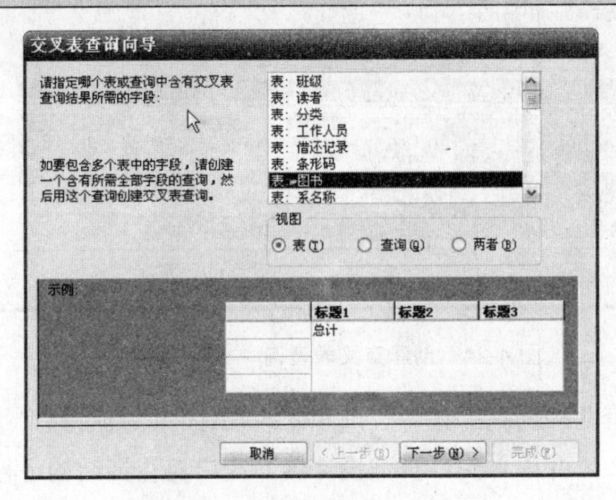

图 4-22　交叉表查询 - 数据源设定

(3) 进入的界面要求设定分组的依据字段，也就是行标题，如图 4-23 所示。题意是按照类别统计平均价格，所以这里按照图书的类别分组。将【可用字段】列表中的“flh”字段添加到【选定字段】列表中作为分组依据。设定结束时单击【下一步】按钮。

(4) 进入的界面要求设定除了显示平均价格外，还需要显示什么字段作为依据，也就是列标题，这里选择书名作为列标题。设定后单击【下一步】按钮。

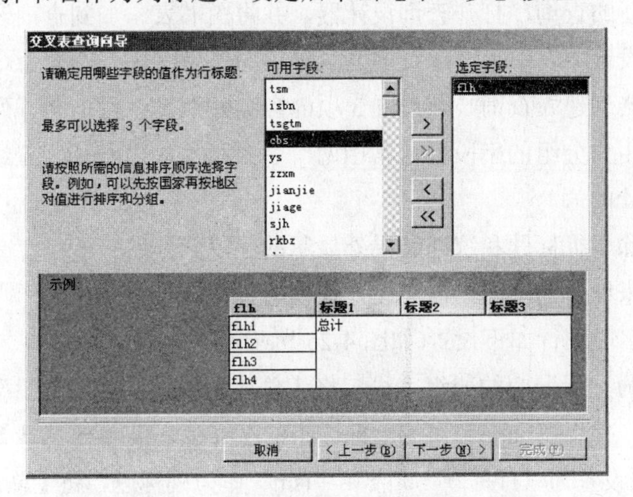

图 4-23　创建交叉表查询 - 行标题设定

(5) 进入的界面要求设定具体统计的数据内容，如图 4-24 所示。因为题中要求统计每组的平均价格，所以在中部的【字段】列表中选中“jiage”字段，然后在右侧的【函数】字段中选中“平均”选项。设定结束后单击【下一步】按钮。

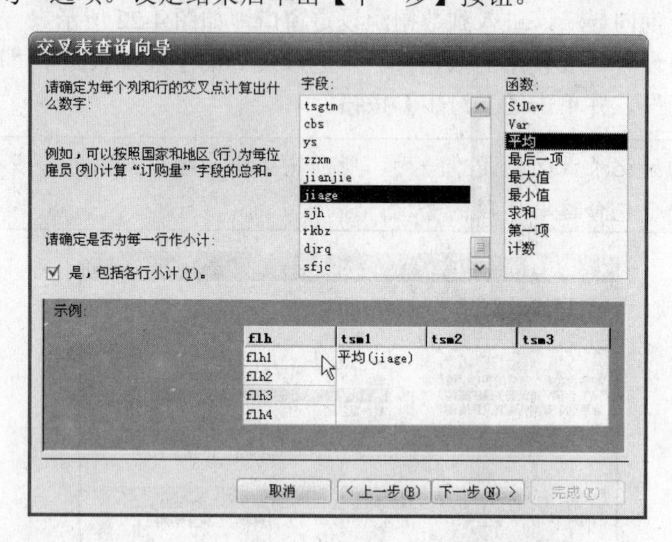

图 4-24 创建交叉表查询 - 统计项设定

(6) 向导结束后有两种选择：查看查询和修改设计。如果对查询结构还需要调整，则可以选择“修改设计”，并进入到“查询设计器”窗口对查询结构进行调整。否则可以选择“查看查询”。单击【完成】按钮。

4.5.3 交叉表查询的设计视图

可以使用灵活性更大的设计窗体方式自行创建交叉表查询。

【例 4.13】在“设计视图”中重新设计查询各类图书的平均价格。

(1) 创建一个新的查询，打开查询设计器，并将图书表添加到查询设计器中。

(2) 在“查询设计器”中单击【查询】菜单中的【交叉表查询】命令。

(3) 使用设计器创建表查询必须设置 3 项内容，分别是：行标题、列标题、统计列。

- 行标题：用作分组的字段，通常由两个字段组成，一个作为分组依据，一个作为分组后统计的值。
- 列标题：除了行标题和统计结果外显示的字段。
- 值列：用来统计的字段，需要设置统计的类型。

根据题意，对字段进行如下设置(如图 4-25 所示)。

使用“flh”作为行标题中的分组字段，将【总计】项设置为“分组”，【交叉表】项设置为“行标题”。使用“jiage”作为行标题中的统计值，并将【总计】项设置为“平均值”，【交叉表】项设置为“行标题”。使用“tsm”作为列标题，将【总计】项设置为“分组”，【交叉表】项设置为“列标题”。使用“jiage”作为值列，将“总计”项设置为“平均值”，“交叉表”项设置为“值”。

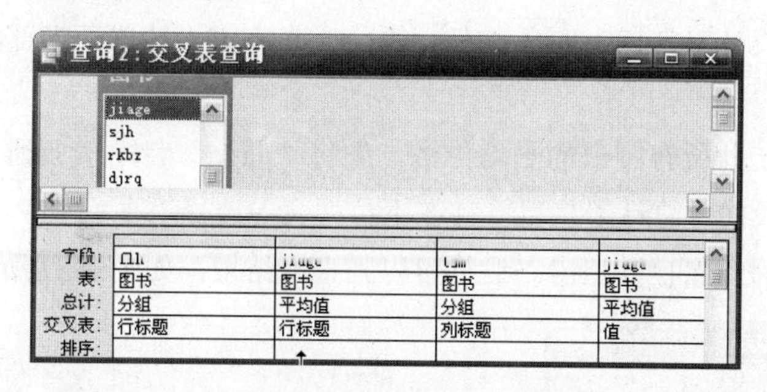

图 4-25　交叉表查询的字段设置

(4) 保存并退出。

4.6　在查询中进行计算

4.6.1　查询中的计算功能

查询除了可以查找数据库中保存的数据外，还可以进行计算。例如，计算一个字段值的总和或平均值，对两个字段进行算术运算。查询中有常规计算和自定义计算两种基本计算。

1. 常规计算

常规计算是指利用现有字段，对记录组进行统计或汇总，包括求和、求平均值、统计记录数、求最小值、求最大值等。

2. 自定义计算

自定义计算就是使用一个或多个字段中的数据在进行计算，并使用一个新创建的字段显示出来。

4.6.2　总计查询

1. 总计查询的创建

Access 的某些特定功能，如分组、求和、求平均值等，在查询设计器中是无法直接使用的。必须单击查询设计工具栏上的Σ(总计)按钮，通过 Access 系统在查询设计器下部设计网格中插入的一个“总计”行进行计算。

在查询设计器中的“总计”栏目中，可以为某个字段指定一个用于总计计算的汇总函数，包括“总和”、“平均值”、“计数”、“最大值”、“最小值”、“标准偏差”、“方差”等。

【例 4.14】统计所有图书的平均价格。

(1) 打开查询设计器，将目标表“图书”添加到查询中。

(2) 将涉及到的“jiage”字段添加到窗体下方的“字段”栏目中。

(3) 单击查询设计工具栏上的Σ按钮，系统会在查询设计器下半部的设计网格中插入一个“总计”行。

(4) 题目要求统计所有图书的平均价格，先将“jiage”字段添加到下方的栏目中，然后单击“jiage”字段的【总计】栏目，并在下拉列表中选择“平均值”，如图 4-26 所示。

(5) 设置结束后，保存并退出。运行可得到查询结果，如图 4-27 所示。

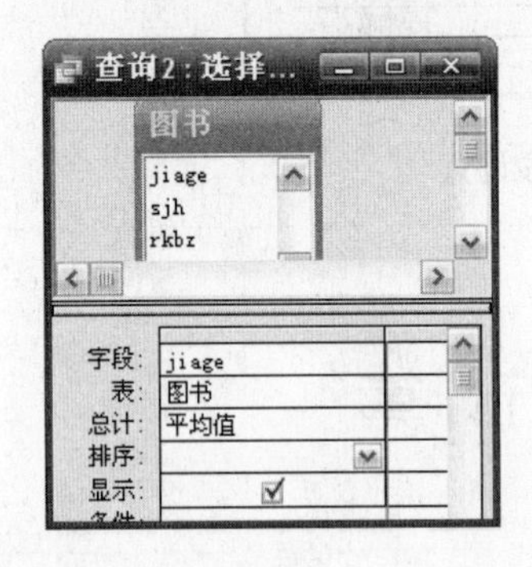

图 4-26 总计查询 - 设计视图

图 4-27 总计查询 - 结果

在总计查询中，因为计算字段是根据原有字段计算或统计得来，所以没有自己的字段名称，如图 4-27 所示，得到的平均价格系统默认生成的名称为“jiage 之平均值”。生成的名称说明了字段的来源，但是不美观，所以通常在总计查询中对新字段重新命名。如果不想使用 Access 自动命名的字段标题，可以用以下两种方法指定查询中某个字段的标题。

- 在设计视图中，在计算字段的“字段”栏目中自己命名新字段。方法是在该字段名称前自己输入一个新名称，并用英文冒号隔开。例如上题的“jiage”字段改成“平均价格:jiage”。这样，在显示结果的时候，该字段不会使用系统默认名称，而使用“平均价格”。
- 右击要指定标题的字段栏的任意位置，选择快捷菜单中的“属性”命令，弹出【字段属性】对话框，为其中的【标题】属性输入自定义的字段标题(平均价格)，如图 4-28 所示。

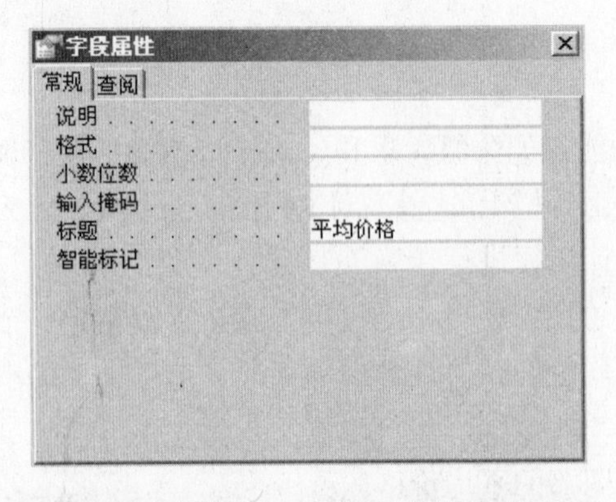

图 4-28 新字段 - 【字段属性】对话框

2. 总计统计的分类

“总计”栏目中包含 12 个选项，其中 9 个为汇总函数，其他为非函数选项。

(1) 汇总函数

用于创建总计字段的汇总函数如表 4-3 所示。

表 4-3 查询使用的汇总函数

英文名	含 义	适用的数据类型
Sum	总计	数值、日期/时间、货币、自动编号
Avg	平均值	数值、日期/时间、货币、自动编号
Min	最小值	文本、日期/时间、货币、自动编号
Max	最大值	文本、数值、日期/时间、货币、自动编号
Count	计数	文本、备注、数值、日期/时间、货币、自动编号、是/否、OLE 对象
StDev	标准差	数值、日期/时间、货币、自动编号
Var	方差	数值、日期/时间、货币、自动编号
First	第一条记录	所有类型
Last	最后一条记录	所有类型

其中，“计数”函数用于统计记录的个数，也就是行数。对于空白值也统计在内，但空值不进行统计。

(2) 非函数选项

分组(Group By)：分组字段。

表达式(Expression)：创建表达式包含总计函数的计算字段。通常，在表达式中使用多个函数时，将创建计算字段。

条件(Where)：指定不用于分组的字段准则。如果选择了这一项，Access 将取消选中“显示”复选框，隐藏查询结果中的这个字段。

4.6.3 分组总计查询

分组总计查询是指在统计计算之前，先将数据按照要求进行分组，对分组后的数据进行计算统计。

【例 4.15】创建一个具有分类统计功能的查询。查询各个出版社图书的平均价格，显示出版社的名称和平均价格。

(1) 打开查询设计器，将目标表“图书”添加到查询中。

(2) 将涉及到的“cbs”和“jiage”字段添加到窗体下方的“字段”栏目中。

(3) 单击查询设计工具栏上的Σ(总计)按钮，进入总计查询状态。

(4) 题目要求按照出版社统计平均价格，也就是按出版社分组，所以单击“cbs”字段的【总计】栏目，并在下拉列表中选择“分组”。

(5) 题目要求按出版社统计平均价格，所以单击“jiage”字段的【总计】栏目，并在下拉列表中选择“平均值”，如图 4-29 所示。

图 4-29　总计查询 - 设计视图

(6) 设置结束后，保存并退出。运行即可得到查询的结果。

4.6.4　添加计算字段

在设计表时，一些可以通过其他字段计算或统计得到的字段是不会直接作为字段保存在表中的，如果需要这些字段的值，则可以在查询设计器中通过添加计算字段来实现。这样可以节省存储空间，减少系统维护表格的代价。利用新计算字段，可以用一个或多个字段的值进行数值、日期及文本等各种计算。

计算字段是对表或查询中的数值型字段进行横向计算产生的结果字段，是在查询中自定义的字段。创建计算字段的方法是将表达式直接输入到查询设计网格中的【字段】格中。格式为：

```
新字段名称：字段计算表达式
```

【例 4.16】创建一个具有计算字段的查询。假设图书的每页有 1000 字，查询每本图书的书名和大致的字数。

使用“图书”表中的“ys”字段乘上 1000，即可以计算出图书的大致字数。新字段的表达式应该是“字数: [ys]*1000”。表达式填写在一个空白的【字段】栏目中，如图 4-30 所示。注意，表达式中的冒号为半角符号。

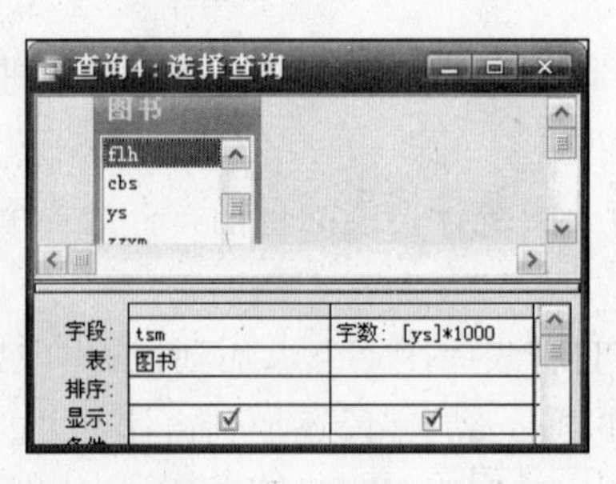

图 4-30　新字段 - 设定

创建结束后，运行查询便可以看见新字段。

4.7 SQL查询

4.7.1 SELECT语句简介

SQL(Structured Query Language)语言是一种被关系数据库产品广泛使用的标准结构化查询语言。结构化查询语言是一种介于关系代数与关系演算之间的语言，其功能包括查询、操纵、定义和控制四个方面，是一个通用的、功能极强的关系数据库标准语言。目前，SQL语言已经被确定为关系数据库系统的国际标准，被绝大多数商品化的关系数据库系统采用，受到用户的普遍接受。

SQL语言可以对数据库进行多种操作，例如定义、查询等，其中数据查询是数据库的核心操作，其功能是指根据用户的需要以一种可读的方式从数据库中提取所需数据，由SQL的数据操纵语言的SELECT语句实现。SELECT语句是SQL中用途最广泛的一条语句，具有灵活的使用方式和丰富的功能。

4.7.2 查询语句的格式

一个完整的SELECT语句包括SELECT、FROM、WHERE、GROUP BY和ORDER BY子句。它具有数据查询、统计、分组和排序的功能。其语法及各子句的功能如下：

```
SELECT[ALL|DISTINCT][＜目标列表达式＞[，…n]]
FROM＜表名或视图名＞[,＜表名或视图名＞[…n]]
[WHERE＜条件表达式＞]
[GROUP BY ＜列名1＞[HAVING ＜条件表达式＞]]
[ORDER BY ＜列名2＞[ASC|DESC]＝;
```

从指定的基本表或视图中，选择满足条件的元组数据，并对它们进行分组、统计、排序和投影，形成查询结果集。

(1) 各子句的说明

① 其中SELECT和FROM语句为必选子句，而其他子句为任选子句。

② SELECT子句：该子句用于指明查询结果集的目标列，＜目标列表达式＞是指查询结果集中包含的列名，可以是直接从基本表或视图中投影得到的字段，或是与字段相关的表达式或数据统计的函数表达式，目标列还可以是常量。DISTINCT说明要去掉重复的元组，ALL表示所有满足条件的元组。省略＜目标列表达式＞表示结果集中包含＜表名或视图名＞中的所有列，此时＜目标列表达式＞可以使用*代替。

如果目标列中使用了两个基本表或与视图中相同的列名，要在列名前加表名限定，即使用“＜表名＞.＜列名＞”表示。

③ FROM子句：该子句用于指明要查询的数据来自哪些基本表。查询操作需要的基

本表名之间用“,”分隔。

④ WHERE 子句：该子句通过条件表达式描述对基本表或视图中元组的选择条件。该语句执行时，以元组为单位，逐个考察每个元组是否满足 WHERE 子句中给出的条件，将不满足条件的元组筛选掉，所以 WHERE 子句中的表达式也称为元组的过滤条件。

⑤ GROUP BY 子句：该子句的作用是将结果集按＜列名 1＞的值进行分组，即将该列值相等的元组分为一组，每个组产生结果集中的一个元组，可以实现数据的分组统计。当 SELECT 子句后的＜目标列表达式＞中有统计函数，且查询语句中有分组子句时，则为分组统计，否则为对整个结果集进行统计。

GROUP BY 子句后可以使用 HAVING＜条件表达式＞短语，它用来限定分组必须满足的条件。HAVING 必须跟随 GROUP BY 子句使用。

⑥ ORDER BY 子句：该子句的作用是对结果集按＜列名 2＞的值的升序(ASC)或降序(DESC)进行排序。查询结果集可以按多个排序列进行排序，根据各排序列的重要性从左向右列出。

(2) SELECT 语句的执行过程

根据 WHERE 子句的条件表达式，从 FROM 子句指定的基本表或视图中找出满足条件的元组，再按 SELECT 子句中的目标列表达式，选出元组中的列值形成结果集。如果有 GROUP 子句，则将结果集按＜列名 1＞的值进行分组，该属性列值相等的元组为一个组，每个组产生结果集中的一个元组。如果 GROUP BY 子句后带 HAVING 短语，则只有满足指定条件的组才予以输出。如果有 ORDER BY 子句，则结果集还要按＜列名 2＞的值的升序或降序排序。

SQL 语言的所有查询都是利用 SELECT 语句完成的，它对数据库的操作十分方便灵活，原因在于 SELECT 语句中的成分丰富多彩，有许多可选形式，尤其是目标列和条件表达式。下面以学生管理数据库为例，分别介绍使用 SELECT 语句进行单表查询、连接查询、嵌套查询和组合查询。

4.7.3 SQL 查询窗体

在 Access 数据库系统中，执行任何 SQL 语句都是在查询的设计窗体内完成。首先进入查询分析器，关闭用来添加表的“显示表”窗体。然后通过工具栏左端的SQL(SQL 视图)按钮或者视图菜单中的“SQL 视图”命令(见图 4-31)，将编辑窗体切换到 SQL 视图，如图 4-32 所示。

4.7.4 单表查询

单表查询指在查询过程中只涉及一个表的查询语句。单表查询是最基本的查询语句。

【例 4.17】查询清华大学出版社图书的资料。

具体操作方法如下。

(1) 打开数据库 tushu 主窗口，单击“对象”列表中的“查询”，单击工具栏上的“新建”按钮，选择“设计视图”，单击“确定”按钮。

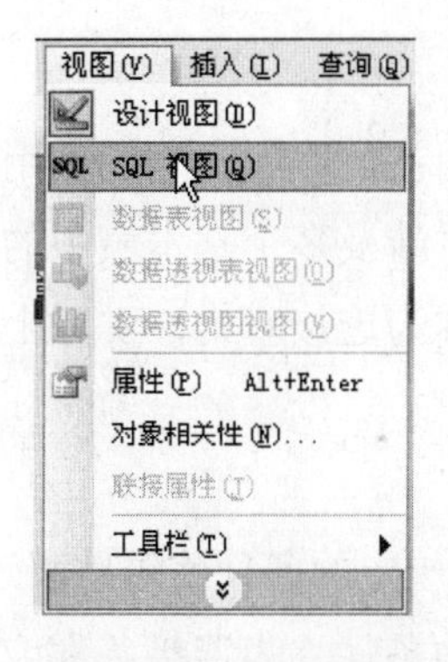

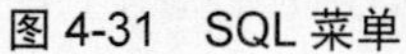

图 4-31　SQL 菜单

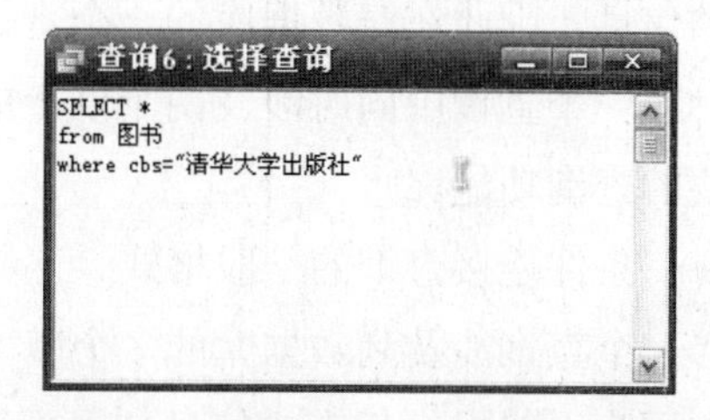

图 4-32　选择查询 - SQL 输入窗口

(2)　关闭“显示表”对话框，从菜单栏中选择“视图”→“SQL 视图”命令。

(3)　在如图 4-32 所示的窗口中输入如下命令：

```
Select *
From 图书
Where cbs="清华大学出版社"
```

切换到设计视图，可以看到【字段】中增加了一个“cbs”，【表】中为“图书”，【条件】为“清华大学出版社”，如图 4-33 所示。

图 4-33　设计视图 - 选择查询

(4)　保存查询，查看查询结果。

提示： 例中的 from 语句用于设置查询的数据来源，而 where 语句用于设置显示字段的条件。

【例 4.18】 在图书表中查询价格在 20~50(包括 20 与 50)之间的图书的书名和出版社。

操作步骤如下。

前两步同例 4.17，第 3 步，在 SQL 窗口中输入如下命令：

```
Select tsm, cbs
From 图书
Where jiage between 20 and 50
```

4.7.5 多表查询

在一个数据库中多个基本表之间一般都存在着某种内在的联系，它们为用户共同提供相应的信息。因此在对数据库的一个查询中经常需要同时涉及多个基本表中的相关内容。把这种在一个查询中同时涉及两个以上的基本表的查询称为连接查询，实际上它是数据库最主要的查询功能。

(1) 条件连接查询的一般格式

当一个查询涉及到数据库的多个基本表时，必须按照一定的条件将这些表连接在一起，以便共同为用户提供相应的信息。用来连接两个基本表的条件称为连接条件或连接谓词，一般格式为：

```
Select  <目标列>  From  <表名>  Where [<表名1>.=<列名1>=[<表名2>.=<列名2>
```

连接条件中的列名称为连接字段。连接条件中，连接字段类型必须是可比的，但名称不一定是相同的。

条件通过 WHERE 子句表达。在 WHERE 子句中，有时既有连接条件又有元组选择条件，这时它们之间用 AND(与)操作符衔接。

【例 4.19】查询有借还记录的每个读者的姓名、借还记录情况(学生信息表中的“xh”字段与借还记录表中的“jszh”相对应)。

前两步同例 4.17，第 3 步，在 SQL 窗口中输入如下命令：

```
Select 学生信息.xm, 借还记录.*
From 学生信息, 借还记录
Where 学生信息.xh=借还记录.jszh;
```

运行结果如图 4-34 所示。

借书情况查询：选择查询

姓名	图书条形码	书籍条形码	借/还	借书证号	借/还日期	工作人员
李建洲	1111111	7302104179	借	010120050101	2007-12-5	张丽
张虎猛	1111141	7302095493	借	010120050102	2007-12-5	张丽
孙长顺	1111153	7302095494	借	010120050206	2007-12-5	张丽
李建洲	1111111	7302104179	还	010120050101	2007-12-28	李利
张虎猛	1111141	7302095493	还	010120050102	2007-12-30	李利
张虎猛	1111202	7504124885	借	010120050102	2007-12-30	张丽

记录: 1 共有记录数: 6

图 4-34 例 4.19 的查询结果

在“设计视图”下的效果如图 4-35 所示。

如果在 Where 语句中，既有连接条件又有查询条件，一定要首先书写连接条件。

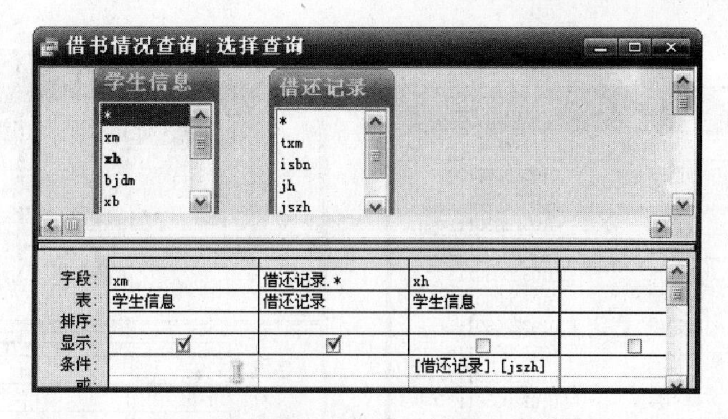

图 4-35　例 4.19 在设计视图下的效果

例如，查询借阅了定价大于 50 元图书的读者信息：

```
Select 读者.*
From 读者, 借还记录, 图书
Where 读者.jszh=选课.jszh and 图书.tsgtm=借还记录.txm and 图书.jiage>50
```

(2) 通过 JOIN 连接查询的格式

联接格式为：

```
Select <目标列> From  <表名1> Inner  Join  |  Left  Join  |  Right  Join <表名2> On <表名 1>.<字段名 1>=<表名 2>.<字段名 2>
```

对其中的各项说明如下。

- INNER JOIN：表示内部联接，即查询结果中只包含两个表中联接字段值相等的记录。
- LEFT JOIN：表示左外部联接，即查询结果中包含 JOIN 关键字左边表中的所有记录，如果右边表中有符合联接条件的记录，则该表返回相应值，否则返回空值。
- RIGHT JOIN：表示右外部联接，即查询结果返回包含 JOIN 关键字右边表中的所有记录，如果左边表中有符合条件的记录，则该表返回相应值，否则返回空值。

【例 4.20】查询学生的班级名、姓名、学号。

前两步同例 4.17，第 3 步，在 SQL 窗口中输入如下命令：

```
SELECT 班级.bjmc, 学生信息.xm, 学生信息.xh
FROM 班级 INNER  JOIN 学生信息 ON 班级.bjdm = 学生信息.bjdm
```

运行结果如图 4-36 所示。

从菜单栏中选择“视图”→“设计视图”命令，得到如图 4-37 所示的查询。

双击两表之间的“关联线”，或选择两表之间的“关联线”，单击右键，弹出如图 4-38 所示的两表联接属性对话框。

班级和学生信息两表中联接字段“bjdm”相等的记录全部在查询结果中出现。

查询1：选择查询

班级名称	姓名	学号
软件工程05-1	郑国庆	010320050109
软件工程05-1	李大龙	010320050110
软件工程05-1	程雪	010320050111
软件工程05-1	张万群	010320050112
软件工程05-1	赵金亮	010320050113
软件工程05-1	张晓燕	010320050114
软件工程05-1	凌建超	010320050115
软件工程05-1	聂超	010320050116
软件工程05-1	马丙阳	010320050117
软件工程05-1	樊小磊	010320050118
软件工程05-1	何方杰	010320050119

记录：1 共有记录数：260

图 4-36　例 4.20 的运行结果

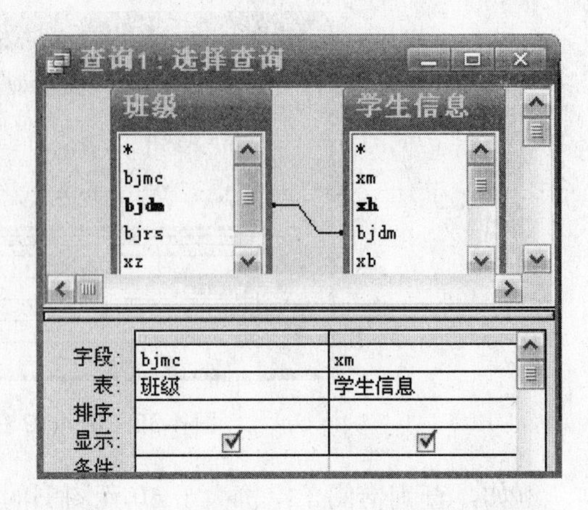

图 4-37　例 4.20 在设计视图下的效果

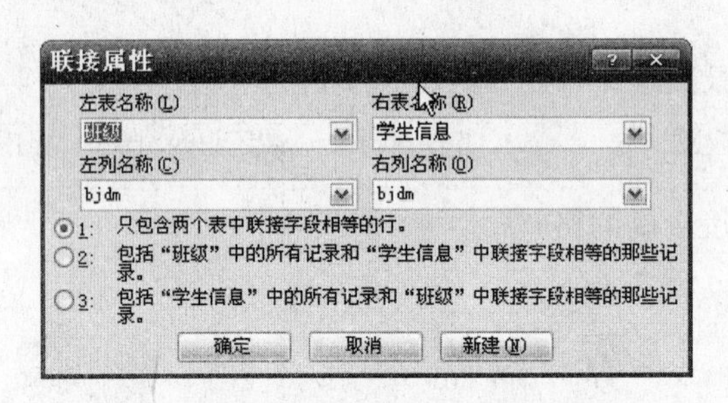

图 4-38　例 4.20 两表联接属性对话框

如果使用左外部联接，应输入如下 SQL 语句：

```
SELECT 班级.bjmc, 学生信息.xm, 学生信息.xh
FROM 班级 LEFT JOIN 学生信息 ON 班级.bjdm = 学生信息.bjdm
```

其查询结果包括“班级”表中的所有记录和“学生信息”表中联接字段相等的那些记录。其联接属性为图 4-38 中的第 2 个选项。

如果使用右外部联接，应输入如下 SQL 语句：

```
SELECT 班级.bjmc, 学生信息.xm, 学生信息.xh
FROM 班级 RIGHT JOIN 学生信息 ON 班级.bjdm = 学生信息.bjdm
```

其查询结果包括“学生信息”中的所有记录和“班级”中联接字段相等的那些记录。其联接属性为图 4-38 中的第 3 个选项。

4.7.6　函数查询

函数查询也称聚集查询或统计查询。函数查询就是把基本表中的某一列的值经过函数运算得到一个单一值的过程。在很多数据库应用中，并不是只要求能将基本表中的元组原样取出，而是要在原有数据的基础上，能够通过计算，输出统计结果。SQL 提供了许多统计函数，通过它们可以进行综合信息的统计。

函数可作为列标识符出现在 SELECT 子句的目标列或 HAVING 子句的条件中。在 SQL 查询语句中，如果有 GROUP BY 分组子句，则语句中的函数为分组统计函数；如果没有 GROUP BY 分组子句，则语句中的函数为全部结果集的统计函数。基本的 SQL 函数及功能见表 4-4。其中如果指定 DISTINCT 短语，则表示在计算时要取消指定列中的重复值。如果不指定 DISTINCT 短语和 ALL 短语，则取默认值 ALL，表示不取消重复值。

表 4-4　基本 SQL 函数

函　数	功　能
COUNT([DISTINCT | ALL]*)	统计元组个数
COUNT([DISTINCT | ALL]<列名>)	计算一列中值的个数
SUM([DISTINCT | ALL]<列名>)	计算一列值的总和(此列必须是数值型)
AVG([DISTINCT | ALL]<列名>)	计算一列值的平均值(此列必须是数值型)
MAX([DISTINCT | ALL]<列名>)	求一列值中的最大值
MIN([DISTINCT | ALL]<列名>)	求一列值中的最小值

【例 4.21】统计“读者”表中的读者数量。

使用的语句为：

```
Select count(*) from 读者
```

【例 4.22】统计“读者”表中各班级的读者数量。

需要对读者按班级分组进行统计，使用的语句为：

```
Select count(*) from 读者 group by bjdm
```

【例 4.23】统计借阅过图书的读者人数。

可以通过对借还记录表中的“借书证号”进行不重复计数统计，使用的语句为：

```
Select count(distinct jszh)
From 借还记录
```

【例 4.24】求各个类别读者的人数。使用的语句如下：

```
Select jszh, count(*)
From 读者
Group by dzlb
```

4.8　练　习　题

一、填空题

1. 若查找小于 60 或大于 100 的数，查询条件应为_______。
2. 如果想按照某些条件对数据进行修改，那么可以通过_______查询来实现。

3. 查询可以使用________和________作为数据源。

二、选择题

1. 不属于操作查询的是(　　)。

A. 删除查询　B. 更新查询　C. 追加查询　D. 交叉表查询

2. 内部计算函数 AVG 和 SUM 的含义是(　　)。

A. 平均值和最大值　B. 最小值和求和

C. 平均值和求和　D. 最大值和求和

3. 如果需要在姓名字段中查找姓“李”的同学的资料，那么应该书写(　　)准则。

A. 姓名 Not “李*”　B. 姓名 like “李*”

C. like 姓名 “李*”　D. 姓名 = “李*”

4. 在 SQL 查询语句中，WHERE 语句的作用是(　　)。

A. 查找目标　B. 查询结果

C. 查询视图　D. 查找条件

5. 如果在数据库中已有同名的表，(　　)查询将覆盖原有的表。

A. 删除　B. 追加　C. 生成表　D. 更新

三、判断题

1. 如果使用了操作查询，运行后的结果是不能恢复的。(　　)

2. 查询出来的结果会放在一个单独的对象中保存在硬盘上。(　　)

3. 参数查询只能根据一个参数进行数据的查询。(　　)

四、实训题

1. 在“学生管理”数据库的基础上，使用查询设计器完成以下查询。

① 查询学生成绩，包括学生的姓名、课程名和成绩。

② 查询英语成绩不及格同学的资料，包括学生的姓名和成绩。

③ 求男女同学的平均年龄。

④ 创建一个查询，实现可以按照用户输入的姓名和课程名来查询某名学生某门课程的成绩。

⑤ 使用 SQL 设计窗体完成②、③题。

2. 删除年龄大于 28 岁的男同学的资料。

3. 将所有同学的英语成绩提高 10 分。

第5章　设计和使用窗体

【本章要点】

通过本章的学习，可以掌握窗体的基本概念，了解窗体的类型和用途。学会使用不同方式创建窗体(例如使用向导和设计视图)；学会常用控件的使用和属性的设置(例如标签和文本框控件等)；学会如何设置的窗体布局以及创建切换面板。

5.1　窗体简介

数据表和查询中数据均以表格的形式显示，这种显示的形式不仅过于单调，而且不能显示图片。窗体作为Access数据库的重要组成部分，起着联系数据库与用户的桥梁作用。它作为输入界面时，可以接受输入的数据并判定其有效性、合理性，同时能响应消息执行的功能；作为输出界面时，它可以输出一些记录集中的文字、图形图像，还可以播放声音、视频动画、实现数据库中的多媒体数据处理。

5.1.1　窗体的概念

窗体是Access数据库与用户交流的接口，它将数据表和查询结果以一种比较直观和友好的界面提供给用户。在窗体中可以进行输入、查看、删除、更新数据等操作。窗体上面还可以放置控件，通过窗体上的各种控件可以方便而直观地访问数据表，使得数据输入、输出、修改更加灵活。

5.1.2　窗体的用途

窗体是用户与Access数据库应用系统进行人机交互的界面，其用途可归纳为以下几点。

- 显示和编辑数据：可以根据需求设计合理的显示界面，同时可以在窗体中增加、修改和删除数据库中的数据。
- 控制应用程序的流程：Access窗体上的对象控件可以与宏或VBA编程相结合，用来控制应用程序执行相应的操作。例如在窗体上添加一个命令按钮，并对其编写相应的宏或事件过程，当单击此按钮时，就会触发并运行一个宏对象，执行相应的操作，从而达到控制程序执行流程的目的。
- 显示多媒体信息：窗体上既可以显示文字、警告及提示等信息，又可显示图像、声音和视频等多媒体信息。
- 打印信息：可以将窗体中的信息打印出来。

5.1.3 窗体的类型

Access 2003 窗体的类型主要有纵栏式窗体、表格式窗体、数据表窗体、主/子窗体、图表窗体、数据透视表窗体和数据透视图窗体 7 种。

1. 纵栏式窗体

纵栏式窗体的特点是一屏只显示数据表或查询中的一条记录。记录中各字段纵向排列，每个字段的标题一般都放在字段左边。纵栏窗体比较适合用于图书卡片、人事卡片等数据的输入或浏览。

2. 表格式窗体

表格式窗体如图 5-1 所示。其特点是一屏可显示数据表或查询中的多条记录。每一条记录的所有字段内容在一行上显示，在窗体顶部显示字段的标题。

班级

班级名称	班级代码	人数	学制	辅导员
计算机应用05-1	0101200501	45	3	张国庆
计算机应用05-2	0101200502	44	3	张国庆
计算机网络技术05-1	0102200501	40	3	张国庆
计算机网络技术05-2	0102200502	46	3	张国庆
软件工程05-1	0103200501	30	3	王也

记录: 1 共有记录数: 10

图 5-1 表格式窗体

3. 数据表窗体

数据表窗体以紧凑的方式显示多条记录，从外观上看和数据表、查询显示数据界面相同，如图 5-2 所示。

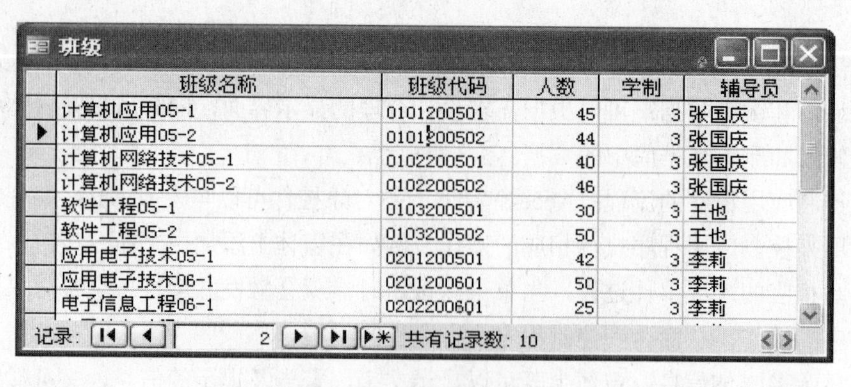
班级

班级名称	班级代码	人数	学制	辅导员
计算机应用05-1	0101200501	45	3	张国庆
计算机应用05-2	0101200502	44	3	张国庆
计算机网络技术05-1	0102200501	40	3	张国庆
计算机网络技术05-2	0102200502	46	3	张国庆
软件工程05-1	0103200501	30	3	王也
软件工程05-2	0103200502	50	3	王也
应用电子技术05-1	0201200501	42	3	李莉
应用电子技术06-1	0201200601	50	3	李莉
电子信息工程06-1	0202200601	25	3	李莉

记录: 2 共有记录数: 10

图 5-2 数据表窗体

4. 主/子窗体

子窗体是指被包含在另一个窗体中的窗体，包含子窗体的窗体称为主窗体。主/子窗体通常用于显示多个表或查询的数据，这些表或查询中的数据具有一对多的关系。主窗体只能显示为纵栏式的窗体，子窗体显示方式可以为数据表窗体或表格式窗体。在子窗体中可以创建二级子窗体。

5. 数据透视表窗体

数据透视表窗体是一种交互式表，在水平或垂直处显示字段值，在交叉点一般显示统计计算的结果。

6. 图表窗体

图表窗体是将数据表和查询结果以更直观的图形和图表方式显示。可以单独使用图表窗体，也可以将它嵌入到其他窗体中作为子窗体。

7. 数据透视图窗体

数据透视图是用于显示数据表或查询中数据的图形分析视图。

5.2 利用向导创建窗体

使用向导创建窗体的方法有两种：一种是使用“快速创建窗体”的方法，它能迅速的完成窗体的创建，缺点是界面比较简单；另一种是使用Access提供的向导，创建格式较为丰富的窗体。

5.2.1 自动创建窗体

如果只需将数据表或查询数据源中的记录显示在窗体中，可以使用Access的自动创建窗体功能，这是一种最快和最方便的方法。它提供了纵栏式、表格式、数据表、数据透视表和数据透视图5种类型的窗体。

【例5.1】使用自动创建窗体方法，对“图书”数据库中的“学生信息”表，创建一个名为“学生信息窗体”的窗体。

(1) 方法一

① 选择数据库的“表”对象，打开 “学生信息”数据表，单击格式栏中的“新对象”按钮，选择“自动窗体”，系统将自动生成窗体。

② 单击“保存”按钮，出现【另存为】对话框，如图5-3所示。在【窗体名称】文本框中输入“学生信息窗体”。

图5-3 【另存为】对话框

③ 单击【确定】按钮，将自动创建“学生信息窗体”，如图 5-4 所示。

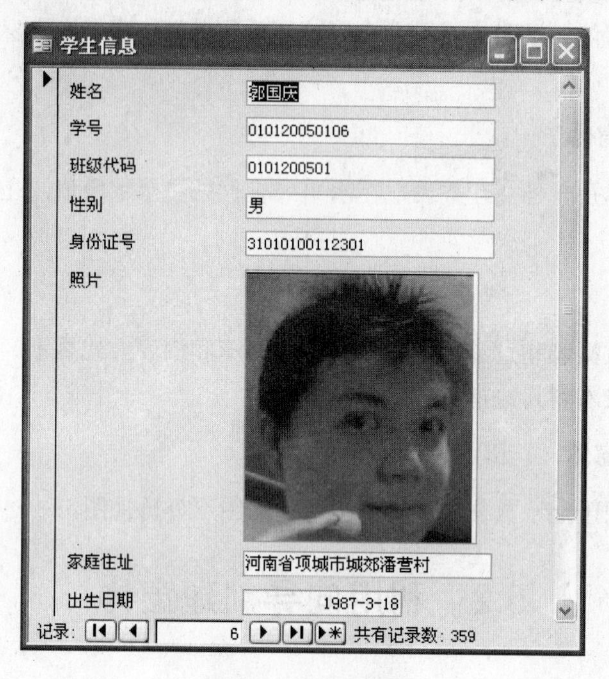

图 5-4 纵栏式窗体

(2) 方法二

① 在“数据库”窗口中，选“窗体”对象，并单击“数据库”窗口中工具栏上的“新建”按钮，出现【新建窗体】对话框，如图 5-5 所示。

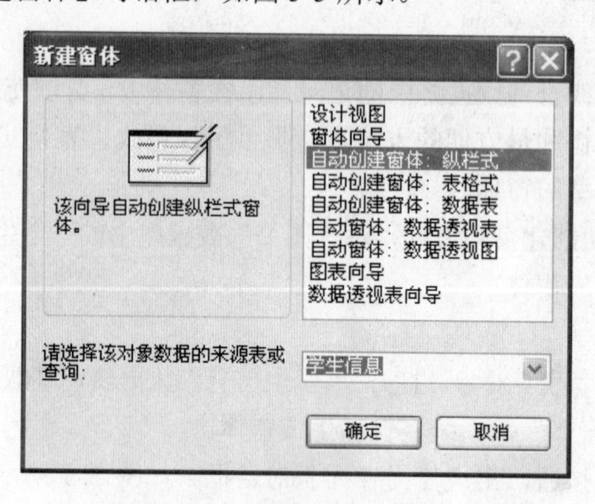

图 5-5 【新建窗体】对话框

② 在对话框列表框中选择“自动创建窗体：纵栏式”，在【请选择该对象数据的来源表或查询】组合框中选择“学生信息”表。

③ 单击【确定】按钮，自动创建学生信息窗体。

④ 单击“关闭”按钮，出现“另存为”对话框，输入名字保存该窗体。

还可以利用同样的方法创建表格式和数据表窗体。

5.2.2 窗体向导

使用窗体向导可以根据需要设计不同布局的窗体，允许添加来自不同表或查询中的数据，还可以选择在窗体中显示的字段，选择不同的窗体样式。在设计窗体时一般先用窗体向导快速生成一个窗体原形，然后再切换到设计视图进行进一步的加工，从而简化窗体设计过程。

【例5.2】利用窗体向导对“图书”数据库中的“图书”表，创建名为“图书信息情况”的纵栏式窗体。

具体步骤如下。

(1) 在“数据库”窗体中选中“窗体”对象，然后单击“新建”按钮，在打开的“新建窗体”对话框中双击窗体列表中的“窗体向导”，出现【窗体向导】对话框，如图5-6所示。

(2) 在【窗体向导】对话框的【表/查询】组合框中选择“图书”数据表。在【可用字段】列表框中选择相关的字段。

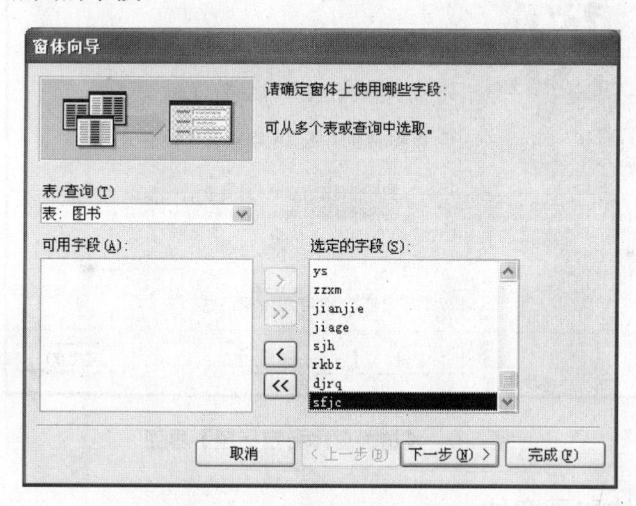

图5-6 【窗体向导】对话框

(3) 单击【下一步】按钮，出现【请确定使用的窗体布局】界面，如图5-7所示。在此选择“纵栏表”。

(4) 单击【下一步】按钮，出现【请确定使用样式】界面，如图5-8所示。在此选择“宣纸”样式。

(5) 单击【下一步】按钮，出现【请为窗体指定标题】界面，如图5-9所示。在文本框中输入“图书信息情况”，同时选择“打开窗体查看或输入信息”。

(6) 单击【完成】按钮，完成“图书信息情况”窗体的创建。

提示：Access2003 使用“窗体向导”创建窗体时，每一步都可直接单击【完成】按钮，系统会按默认值设置。

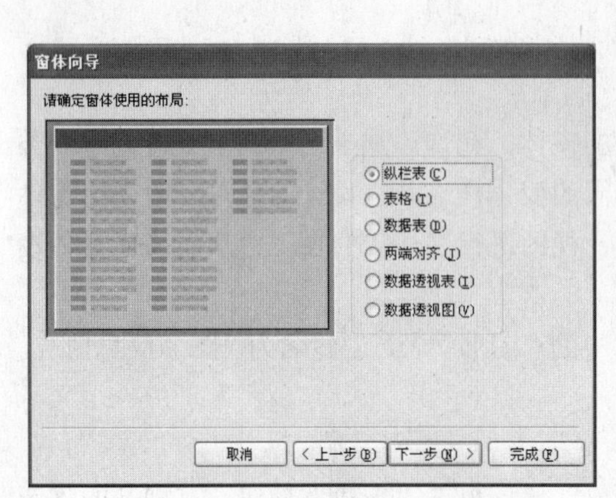

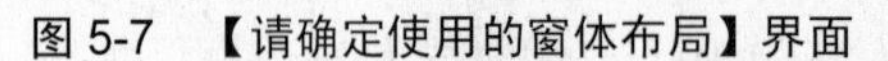
图 5-7 【请确定使用的窗体布局】界面

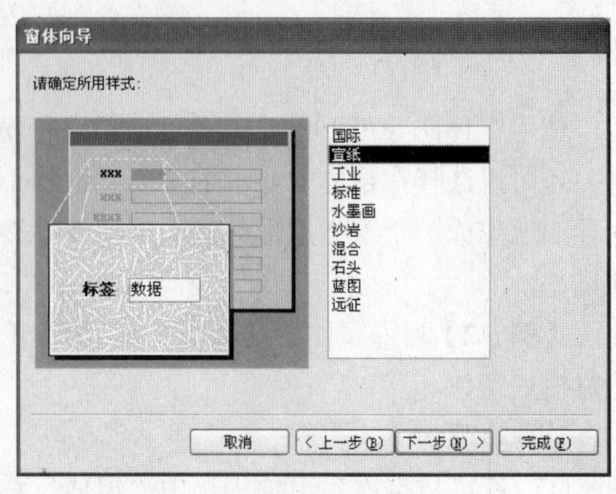

图 5-8 【请确定使用样式】界面

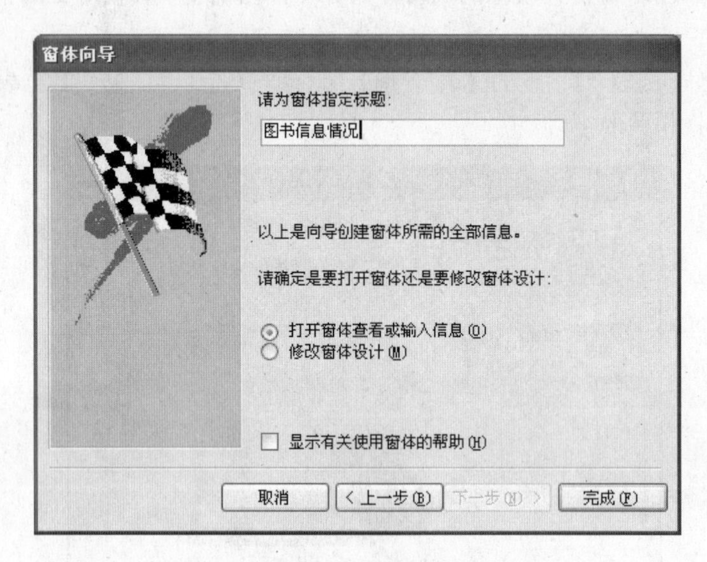

图 5-9 【请为窗体指定标题】界面

5.2.3 创建主窗体和子窗体

主窗体及子窗体是基于具有一对多关系的表而创建的。当主窗体的数据变化时，子窗体中的数据也会随着发生相应的变化。在主窗体显示关系的“一”端的记录；而子窗体显示出关系的“多”端的记录。

子窗体有两种类型：一种是嵌入式子窗体，另一种是独立的链接子窗体。

1. 使用窗体向导创建嵌入式的主/子窗体

嵌入式子窗体是指在主窗体中添加子窗体。在主窗体中既有主窗体的内容，又有子窗体中相应的记录。

【例 5.3】创建每个班级的图书借书情况主/子窗体，如图 5-10 所示。其主窗体名为“班级”，子窗体名为“读者子窗体”。

具体操作如下。

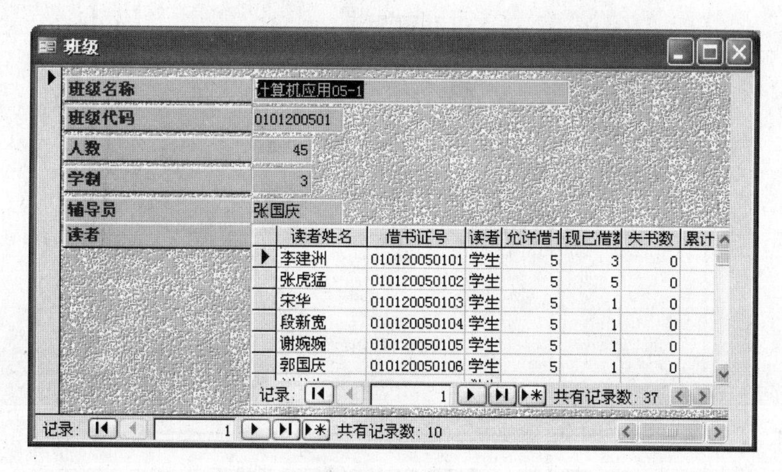

图 5-10　主/子窗体

(1) 在“数据库”窗体中单击“窗体”对象，再双击窗体列表中的“窗体向导”，并在“窗体向导”对话框的“表/查询”组合框中分别选择“班级”和“读者”数据表，并根据需要选择相应的字段。

(2) 单击“下一步”按钮，出现【请确定查看数据的方式】界面，如图 5-11 所示。选中“带有子窗体的窗体”单选按钮。

(3) 单击【下一步】按钮，在出现的窗体布局界面中选择“石头”布局。

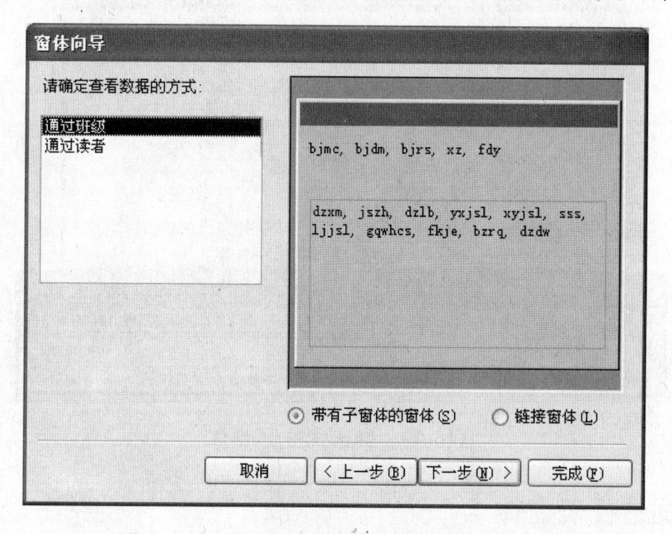

图 5-11　【请确定查看数据的方式】界面

(4) 再单击【下一步】按钮，出现【请为窗体指定标题】界面，如图 5-12 所示。输入的【窗体】和【子窗体】标题分别为“班级”和“读者 子窗体”。

(5) 单击【完成】按钮，完成如图 5-10 所示的窗体设计。

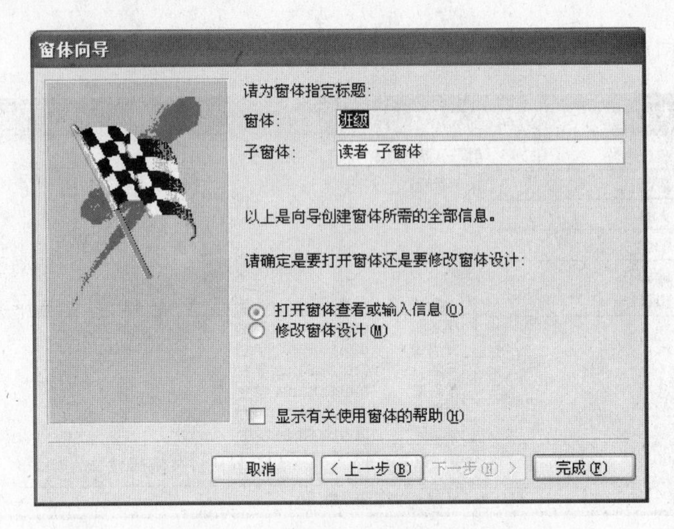

图 5-12 【请为窗体指定标题】界面

2. 弹出式主/子窗体

弹出式主/子窗体即在主窗体中只有主窗体的内容和一个连接子窗体的按钮，当单击按钮时，就会弹出一个子窗体，显示与主窗体相关的数据记录，如图 5-13 所示。其操作方式同“嵌入式的主/子窗体”类似，只是在第 2 步选择“链接窗体”按钮。其他操作基本相同。

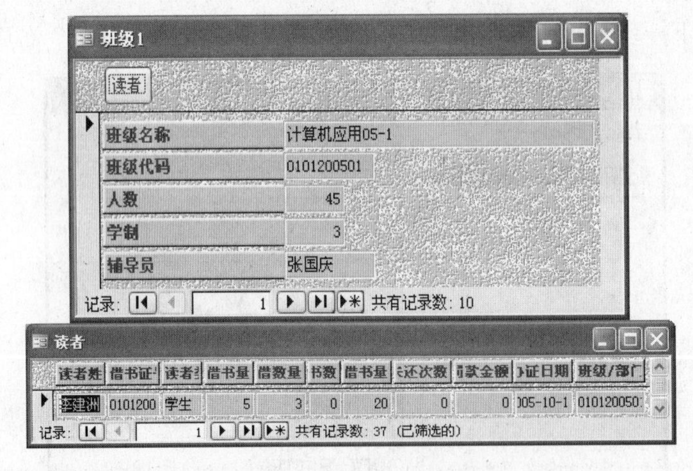

图 5-13 弹出式主/子窗体

5.2.4 生成数据透视表窗体

“数据透视表”窗体用于显示数据分析和汇总结果。它可以对数据进行筛选计算，然后以交叉表的形式显示。

【例 5.4】创建“图书价格统计表”数据透视表，步骤如下。

(1) 在“数据库”窗体中选“窗体”对象，单击“新建”按钮，在“新建窗体”对话框中双击窗体列表中的“数据透视向导”，出现【数据透视表向导】对话框，如图 5-14

所示。

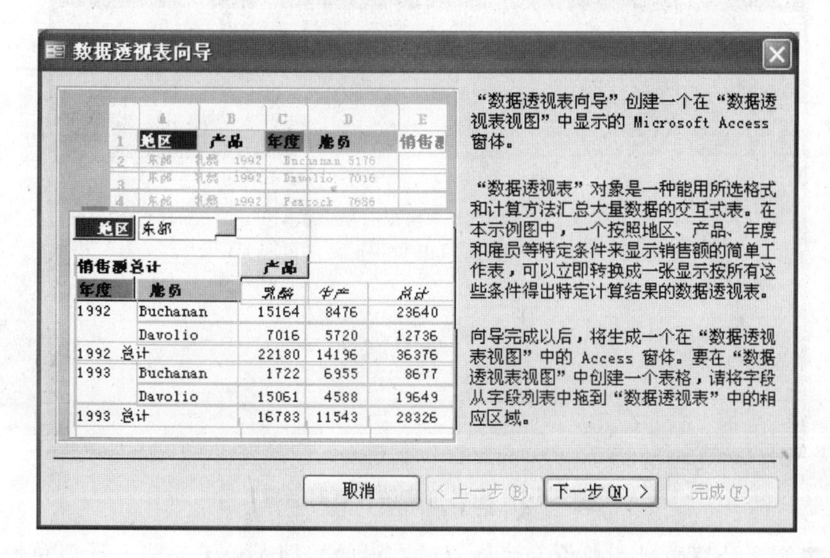

图 5-14　【数据透视表向导】对话框

(2) 单击【下一步】按钮，出现【请选择数据透视表对象中所需包含的字段】界面，选择 "图书"数据表和相应的字段，如图 5-15 所示。

本例选"图书名(tsm)"、"价格(jiage)"、"出版社(cbs)"和"分类号(flh)"四个字段。

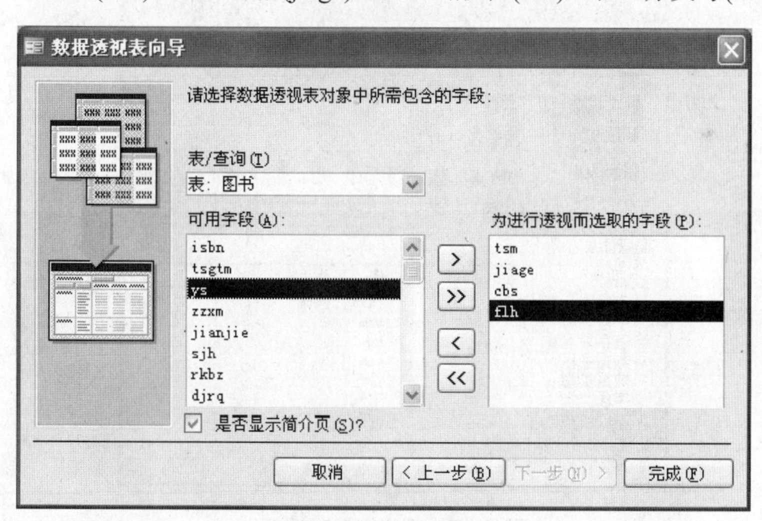

图 5-15　【请选择数据透视表对象中所需包含的字段】界面

(3) 单击【完成】按钮，出现图书价格统计表对话框，如图 5-16 所示。

然后，分别拖曳各个字段：

- 将"分类号(flh)" 拖曳至筛选字段处。
- 将"图书名(tsm)"拖至行字段处。
- 将"出版社(cbs)"拖至列字段处。
- 将"价格(jiage)"拖至中间最大区域的汇总处。

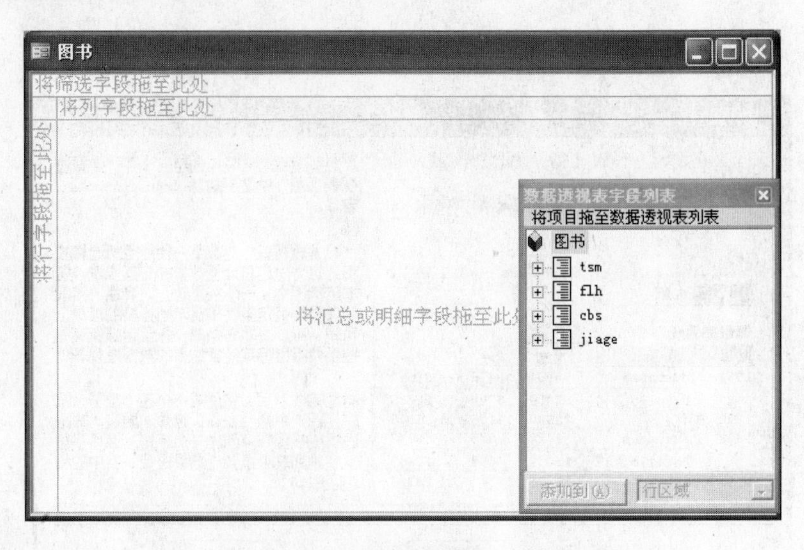

图 5-16　图书价格统计表对话框

(4) 如果需要计算数量和总价，可以通过右键的快捷菜单来完成。计算总价时可将鼠标在“单价”处右击，在弹出的快捷菜单中选择“自动计算”→“合计”命令。要设置中文标题可选相应的字段，打开快捷菜单，选“属性”命令，出现如图 5-17 所示的【属性】对话框，在【标题】选项卡中输入相应的中文。

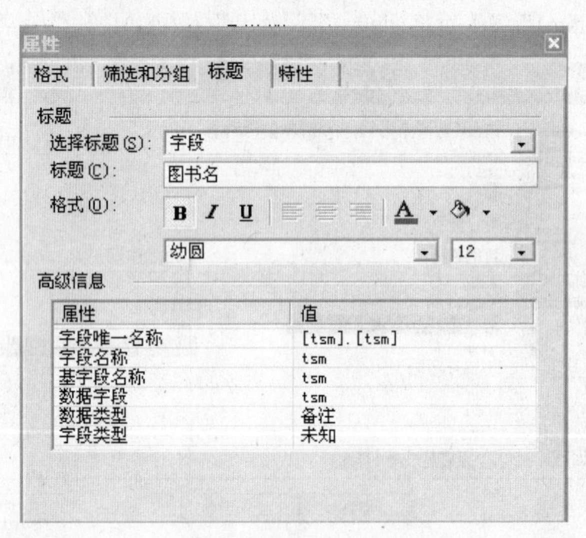

图 5-17　【属性】对话框

(5) 单击“保存”按钮，在出现的对话框中输入数据透视表窗体的名字“图书价格统计表”。

生成的数据透视表窗体如图 5-18 所示。

提示： 数据透视表窗体的使用类似于 EXCEL 的透视表。可单击各项的下拉箭头选择要显示的数据。如上例中可在出版社中选择“高等教育出版社”，则窗体中就只显示该信息。

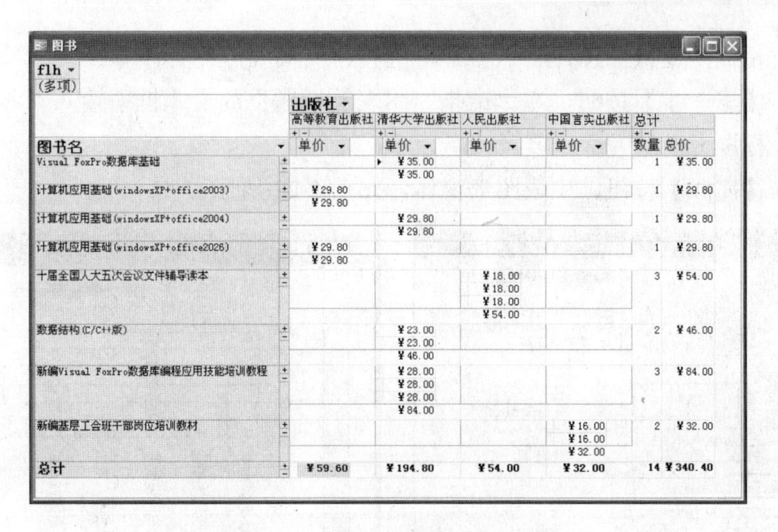

图书

flh (多项)

图书名	出版社 高等教育出版社 单价	清华大学出版社 单价	人民出版社 单价	中国言实出版社 单价	总计 数量	总价
Visual FoxPro数据库基础		¥35.00 ¥35.00			1	¥35.00
计算机应用基础(windowsXP+office2003)	¥29.80 ¥29.80				1	¥29.80
计算机应用基础(windowsXP+office2004)		¥29.80 ¥29.80			1	¥29.80
计算机应用基础(windowsXP+office2026)	¥29.80 ¥29.80				1	¥29.80
十届全国人大五次会议文件辅导读本			¥18.00 ¥18.00 ¥18.00 ¥54.00		3	¥54.00
数据结构(C/C++版)		¥23.00 ¥23.00 ¥46.00			2	¥46.00
新编Visual FoxPro数据库编程应用技能培训教程		¥28.00 ¥28.00 ¥28.00 ¥84.00			3	¥84.00
新编基层工会班干部岗位培训教材				¥16.00 ¥16.00 ¥32.00	2	¥32.00
总计	¥59.60	¥194.80	¥54.00	¥32.00	14	¥340.40

图 5-18 “图书价格统计表”窗体

5.2.5 创建图表窗体

以图形和图表方式更能直观清晰地反映数据之间的关系。Access 提供的图表向导可以方便地把数据可视化，如条形图可以清晰地看到项目之间的比较情况，柱形图可以显示统计时段内的数据变化，饼图可以显示部分与整体的关系，折线图可在时间方向上比较数值。

【例 5.5】创建“图书借出统计表”图表窗体，操作步骤如下。

(1) 在“新建窗体”对话框中选择“图表向导”，并在“请选择该对象数据的来源表或查询”组合框中选择“图书”表。单击“确定”按钮，出现【请选择图表数据所在的字段】界面，如图 5-19 所示。在【可用字段】列表框中选择“图书名(tsm)”和“借出数量(sfjc)”两字段，移到【用于图表的字段】处。

(2) 单击【下一步】按钮，出现【请选择图表的类型】界面，如图 5-20 所示。在这里选择“柱形图”。

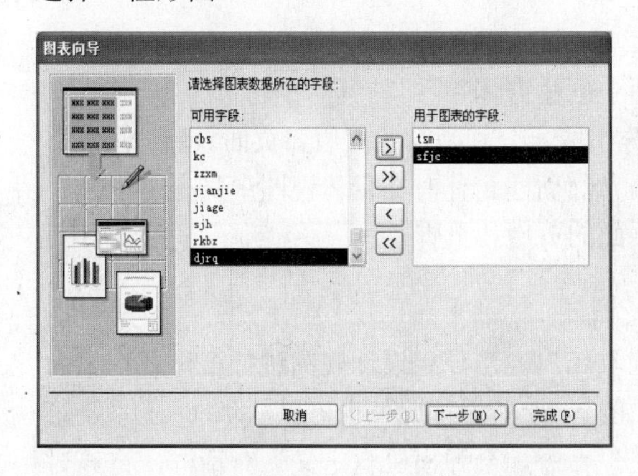

图 5-19 【请选择图表数据所在的字段】界面

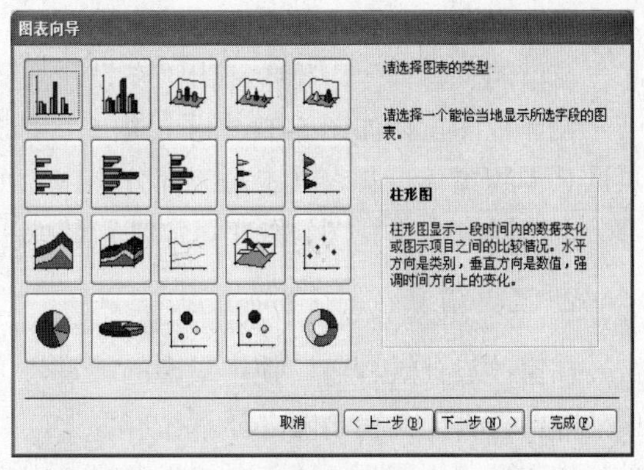

图 5-20 【请选择图表的类型】界面

(3) 单击【下一步】按钮，出现【请指定数据在图表中的布局方式】界面，如图 5-21 所示。修改布局，用鼠标拖动“tsm”、“sfjc”两字段到相应的框内。这里双击“求和 sfjc”，会出现汇总对话框，提供“总计”、“平均值”、“最大值”等计算。

(4) 单击【下一步】按钮，在“请指定图表的标题”的文本框中输入“各类图书借出数量统计图”标题。

(5) 单击【完成】按钮，生成图形窗体，如图 5-22 所示。

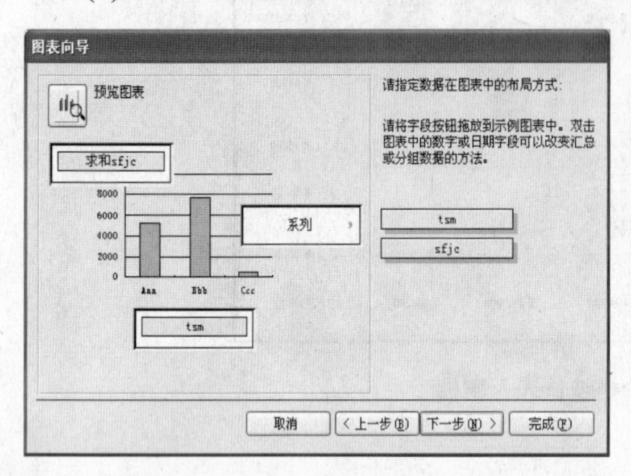

图 5-21 【请指定数据在图表中的布局方式】界面

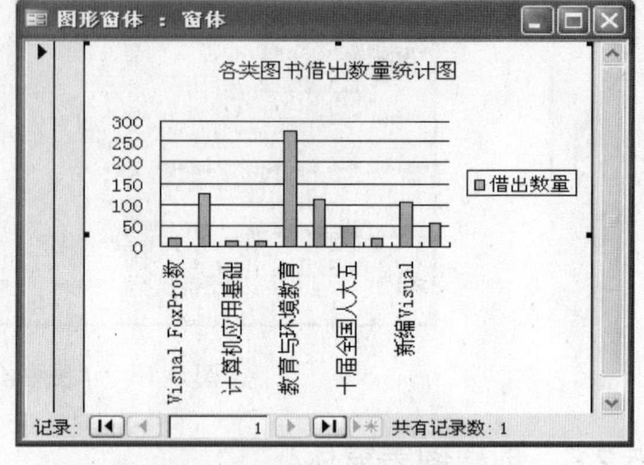

图 5-22 “图书借出统计图”窗体

5.3 在设计视图中创建窗体

窗体的视图类型分为 5 种：分别是“设计”视图、“窗体”视图、“数据表”视图、“数据透视表”视图、“数据透视图”视图。创建外观优美、功能齐备，并能展示音频、视频等多媒体信息的窗体时就要使用设计视图创建窗体来完成。

5.3.1 窗体的设计视图

1. 窗体的设计视图界面

设计视图是设计、修改窗体的视图形式。要打开窗体的设计视图窗口，可以在“数据库”窗口的“窗体”对象中双击“在设计视图中创建窗体”。

设计视图窗体如图 5-23 所示，由 5 个部分组成，分别是窗体页眉、页面页眉、主体、页面页脚和窗体页脚，其中每一部分称作一个节。新建窗体时在窗体视图中只有“主体”部分，可以利用“视图”菜单，添加窗体或页面的页眉和页脚。

2. 工具箱

在窗体设计过程中，使用最多的就是“工具箱”。当使用设计视图进行窗体或报表的创建时，控件工具箱会随之显示在屏幕上，如图 5-24 所示；此外也可以从 Access 系统菜单栏中选择“视图”→“工具栏”→“自定义”命令，会弹出“自定义”对话框，将该对话框中的“工具箱”项前面的复选框内打“√”，控件工具箱就会弹出到屏幕上。

如果想关闭它，只要单击工具箱右上角的“×”，或再次从菜单栏中选择“视图”→“工具栏”→“自定义”命令，取消“工具箱”项前面的复选框，控件工具箱即可关闭。

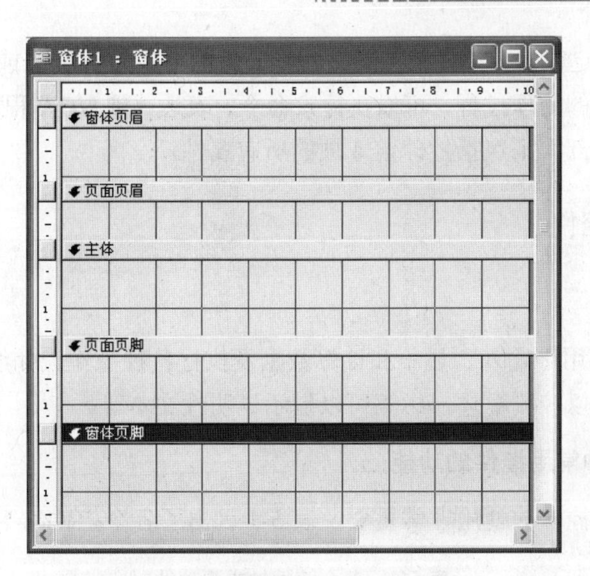

图 5-23　设计视图窗体

图 5-24　控件工具箱

Access 提供的控件工具箱，为使用设计视图创建窗体或报表提供了非常有力的工具，显示出其特殊的灵活性和可视化模式。

3. 属性窗口

窗体中的每部分或其中每个控件都具有各自的属性，可以通过设置属性来决定控件的特征、行为等。单击工具栏上的属性按钮，就会出现属性窗口，如图 5-25 所示。

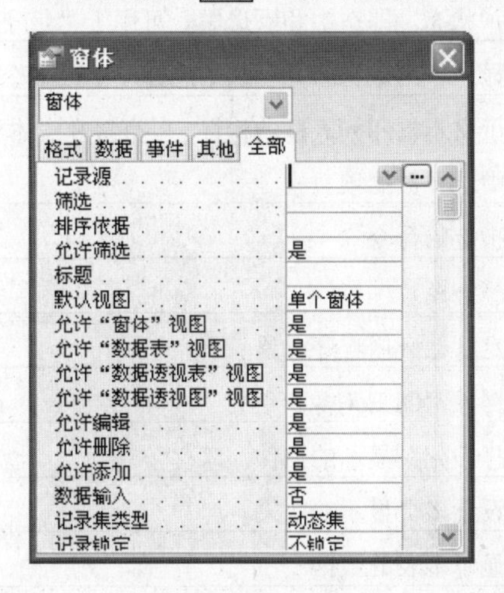

图 5-25　属性窗口

从上图可以看出，属性窗口有 5 个选项卡，分别为“格式”、“数据”、“事件”、“其他”和“全部”。其中“格式”用于设置对象的外观，如控件标题、颜色、字体的大小；“数据”用于指定窗体、控件数据的来源，其数据可以是数据表或查询对象；“事件”是指触发某一事件后的处理过程，可以执行宏命令、表达式或 VBA 程序；“其他”是指对象名称等属性；“全部”则包括控件前 4 项的所有属性。

5.3.2 窗体中的控件

1. 控件的概念

Access 中的控件用于输入、显示和计算数据及执行各种操作。如组合框可以显示和输入数据，命令按钮可以控制窗体，标签可以显示说明性文本等。

2. 工具箱中各种常用控件的功能

在窗体设计中，控件的使用非常重要，表 5-1 列出了各个控件的主要功能。

表 5-1 各个控件的主要功能

名称(图标)	功 能
选择对象( )	用于选者控件、节或窗体。单击该按钮可以释放以前选定的控件
控件向导( )	其功能为打开或关闭控件向导。如打开向导功能则可使用控件向导创建文本框、组合框、列表框、选项组、命令按钮、图表、子报表以及子窗体
标签( )	用于显示固定信息，如窗体、字段的标题或说明文字
文本框( )	输入、显示或编辑窗体的记录源数据，显示计算结果，或接收用户输入数据
选项组( )	对选项控件进行分组。一般与切换按钮、单选按钮和复选框结合使用
切换按钮( )	具有按下和抬起两种状态，可作为“是/否”类型的控件
单选按钮( )	用于一组中只选一个
复选框( )	有两种状态。即选中和不选中。可用于“是/否”类型的字段绑定
列表框( )	用来显示一组数据，并可从中选择一个或多个数据项
组合框( )	组合了文本框和列表框的特性。可直接在文本框中输入数据或从一个下拉列表框中选择数据项
命令按钮( )	执行指定的命令
图像( )	显示静态图片
未绑定对象框( )	可绑定其他应用程序对象
绑定对象框( )	与数据表“OLE 对象”绑定
分页符( )	用于打印分页显示的控件
选项卡控件( )	用来设置多页显示的效果
子窗体/子报表( )	用来显示多表的数据
直线( )	用于绘制直线
矩形( )	用于绘制矩形
其他控件( )	可以选择系统提供的其他 ActiveX 控件

虽然控件的种类较多，但从控件和数据源的关系来看可分为 3 类。

- 绑定型控件：表示该控件有数据源，即与表或查询中某一字段相连。可用于显示、输入及更新数据库中的字段。
- 非绑定型控件：既该控件无数据源。如标签、线条和图像等控件。
- 计算控件：将表达式作为控件的数据源。

5.3.3　控件的使用

1. 标签

标签控件用来显示说明性的文本信息。一般应用于窗体和报表中的标题、名称等。它不具有输入文本、显示表中的字段和计算表达式的功能，是属于非绑定型控件。

提示：标签的创建方法有两种：一种是使用标签按钮控件；另一种是创建其他控件(如文本框、组合框等)时，标签自动添加在其他控件的左边。

【例 5.6】创建名为“图书信息管理系统”标签窗体，如图 5-26 所示。操作步骤如下。

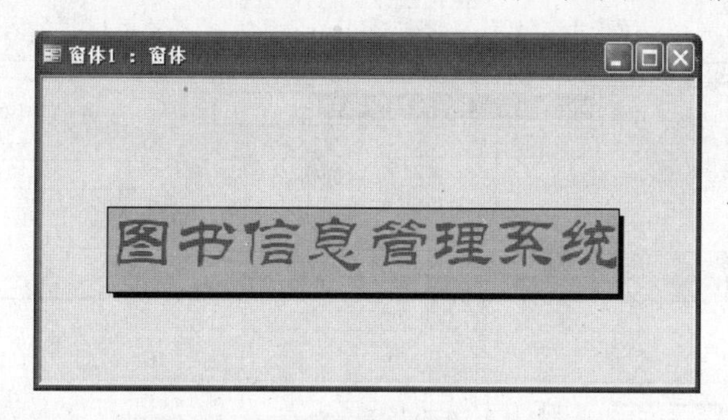

图 5-26　“图书信息管理系统”标题窗口

(1)　以“设计视图”的方式新建窗体，并在“设计视图”的窗体中单击“工具箱”，选中标签控件。

(2)　在窗体合适的位置拖拉出适当大小的矩形之后，输入“图书信息管理系统”文字并设置字体的大小和颜色。

(3)　选中标签控件，单击工具拦中的“属性”按钮，在“属性”窗口中设置“背景样式”为“常规”、“特殊效果”为“阴影”；设置窗体属性，分别将“导航按钮”、“记录选择器”和“分隔线”设置为“否”，最后将窗体以“图书信息管理系统”为名保存。

2. 文本框

文本框是一个交互式控件，既可以显示数据，也可以接受数据的输入。文本框的类型有 3 种：绑定型文本框，是将数据库中某个字段作为数据来源，在文本框中可以显示、输入或更新数据库中的字段；非绑定型文本框，文本框控件没有数据来源；计算型文本框，将表达式作为数据来源。表达式由运算符、常量、字段名、控件名和函数组成，用来输入数据和计算数据。计算型文本框显示的内容是计算表达式的值。

文本框的常用属性如下。

- 控件来源：如设置为表或查询中的一个字段，则为绑定型文本框段。如设置为计算表达式(表达式前要加等号“=”)，则是计算型文本框。非绑定型文本框控件不需要指定控件的来源。
- 输入掩码：设置数据输入格式。
- 默认值：设置文本框控件的初始值。
- 有效性规则和有效性文本：设置输入或更改数据时的合法性检查表达式，以及违反有效性规则时的提示信息。
- 可用：指定文本框控件是否能够获得焦点(插入点光标)。
- 是否锁定：指定文本框中的内容是否允许更改。如果文本框被锁定，则其中的内容不允许被修改或删除。

【例 5.7】创建“图书”浏览窗体，如图 5-27 所示，其中【金额】为计算型文本框(金额=数量*价格)。

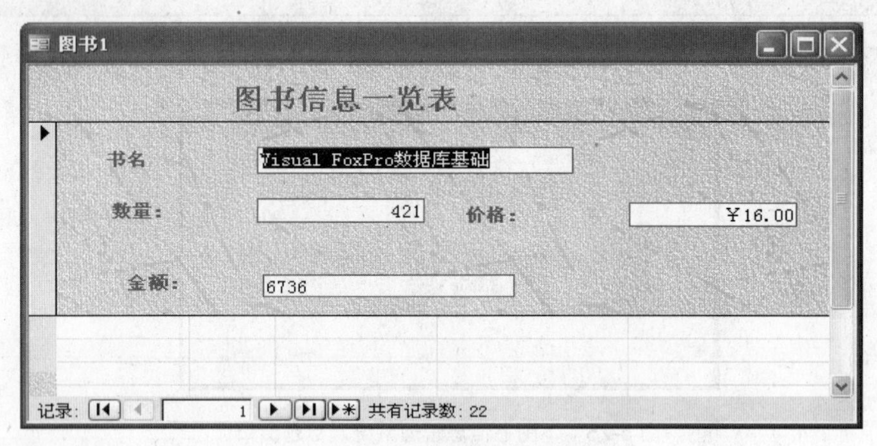

图 5-27　使用“计算型文本框”的窗体

具体步骤如下。

(1) 利用“窗体向导”功能为“图书”表建立“书名”、“数量”、“价格”三字段的纵栏式窗体。

(2) 选择设计按钮，打开“窗体”对象。

(3) 如有向导功能，先单击“向导”按钮取消之。然后再单击控件工具箱中的“文本框”ab|，用鼠标在窗体中拖出一个文本框，即创建一个未绑定型文本框。在标签处输入“金额”，在未绑定型文本框处输入“=[数量]*[价格]”。其中“=”是输入表达式时需要添加的符号，[数量]、[价格]为图书表中的字段。

(4) 从菜单栏中选择“视图”→“窗体视图”命令，即可看图书浏览窗体。

提示：如要在设计窗体视图中创建绑定型文本框，可先将工具箱中“文本框”按钮拖到窗体，然后在“控件来源”属性中选择要绑定的字段。

3. 复选框、切换按钮和选项按钮

复选框、切换按钮和选项按钮在功能上有很多相似之处，每个控件都有两种状态，因此常用于表示“是”与“否”。

复选框的表现形式为一方框，选中时方框中有一个“√”。切换按钮的主要表现形式为凸起和凹下，用于“开”或“关”的选择。选项按钮又称为单选按钮，其表现形式为圆圈，选中时圆圈中有一个点。这些按钮选中时(即取值为“是”时)返回为-1 值，当按钮取值为“否”时返回为 0 值。

复选框、切换按钮和选项按钮可单独使用也可与“是/否”字段绑定在一起。如要创建绑定型按钮，首先在窗体“记录源”属性中选择数据源(表或查询)，然后单击工具箱中所需的工具按钮，再单击字段列表按钮显示字段列表，并在字段列表上选择“是/否”字段，拖拽到窗体上即可。

提示： 三种控件可以相互转换。只要建立其中一种控件后，单击右键，在出现的快捷菜单中选择“更改为”命令，就可将“复选框”转换为“切换按钮”或“选项按钮”。

4. 创建选项组

选项组是一个容器控件，在其中可以包含选项按钮、切换按钮、命令按钮中的任一项。选项组控件本身不能用来操作数据，其作用是与若干具有相同性质的选项按钮、复选框或切换按钮绑定在一起，构成一组选项供操作。在选项组中每次只能选择一个选项。

选项组作为一个组，它的值只有一个：空(即一个选项也未选)或一个整数。

创建选项组之前，如果开启了控件向导，就会弹出一个向导，引导你完成这个相对复杂的过程。

【例 5.8】创建设置颜色窗体。其功能为根据选择不同的单选按钮，窗体上的文本标签“文字变色”就出现相应的颜色，如图 5-28 所示。

具体步骤如下。

(1) 选择“窗体”对象，单击“新建”按钮，选择“设计视图”，单击“确定”按钮。

(2) 选择“选项组”控件，将其拖动到窗体上，在弹出的【选项组向导】对话框中输入“红色、蓝色、黑色”选项标签，如图 5-29 所示。

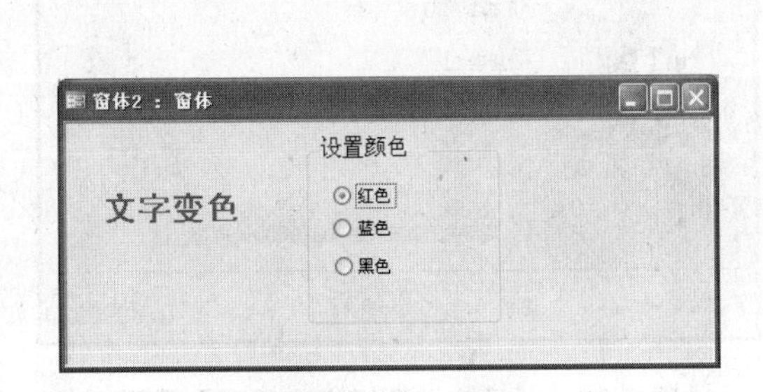

图 5-28 设置颜色窗体

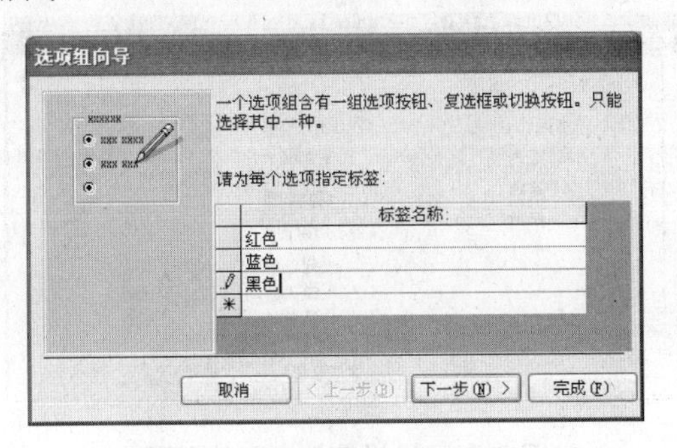

图 5-29 【选项组向导】对话框

(3) 单击【下一步】按钮，出现【请确定是否使某选项成为默认选项】界面，如图 5-30 所示。在向导中选择“否，不需要默认选项”，即系统默认状态时不选择任何选项按钮。

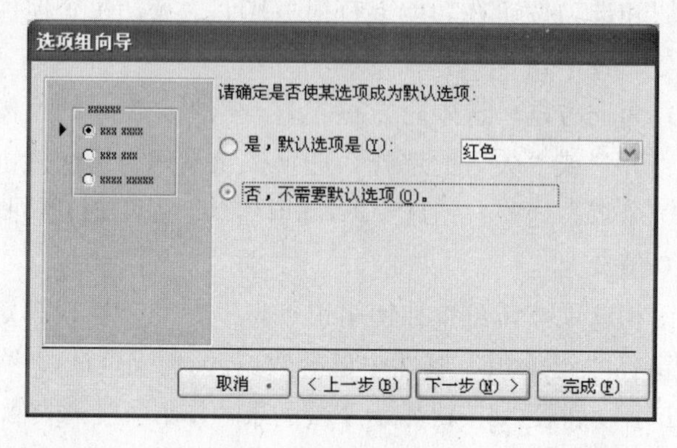

图 5-30 【请确定是否使某选项成为默认选项】界面

(4) 单击【下一步】按钮，出现设置标签值的界面，如图 5-31 所示。在该界面中分别为“红色、蓝色、黑色”赋 1、2、3 值。

(5) 单击【下一步】按钮，出现选择控件类型的界面，如图 5-32 所示。在该界面中分别为按钮选择样式，这里选单选按钮。

(6) 单击【下一步】按钮，出现【请为选项组指定标题】界面，如图 5-33 所示。输入“设置颜色”标题。单击【完成】按钮。

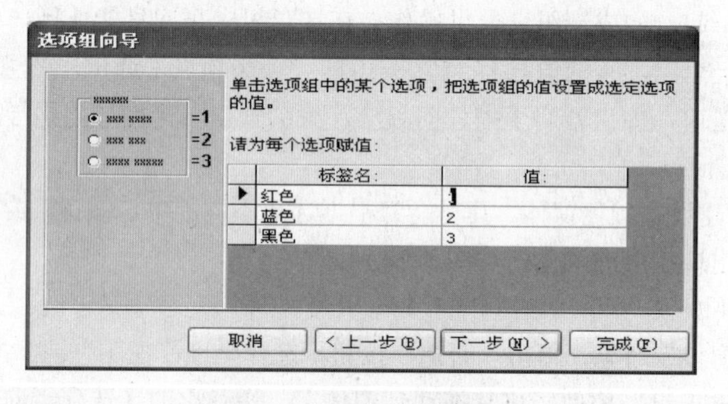

图 5-31 设置标签值的界面

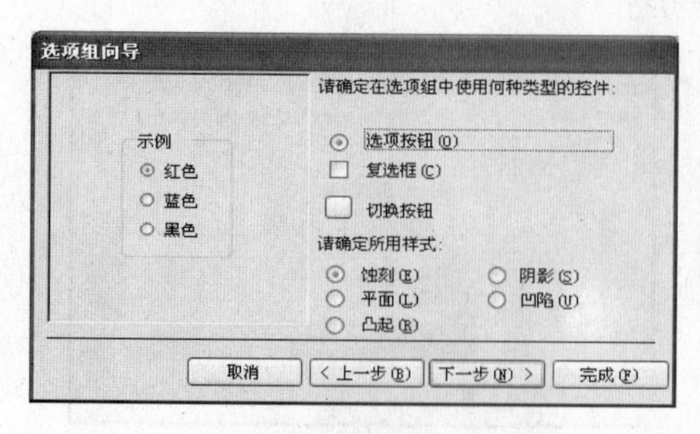

图 5-32 选择控件类型的界面

图 5-33 【请为选项组指定标题】界面

(7) 返回到设计视图，选中选项组，打开属性窗口，在“事件”选项卡中选“单击”属性，在下拉框中“事件过程”处单击右边的按钮[...]进入代码编程窗口，输入以下程序：

```
Private Sub Frame1_Click()
Dim i As Integer
i = Me.Controls("frame1")
If  i = 1 Then
   Me.Label11.ForeColor = 255
Else
   If  i = 2 Then
      Me.Label11.ForeColor = RGB(0, 0, 255)
   Else
      Me.Label11.ForeColor = 0
   End If
End If
End Sub
```

(8) 关闭代码窗口，返回设计视图。设置选项组的“名称”属性为“frame1”。

(9) 在窗体中添加一个标签控件，输入标题“文字变色”，并设置“名称”属性为“label11”。保存并关闭窗体。

5. 创建组合框和列表框

组合框和列表框控件都提供一组可直接选择的数据项，这些数据项可以由设计时自行输入，也可以来源于表和查询。列表框控件由标签和列表组成，在其列表处提供可供选择的选项。组合框类似于文本框和列表框的组合，可以直接输入文本，也可以用下拉列表提供可选项。应用二者可以避免手动输入数据，节省时间，减少错误。

列表框和组合框控件有绑定和非绑定之分，绑定是指列表框和组合框中的选项来自于表或查询；非绑定型列表框和组合框选项是设计时指定的数据。列表框在窗体中占用的面积稍大，如果没有足够的显示面积，系统自动出现滚动条，供查看列表选项。组合框的特点是占用窗体面积小，应用较灵活。

列表框和组合框的常用属性如下。

- 列数：默认为 1。如果大于 1，则可显示多列数据。
- 控件来源：与控件建立关联的表或查询中的字段。
- 行来源类型、行来源：行来源类型有“表/查询”、“值列表”、“字段列表”三种。行来源类型为“表/查询”时，在行来源中要指定一个表或查询中的字段；行来源类型为“值列表”时，在行来源中要输入一组取值，各数据之间用分号隔开；行来源类型为“字段列表”时，在行来源中要指定一个表或查询，它是将字段名作为数据项。
- 绑定列：在多列的列表框和组合框中指定将哪一列的值绑定。

- 限于列表：若为“是”，则在文本框中输入的数据只有与列表中的某个选项相符时，Access 才接受该输入值。

【例 5.9】利用向导在窗体中创建绑定型列表框来显示“图书分类”表中的字段“分类名称”的值，如图 5-34 所示。

(1) 使用设计视图新建一个窗体。

(2) 单击工具箱上的列表框控件，拖到设计窗体上，出现【列表框向导】对话框，如图 5-35 所示。选择“使用列表框查阅或查询中的值”单选按钮。

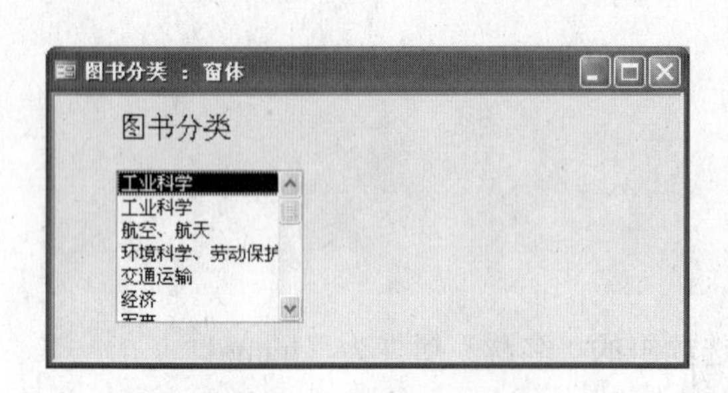

图 5-34 “列表框”窗体

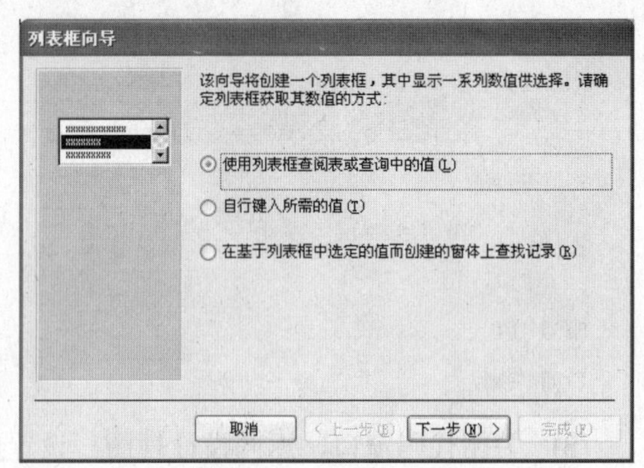

图 5-35 【列表框向导】对话框

(3) 单击【下一步】按钮，出现选择列表框数据源的界面，如图 5-36 所示。选择【视图】选项组中的“表”，并从列表中选“分类”表。

(4) 单击【下一步】按钮，出现选择列表框字段的界面，如图 5-37 所示。在【可用字段】列表框中双击“分类名称(flmc)”，移至选定字段列表框处。

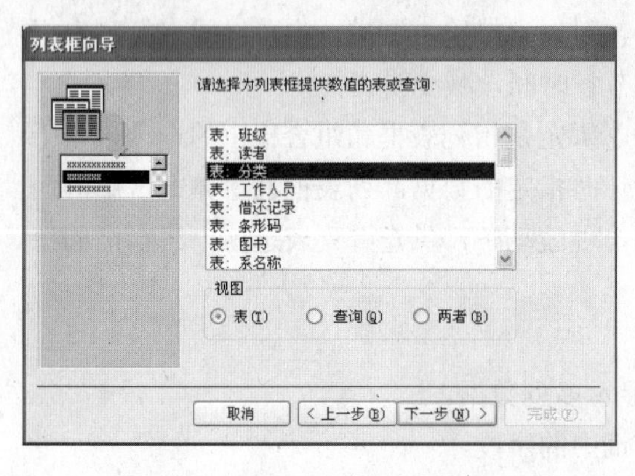

图 5-36 选择列表框数据源的界面

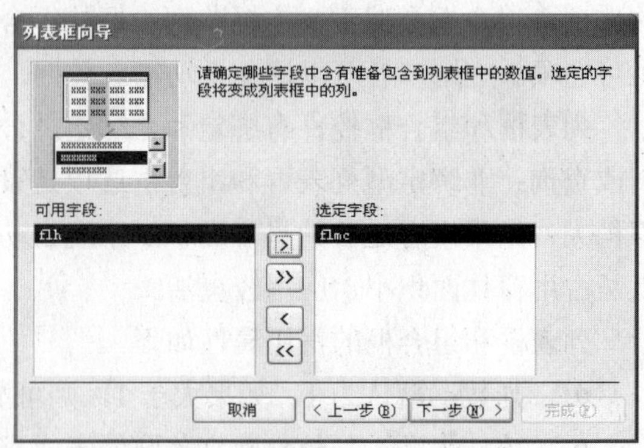

图 5-37 选择列表框字段的界面

(5) 单击【下一步】按钮，出现调整列表框宽度的界面，如图 5-38 所示。

其中列出了列表框【分类名称】的列表值，可双击标题的右边缘获取合适的宽度，或拖曳右边缘调整列宽。

(6) 单击【下一步】按钮，出现保存列表框值的界面，如图 5-39 所示。选择“将该数值保存在这个字段中”并同时选择字段“flmc”。再单击【下一步】按钮，在出现的对话框中输入列表框标签，单击【完成】按钮完成设置。

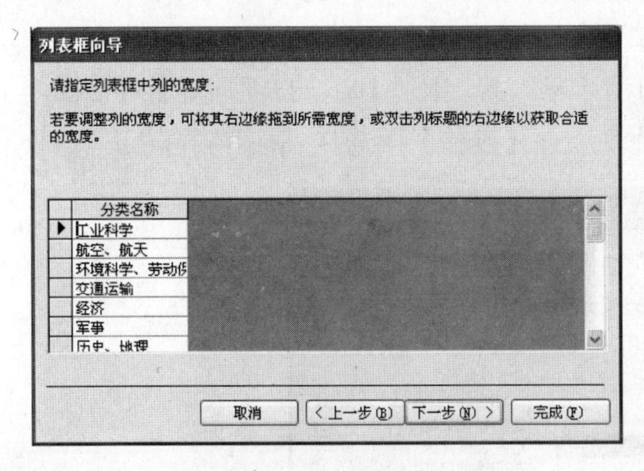

图 5-38　调整列表框宽度的界面

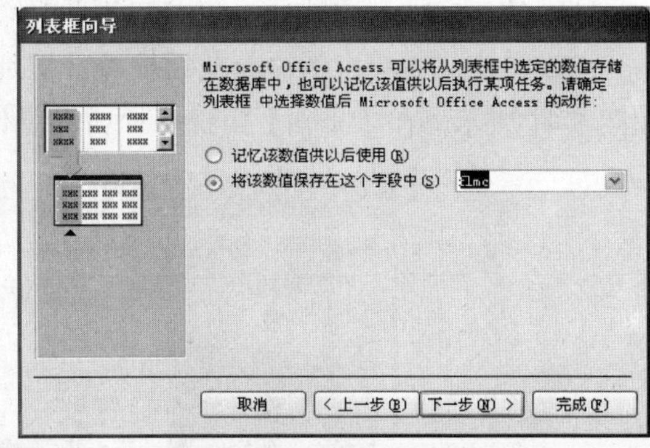

图 5-39　保存列表框值的界面

创建非绑定列表框或组合框的步骤与之基本相同，只是在第 2 步选“自行键入所需的值”单选按钮，单击【下一步】按钮，在自选输入的相应位置输入数据。

6. 创建命令按钮

命令按钮是窗体中用于实现某种功能操作的控件，使用命令按钮可以执行特定的操作或控制程序流程。

例如运行查询、浏览记录、打开或关闭窗体等操作。命令按钮上显示的文字或图片可以通过设置“标题”或设置“图片”属性来完成。

可以使用控件向导很方便地生成一个命令按钮，在工具箱中先单击“控件向导”按钮，然后在窗体上添加一个“命令按钮”控件，系统自动启动命令按钮向导，可以根据需要为命令按钮指定不同的动作。Access 中利用“命令按钮向导”可以创建 30 多种不同类型的命令按钮。

有些命令按钮功能比较复杂，可在窗体设计视图中先创建按钮，然后编写相应的操作代码，操作代码通常放在命令按钮的“单击”事件中。

【例 5.10】创建具有两个命令按钮的窗体，如图 5-40 所示。具体功能为单击【读者信息显示】按钮能显示相应的窗体，而单击“退出”按钮将退出本窗体，返回数据库窗口。

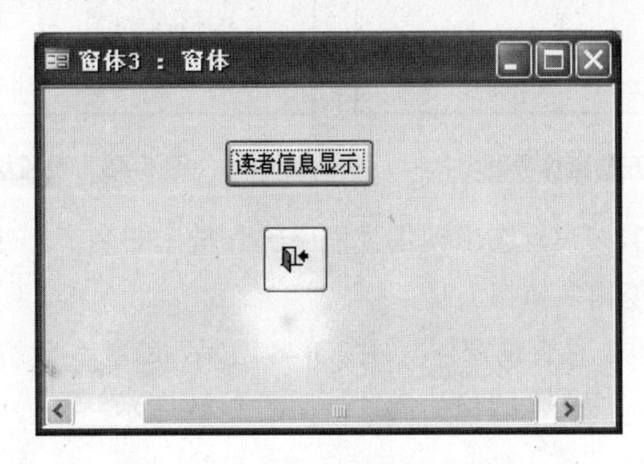

图 5-40　含有两个命令按钮的窗体

具体步骤如下。

(1) 使用设计视图新建一个没有数据源的窗体。

(2) 单击工具箱上的命令按钮控件并拖到设计窗体上，出现【命令按钮向导】对话框，如图 5-41 所示，在【类别】中选择“窗体操作”，在【操作】中选择“打开窗体”。

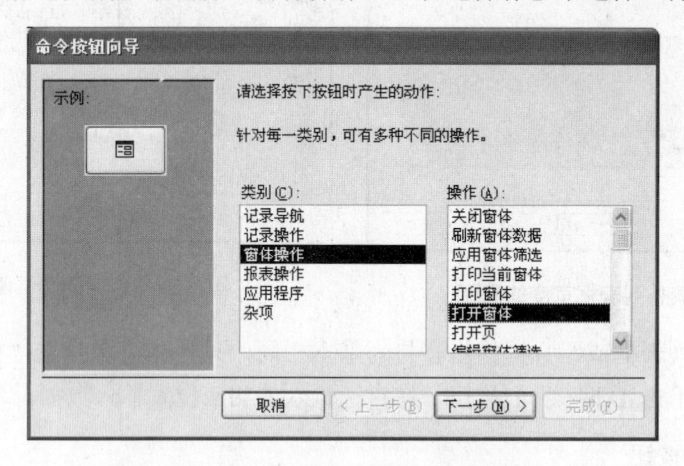

图 5-41 【命令按钮向导】对话框

(3) 单击【下一步】按钮，出现选择打开的窗体界面，如图 5-42 所示。在【请确定命令按钮打开的窗体】列表框中选择要打开的窗体名，如“读者”窗体。

(4) 单击【下一步】按钮，出现设置按钮标题的界面，如图 5-43 所示。可以在该界面中选择按钮上显示的是图片还是标题。如本例中第一个按钮选择文字，第二个“退出”按钮显示图片。

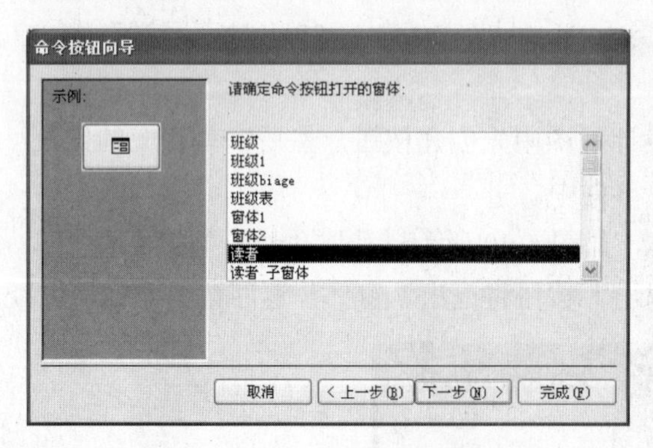

图 5-42 选择打开的窗体界面

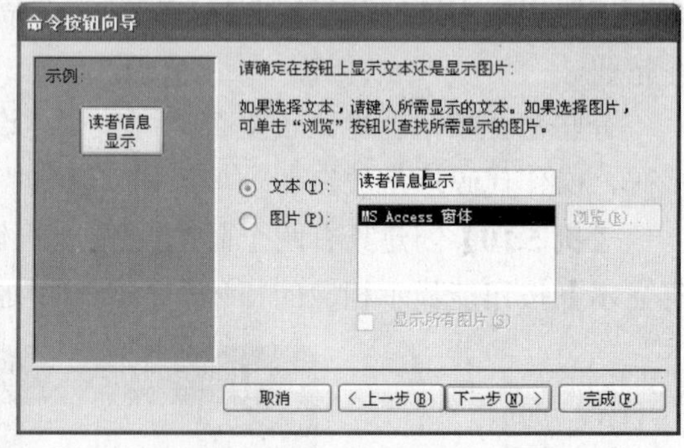

图 5-43 设置按钮标题的界面

(5) 单击【下一步】按钮，在出现的界面中输入按钮的名字。并单击【完成】按钮。可用同样的方法创建“退出”按钮。

【例 5.11】创建学生信息查询窗体，如图 5-44 所示，在窗体的文本框中输入读者姓名，单击【查询】按钮可显示该学生的相关信息，如图 5-45 所示。

操作步骤如下。

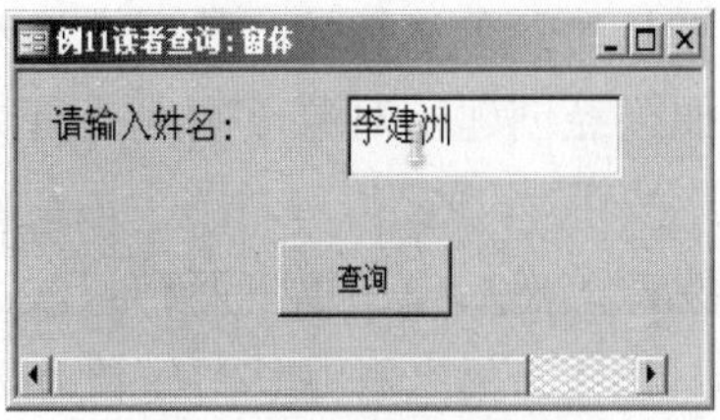

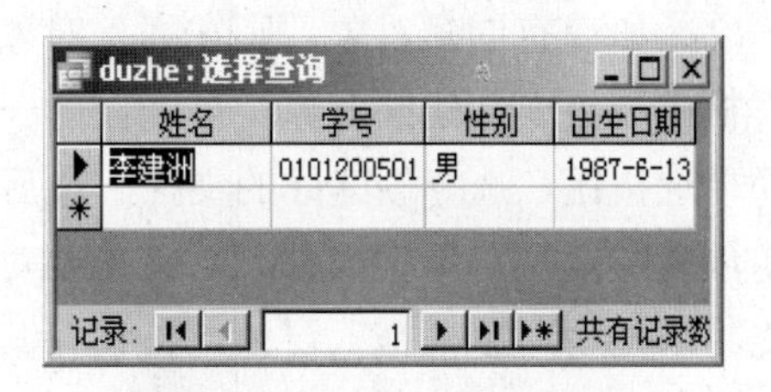

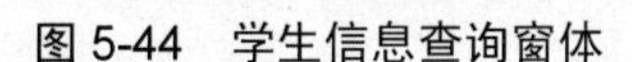

图 5-44　学生信息查询窗体

图 5-45　相应的学生查询表

(1) 在查询设计视图中输入以下 SQL 命令，并以“xuesheng”名字保存：

```
SELECT 学生信息.xm, 学生信息.xh, 学生信息.xb, 学生信息.csrq
FROM 学生信息
WHERE (((学生信息.xm)= FORMS![学生信息查询]![Text0]));
```

(2) 在窗体的设计视图中添加文本框控件，并设置文本框的名称为“Text0”。

(3) 使用向导添加命令按钮，在出现的对话框中，类别选者“杂项”，在操作中选择“运行查询”。

(4) 在“请选择你要运行的查询”项中选择查询名“xuesheng”，并完成向导。

(5) 返回设计窗口，将命令按钮标题名改为“查询”。并将窗体以“学生信息查询”为名保存。

提示：如要引用窗体中的控件，可使用如下的命令格式：Forms！[窗体名称]！[控件名称]。

7. 图像控件

图像控件用于向窗体、报表中添加图片，使窗体更加美观。

图像控件的常用属性如下。

- 图片：指定图形或图像文件的来源。
- 图片类型：指定图形对象是嵌入到窗体中，还是链接到窗体中。
- 缩放模式：指定图形对象在图像框中的显示方式。有裁剪、缩放、拉伸三种。

向窗体添加图像控件的操作步骤：在设计视图中单击控件工具箱中的“控件向导”按钮，使其处于向导状态；再单击“图像按钮”图标，单击窗体中要放置图片的位置，弹出“插入图片”对话框，输入要插入的图片的文件名，单击“确定”按钮。在属性窗口设置相应的“缩放模式”，所选择的图片就会出现在窗体中。

8. 未绑定型、绑定型对象框控件

未绑定型对象框控件所显示内容来自于其他应用程序建立的对象，如图像文件、Excel 图表、Word 公式等。绑定型对象框控件显示数据表中 OLE 对象类型的字段内容。

创建未绑定型对象框控件的步骤如下。

(1) 在设计视图中单击控件工具箱中的未绑定型对象框控件。放置到窗体的合适位置，出现插入对象对话框。

(2) 如没有创建对象，则在插入对象对话框中选“新建”单选按钮，然后在“对象类型”框中单击要创建的对象类型，创建一个新对象。如已经创建了对象，则选“有文件创建”单选按钮，选择创建好的文件。最后单击“确定”按钮。

创建绑定型对象框控件时，首先要对窗体添加数据源，然后使用以下两种方法：一种是先将绑定型对象框拖入窗体，再设置其“控件来源”属性。另一种是将“字段列表”中的 OLE 类型字段直接拖曳到窗体中。

5.3.4 窗体的布局修饰

要实现好的视觉效果就必须对窗体和各个控件进行调整。如修改对象的颜色，大小、字体、位置以及背景等，一般可以通过设置对象的属性来完成。

1. 选中控件

要调整窗体上的控件，必须先选中控件。单击控件可以选中单一控件；如果同时要选择多个控件，可以在按下 Shift 键的同时单击各个要选择的控件，或可用鼠标拖出一方框，在其内的控件便同时被选中；如果要选中所有控件，则按 Ctrl+A 或选择菜单栏中的“编辑”→“全选”命令。

2. 调整控件的大小和位置

(1) 调整控件的大小

选定对象的四周将出现 8 个黑色的小方块，其左上角为移动点，用于移动对象，其他的 7 个点可以改变大小。

(2) 移动控件的位置

选中控件之后，可以按箭头键或用鼠标来移动控件。对于有些附加标签的控件，如文本框、组合框等，如果要同时移动控件及其控件的附加标签，则应将鼠标指针变成手掌形状；如果要分别移动控件及其附加标签，应当用鼠标指针指向控件或其标签左上角的移动点，当鼠标指针变成手指形状时，即可分别移动控件或附加标签。

如果需要重叠几个控件时，要将一个控件移到其他控件的上面或下面，则应选择该控件，从“格式”菜单中选择“置于顶层”或“置于底层”命令。

(3) 对齐控件

在窗体中添加控件之后，一般需要对齐控件，使控件排列整齐。如要对齐几个控件时，先选中这些控件，然后使用“格式”→“对齐”菜单命令中的相应选项。

3. 设置控件和窗体的背景颜色

给一个窗体设置颜色，会改善窗体的视觉效果。当然控件也可以填充背景色和前景色，前景色指控件的字体颜色，背景色指控件的颜色。

【例 5.12】设置窗体背景色和字体前景色。

(1) 设置窗体控件的背景色

① 以设计视图的方式打开相应的窗体，选中“主体”对象。

② 在“格式”工具栏中单击“填充/背景色”图标右方向下的三角箭头，在下拉颜色选择框中选择颜色。或单击“属性”图标，出现如图 5-46 所示的对话框。在【背景色】属性处选择相应的颜色。

(2) 设置字体控件的前景色

在窗体中添加标签控件，输入相应的文字，选中该标签控件，单击“字体/字体颜色”图标右方向下的三角箭头，在下拉颜色选择框中选择字体颜色。

4. 设置窗体的背景图片

如果要将图片作为窗体的背景，可在设计视图中打开“窗体”属性面板，在“图片”属性框处中选择所需的图像文件，同时设置相应的“图片缩放模式”，就能给窗体添加图片背景，从而改变窗体背景的单一性，使得窗体丰富多彩。效果如图 5-47 所示。

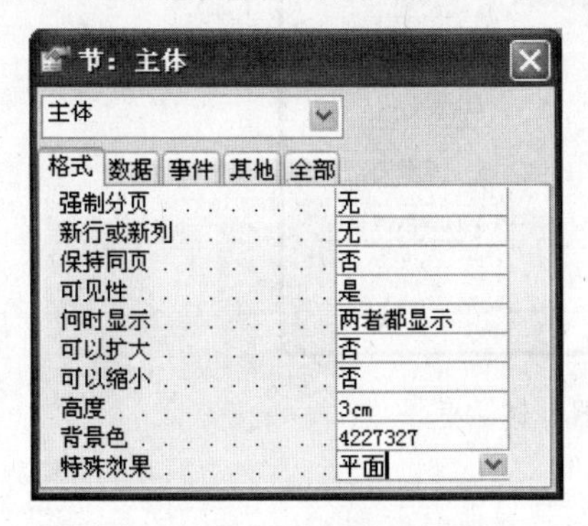

图 5-46　设置背景色属性的对话框

图 5-47　添加了图片背景的窗体

5. 设置控件的特殊效果

窗体添加控件之后，除了设置窗体的背景色、前景色、字体、字号之外，还可以给控件设置特殊效果，Access 提供了凸起、平面、凹陷、蚀刻、阴影、凿痕等几种效果。操作过程如下：选中要设置特殊效果的控件，单击工具栏上的“特殊效果”按钮右侧向下的三角箭头，从列表中选择合适的特殊效果。

5.4　切换面板管理器

切换面板是一种特殊功能的窗体，在该窗体上面放置的主要是命令按钮控件，可用于调用相应的表、查询、窗体、报表、宏等各种操作。因此，切换面板类似于窗体菜单，可以用来实现不同功能模块之间的切换，使各模块组成一个完整的应用系统。

5.4.1　启动切换面板管理器

启动切换面板管理器的操作步骤如下。

(1) 在数据库窗口中，从菜单栏中选择“工具”→“数据库实用工具”→“切换面板管理器”命令。如第一次使用切换面板管理器，则 Access 会弹出切换面板管理器在数据库中找不到有效的切换面板并询问是否创建一个的提示框，如图 5-48 所示。

(2) 单击【是】按钮，打开一个新的【切换面板管理器】对话框，如图 5-49 所示。从图中可见系统自动创建了一个主切换面板页，其默认名为“主切换面板(默认)”。

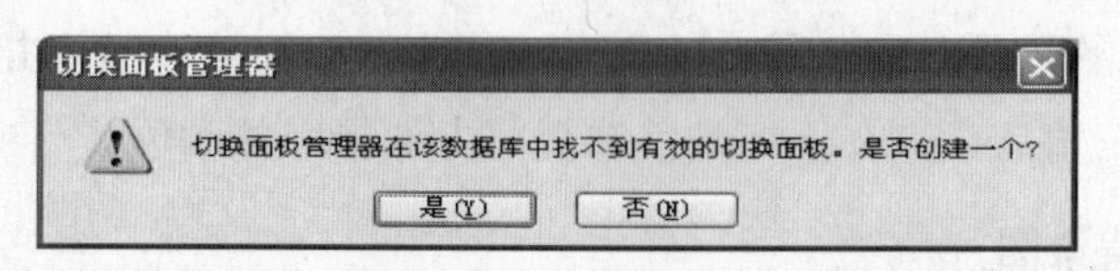

图 5-48　提示信息对话框

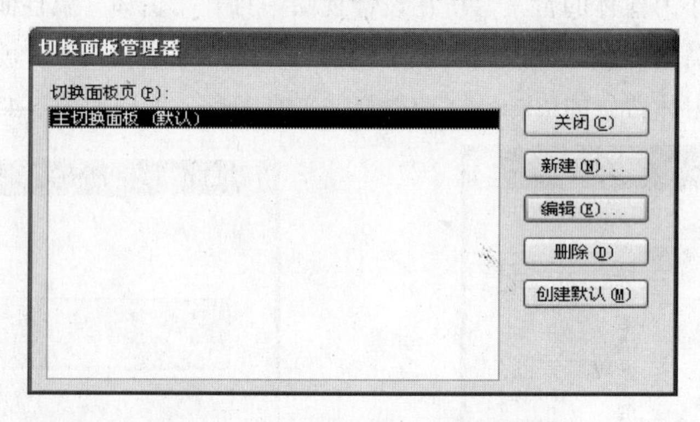

图 5-49　【切换面板管理器】对话框

5.4.2　切换面板页的创建

启动切换面板管理器后，就可创建新的切换面板页了，其操作步骤如下。

(1) 在“切换面板管理器”对话框中单击【新建】按钮，出现【新建】对话框，如图 5-50 所示。在【新建】对话框中的【切换面板页名】处输入“图书管理系统”。这里，系统将创建一个以“图书管理系统”为名的切换面板页。

(2) 单击【确定】按钮，返回“切换面板管理器”对话框。这时在“切换面板页”列表框出现“图书管理系统”切换面板。

(3) 选中“图书管理系统”项，单击“编辑”按钮，出现“编辑切换面板页”对话框。再单击“新建”按钮，出现【编辑切换面板项目】对话框，如图 5-51 所示，在【文本】处输入“读者信息管理”，打开【命令】下拉列表框，可以看见其中所有的命令。可以根据需要选择对应的命令。如在【命令】处选择“在编辑模式下打开窗体”，在【窗体】处选择“读者”。

图 5-50　【新建】对话框

图 5-51　【编辑切换面板项目】对话框

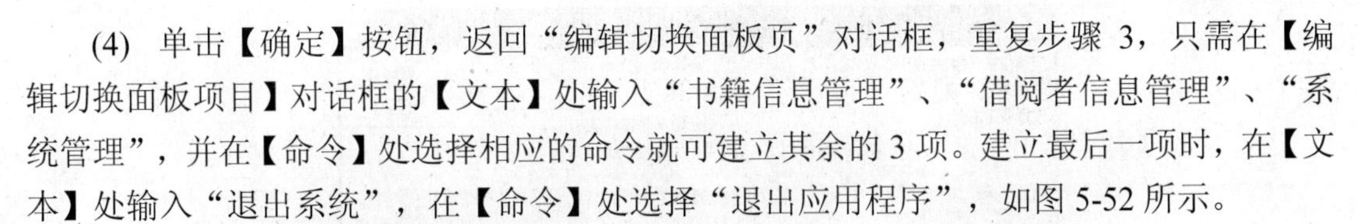

(4) 单击【确定】按钮，返回“编辑切换面板页”对话框，重复步骤 3，只需在【编辑切换面板项目】对话框的【文本】处输入“书籍信息管理”、“借阅者信息管理”、“系统管理”，并在【命令】处选择相应的命令就可建立其余的 3 项。建立最后一项时，在【文本】处输入“退出系统”，在【命令】处选择“退出应用程序”，如图 5-52 所示。

图 5-52　“退出”的设置

(5) 单击【确定】按钮，就可以看见【编辑切换面板页】的所有内容，如图 5-53 所示。

(6) 单击【关闭】按钮，返回“切换面板面板管理器”对话框。在“切换面板页”列表框处选“图书管理系统”，切换面板，单击“创建默认”按钮，即将其设置成默认。

(7) 单击【关闭】按钮， 返回到数据库窗口。

此时在“数据库”窗口中的“窗体”对象列表处有一个名为“切换面板”的窗体，打开“切换面板”窗体，出现【图书管理系统】切换面板，如图 5-54 所示。

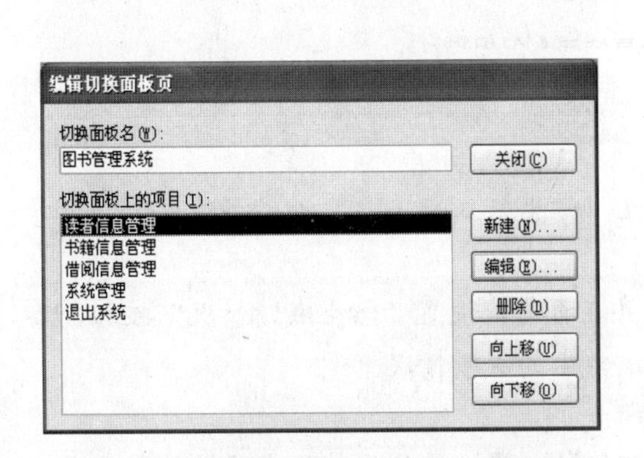

图 5-53　【编辑切换面板页】对话框

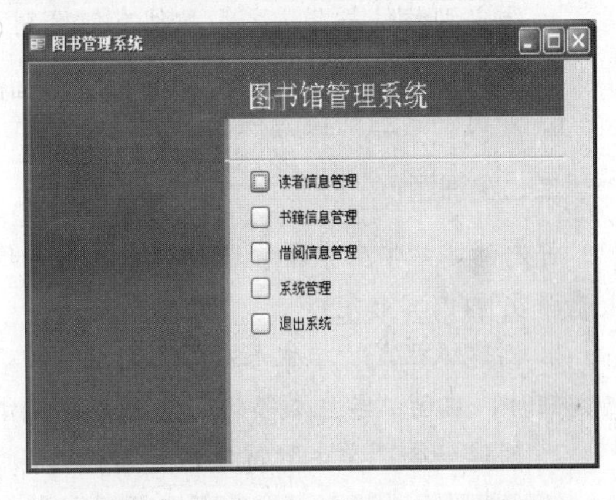

图 5-54　【图书管理系统】切换面板窗体

5.4.3　切换面板页自启动

如果希望打开数据库窗口就能启动主切换面板的话，可以通过使用数据库管理系统的菜单加以实现。具体操作如下。

(1) 打开数据库窗口，从菜单栏中选择“工具”→“启动”命令，出现【启动】对话框，如图 5-55 所示。

(2) 在【显示窗体/页】组合框中选“切换面板”。在【应用程序标题】文本框中输入标题“图书管理系统”。

(3) 单击【确定】按钮。

下次我们在打开数据库时就会自动打开“切换面板”。

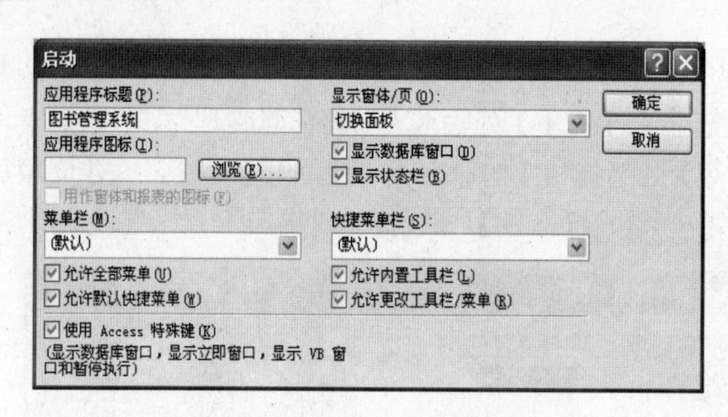

图 5-55 【启动】对话框

5.5 练 习 题

一、问答题

1. 窗体有哪几种类型?
2. 如何使用向导创建纵栏式的窗体?
3. 什么是控件?请列举常用 3 种控件的用途。
4. 绑定型控件与非绑定型控件有何区别?
5. 如何对齐窗体上的多个控件?
6. 如何创建主切换面板?

二、实训题

首先创建“学生学籍管理”数据库，并建立“学生基本情况表”、“成绩表”、“学生选课表”(内容自定)。

1. 创建纵栏式“学生基本情况”主窗体，并在页眉处设置“学生成绩情况”按钮，单击按钮时，启动“学生成绩情况”窗体，显示该学生的成绩情况。

2. 创建一个“学生”窗体，其要求如下。

(1) 能显示或输入“学生基本情况”的全部信息。将“政治面貌”字段值的显示或输入方式设置为组合框，其内容为“党员”、“团员”和“群众”。窗体名为“学生档案”。

(2) 窗体的上方有标题，标题名为“学生情况”，字体为“隶书”，字型为“加粗”，字号为 28，颜色为“深灰色”。

(3) 窗体的下方设置 4 个命令按钮，功能分别为添加记录、撤消记录、保存记录和关闭窗体，按钮上显示的文本为“添加记录”、“撤消记录”、“保存记录”和“退出”。

3. 创建“选修课查询”窗体，在窗体处输入课程名称，显示选修该课程的学生情况。

4. 设计“主菜单”窗体，其中各按钮分别完成以下工作。

(1) “按课程名查询”按钮：打开“选修课查询”窗体。

(2) “学生基本情况查询”按钮：打开“学生基本情况”窗体。

(3) “返回”按钮：关闭主菜单，返回数据库窗口。

(4) 对窗体做适当的修饰，使其清晰、美观、重点突出。

第 6 章　创建和使用报表

【本章要点】

在 Access 2003 中，报表是一种数据库对象，它能以打印方式展示数据。通过本章学习可以掌握以下内容：报表的作用，类型及组成，报表的创建方法、报表中的计算以及报表的打印等。

6.1　报　　表

报表是数据库的对象，它是专门为打印而设计的特殊窗体。一般窗体主要用于显示查询数据的结果，报表则着重于数据的打印。两者之间的本质区别在于：前者最终显示在屏幕上，并且可以与用户进行信息交流，而后者没有交互信息功能，可以将结果打印出来。

6.1.1　报表的作用

报表是 Access 中专门为数据计算、归类、汇总、排序而设计的整理打印数据的一种工具。在报表中可以按照一定的要求和格式对数据加以概括和汇总，并将结果打印出来，或者直接输出到文件中。如果要打印大量的数据，或者对打印的格式要求比较高的时候，必须使用报表的形式。

在数据库管理系统中，很多操作的目的是得到有关数据信息的一张或多张报表，并打印出来。以往设计一个数据库系统时，编写打印报表是非常麻烦的，而 Access 报表功能非常强大，也极易掌握，并能制作出精致、美观的专业性报表。

总之，报表是 Access 数据库对象之一，其主要作用是比较和汇总数据，显示经过格式化且分组的信息，并打印出来。

6.1.2　报表的类型

Access 提供的常见的报表类型有 4 种，分别是纵栏式报表、表格式报表、图表报表和标签报表。

1. 纵栏式报表

也称之为窗体报表。

在纵栏式报表中，每个字段的信息单独用一行来显示，其中左边是一个标签控件(字段名)，右边是字段中的值，如图 6-1 所示。其特点是创建方法简单，并且可以完整地显示表或查询对象中的字段。

2. 表格式报表

在表格式报表中，一行显示一条记录，字段的标题名显示在报表的顶端，如图 6-2 所示。其特点是可一次显示表或查询对象的所有字段和记录。

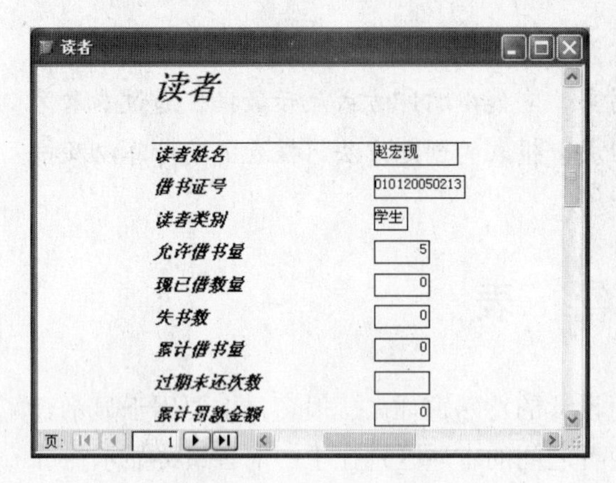

图 6-1　纵栏式报表

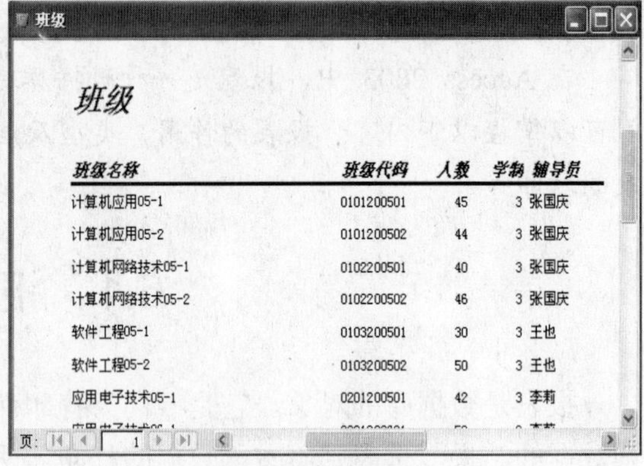

图 6-2　表格式报表

3. 图标报表

图标报表是将表或查询中的数据变成直观的图形表示形式，如图 6-3 所示。Access 提供了多种图表，包括柱形图、饼形图、三维图、环形图等。

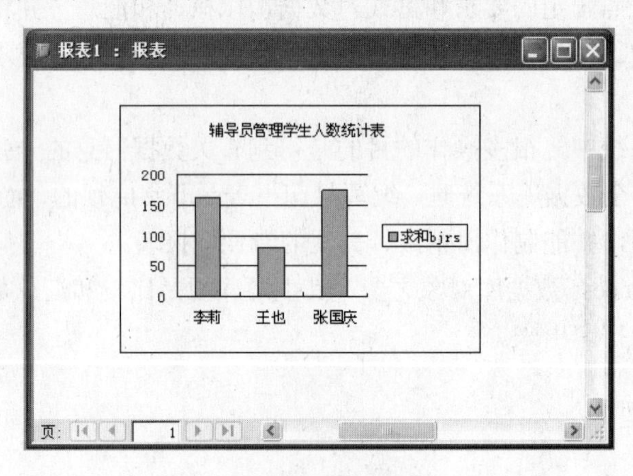

图 6-3　图标报表

4. 标签报表

标签报表是将数据表示成邮件标签，如图 6-4 所示。

标签报表主要用于一些较特殊的用途，例如商品标签、客户的邮件标签、学生的登记卡等。

使用一般的文字处理软件也可以实现这些功能，但当印制的数量非常大，且从数据表中取数据时，使用 Access 系统提供的标签报表要比文字处理软件方便。

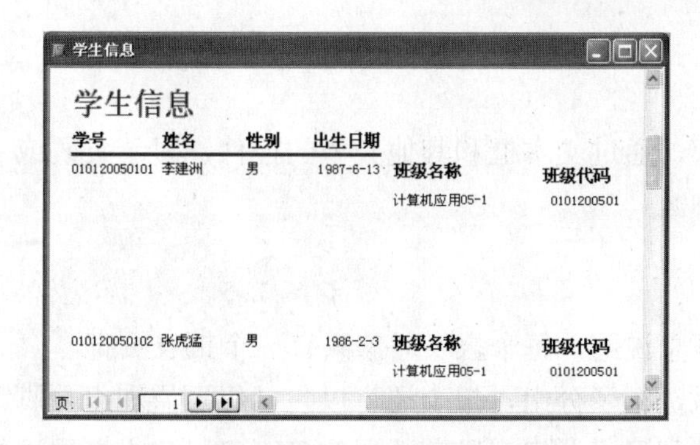

图 6-4　标签报表

6.1.3　报表的组成

在 Access 中，报表有三种视图方式，分别是设计视图、打印预览视图和版面预览视图。设计视图主要用于创建和编辑报表的结构，打印预览视图用于查看报表的输出结果，版面预览视图用于查看报表的版面设置。

在报表设计视图中，其结构与窗体对象的结构十分相似，也是由 5 个节组成。它们分别是报表页眉节、页面页眉节、主体节、页面页脚节和报表页脚节，如图 6-5 所示。

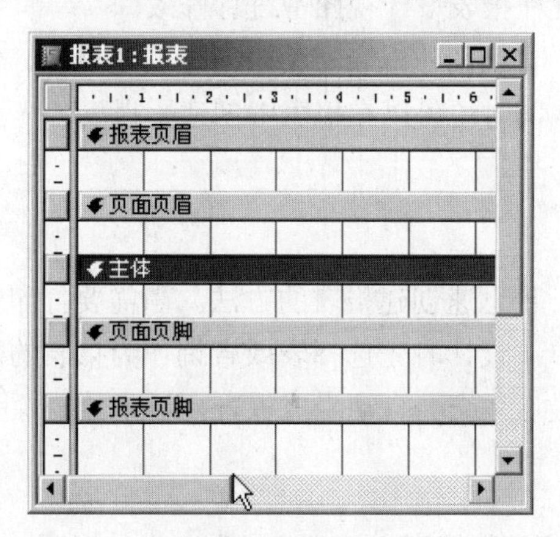

图 6-5　报表设计视图

1. 报表页眉

报表页眉出现在报表的顶端，并且只能在报表的开头出现一次，用来记录关于此报表的一些主题性信息，即该报表的标题。

2. 页面页眉

显示报表中各列数据的标题，报表的每一页有一个页面页眉。

3. 主体

是报表显示数据的主要区域，用来显示报表的基础表或查询的每一条记录的详细内容。其字段必须通过文本框或者其他控件绑定显示。

4. 页面页脚

出现在报表的底部，通过文本框和其他类型的控件，显示页码或本页的汇总说明。报表的每一页有一个页脚。

5. 报表页脚

显示整份报表的汇总说明，每个报表对象只有一个报表页脚。

如果对报表的记录进行了分组，报表还可以包括组页眉和组页脚。组页眉主要是通过文本框或其他类型的控件显示分组字段等数据信息，可以建立多层次的组页眉和页脚，但一般不超过 3-6 层。组页脚主要是通过文本框或其他类型的控件显示分组统计数据。组页眉和组页脚可以根据需要单独设置使用，可以选择“视图”中的“排序与分组”命令，在“排序与分组”窗口进行设置。

6.2 创建报表

创建报表的一般过程是：根据基础表和查询，利用自动报表和报表向导创建报表的基本框架，然后根据实际情况在报表设计视图中进行修改。

创建报表有多种方法：自动创建报表、使用向导创建报表、使用向导创建图表报表、使用向导创建标签报表等，同时还可以在报表中创建子报表。

6.2.1 自动创建报表

“自动报表”功能是一种迅速创建报表的方法。当需要打印纵栏式或表格式报表时，使用自动创建报表最为简单。设计时先选择表或查询作为报表的数据来源，然后选择报表类型为纵栏式或表格式，最后系统会自动生成报表，显示数据源的所有字段。

1. 纵栏式报表

【例 6.1】以“图书管理”数据库中的“读者”表为数据源，使用自动创建报表的方法创建一个纵栏式报表。

方法与步骤如下。

(1) 打开要创建报表的“图书管理”数据库。

(2) 在数据库窗口中，单击“对象”列表中的“报表”选项，然后单击工具栏中的“新建”按钮，弹出“新建报表”对话框。

(3) 在【新建报表】对话框中，选择“自动创建报表：纵栏式”选项；在选择数据来源表或查询列表框中，选择报表所需要的数据源“读者”表，如图 6-6 所示。

(4) 单击【确定】按钮，系统将自动创建一个“纵栏式”报表，将数据源的所有字段显示在该报表中(参考图 6-1)。

(5) 如果要保存该报表，可从菜单栏中选择“文件”→“保存”命令，系统弹出【另存为】对话框，如图 6-7 所示。在该对话框中输入报表名称，然后单击【确定】按钮。

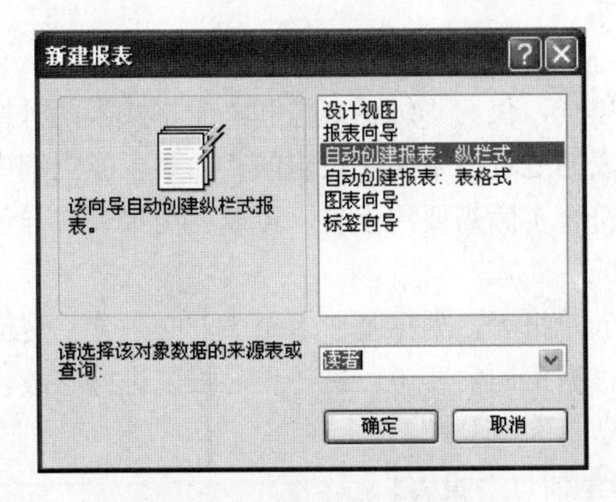

图 6-6 【新建报表】对话框

图 6-7 【另存为】对话框

2. 表格式报表

使用 Access 中的自动创建报表还可以创建另一种格式的报表，就是经常使用的表格。

【例 6.2】以“图书管理”数据库中的“班级”表为数据源，使用自动创建报表的方法创建一个表格式报表。

方法与步骤如下。

(1) 打开要创建报表的“图书管理”数据库。

(2) 在数据库窗口中，单击“对象”列表中的“报表”选项，然后单击工具栏中的“新建”按钮，弹出【新建报表】对话框。

(3) 在【新建报表】对话框中，选择“自动创建报表：表格式”选项；在选择数据来源表或查询的列表框中，选择报表所需要的数据源“班级”表。

(4) 单击【确定】按钮，系统将自动创建一个“表格式”报表，它将每条记录的所有字段显示在同一行中，如图 6-8 所示。

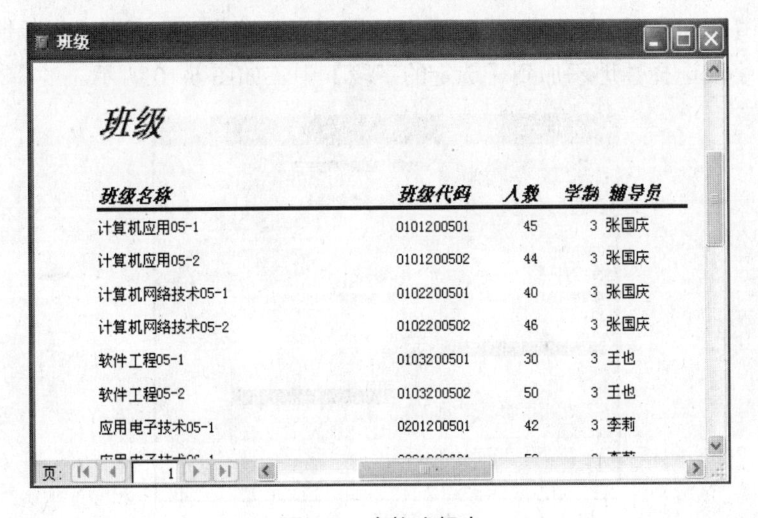

图 6-8 表格式报表

6.2.2 使用向导创建报表

利用“自动报表”所创建的报表格式比较单一，仅有“纵栏式”和“表格式”两种格式，并且没有图形等修饰。它的格式在创建报表的过程中是无法设定的，而且表或查询中所有字段内容都会出现的报表中。要想设计出符合实际需要的报表，可以使用报表向导创建报表。

使用报表向导方式可以基于多个表或查询创建报表，如果基于多个表，必须建立对应表的关联。报表向导提供了报表的基本布局，根据不同需要可以进一步对报表进行修改。利用“报表向导”可以使报表创建变得更加容易。

【例 6.3】使用“报表向导”创建一个“学生信息”报表。

方法与步骤如下。

(1) 打开“图书信息”数据库，在数据库窗口中单击“报表”选项，然后在报表窗口中单击“新建”按钮，打开【新建报表】对话框。在对话框中选择“报表向导”，并选择“学生信息”作为数据源，如图 6-9 所示。

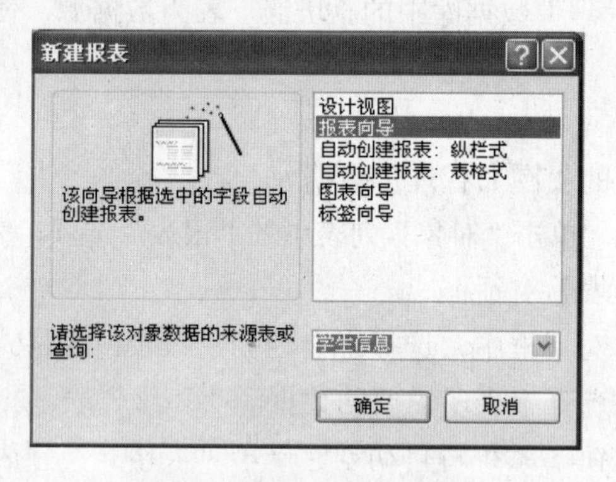

图 6-9 【新建报表】对话框

(2) 单击【确定】按钮，打开【报表向导】对话框界面(一)。根据实际情况，将【可用字段】中的字段选择性地添加到【选定的字段】中，如图 6-10 所示。

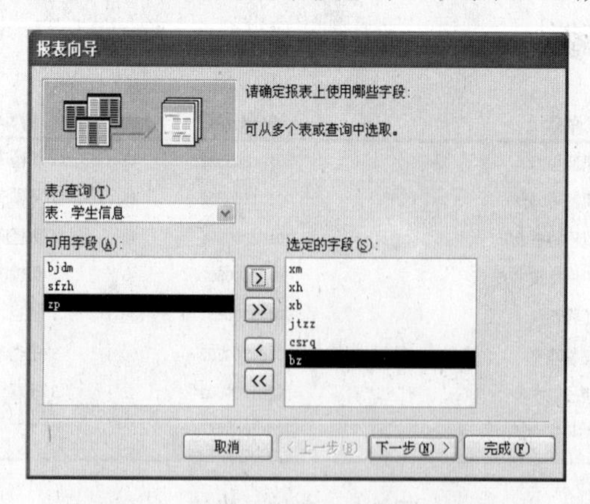

图 6-10 【报表向导】对话框界面(一)

(3) 单击【下一步】按钮，进入【报表向导】界面(二)，用来添加分组级别。选择可以分组的字段，将其添加到右边的方框中，这里选择“xb”作为分组字段，如图 6-11 所示。

提示：并不是所有的字段都可以作为分组字段，只有当该字段的记录具有重复取值时，才能将该字段作为分组字段。同时，在该对话框中，单击【分组选项】按钮，系统会弹出【分组间隔】对话框，如图 6-12 所示。在【分组间隔】对话框中，可以为【组级字段】选择【分组间隔】。设置完成后，单击【确定】按钮，即可返回。

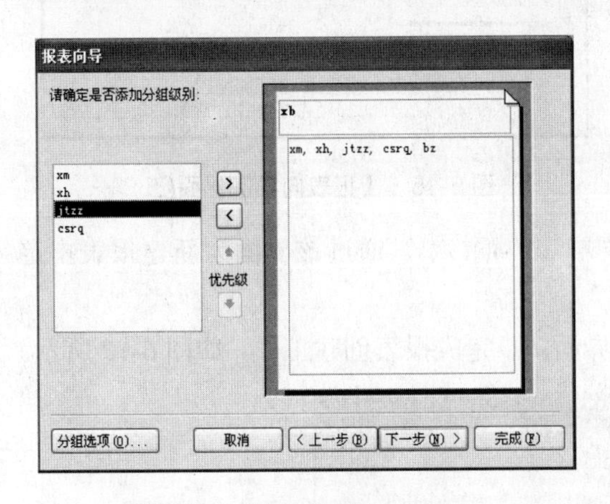

图 6-11　【报表向导】界面(二)

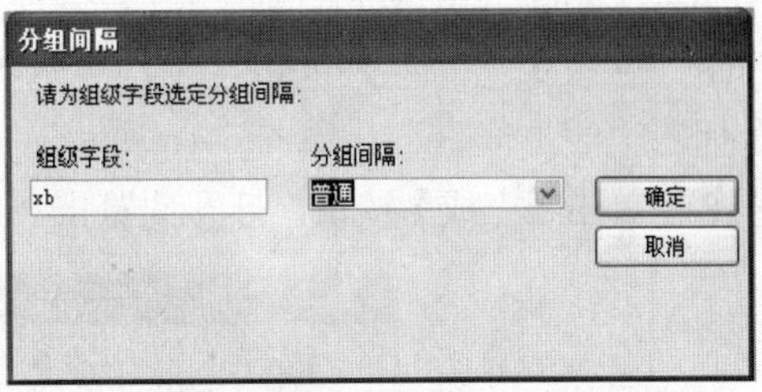

图 6-12　【分组间隔】对话框

(4) 单击【下一步】按钮，进入【报表向导】界面(三)。在该界面中，可以设置明细记录使用的排序次序，如图 6-13 所示。在下拉列表 1 中选择“xh”字段按升序排序，此时下一个列表框被激活。

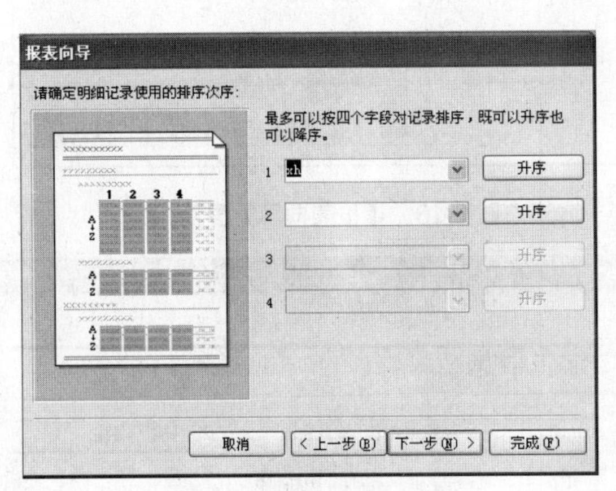

图 6-13　【报表向导】界面(三)

(5) 单击【下一步】按钮，进入【报表向导】界面(四)，如图 6-14 所示。在这个界面中可以设置报表的【布局】和【方向】。在【布局】中选择“阶梯”选项，在【方向】选项中选择“纵向”。

(6) 单击【下一步】按钮，进入【报表向导】界面(五)，如图 6-15 所示。在这个界面中可以设置报表所用样式，这里选择“大胆”。

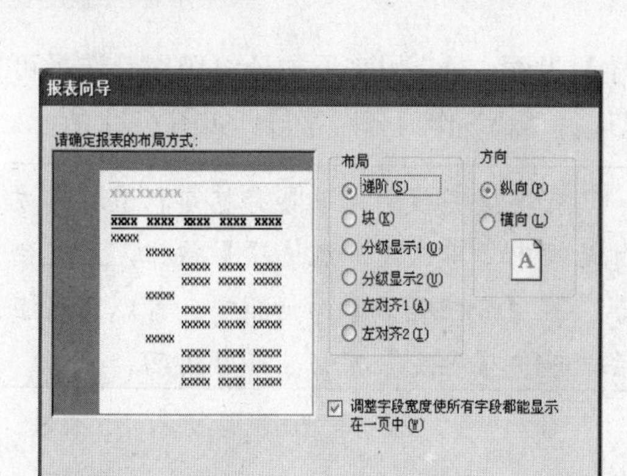

图 6-14 【报表向导】界面(四)

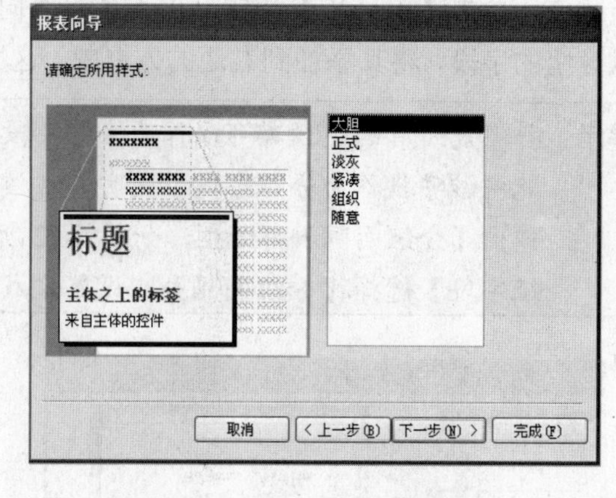

图 6-15 【报表向导】界面(五)

(7) 单击【下一步】按钮，进入“报表向导”界面(六)，通过该界面为新建报表指定一个标题“学生信息”，如图 6-16 所示。

(8) 单击【完成】按钮，打开预览报表的界面，即完成报表创建工作，如图 6-17 所示。

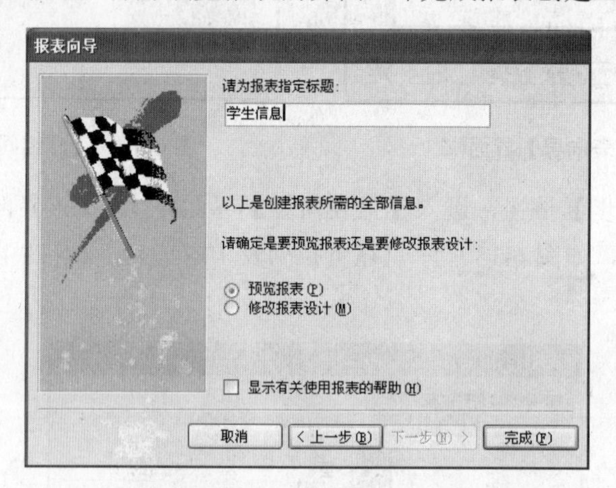

图 6-16 【报表向导】界面(六)

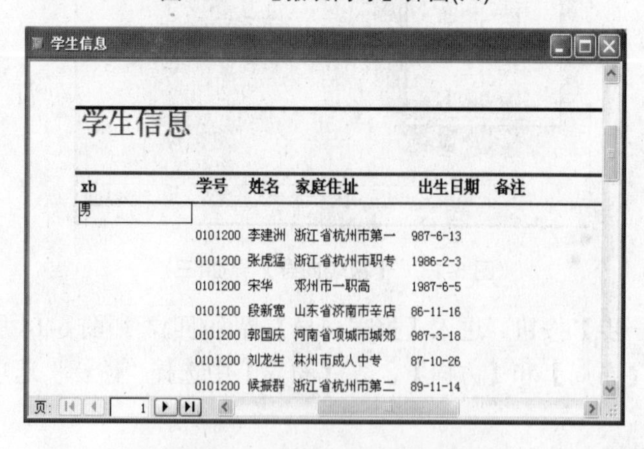

图 6-17 【学生信息】报表

6.2.3　创建图报表

图报表有多种样式，包括柱形图、线条图、饼图、面积图以及三维图形等。图报表可以将数据以图表的方式显现出来，在报表中利用图表来表示数据，能更直观地表示出数据之间的关系。

【例 6.4】利用图表向导，以“图书管理”数据库中“班级”表为数据源，创建一个图报表。

方法与步骤如下。

(1) 打开“图书管理”数据库，单击“报表”选项。然后单击工具栏上的“新建”按钮，弹出如图 6-18 所示的【新建报表】对话框。选择“图表向导”，并在数据来源表下拉框中选择“班级”作为数据源。

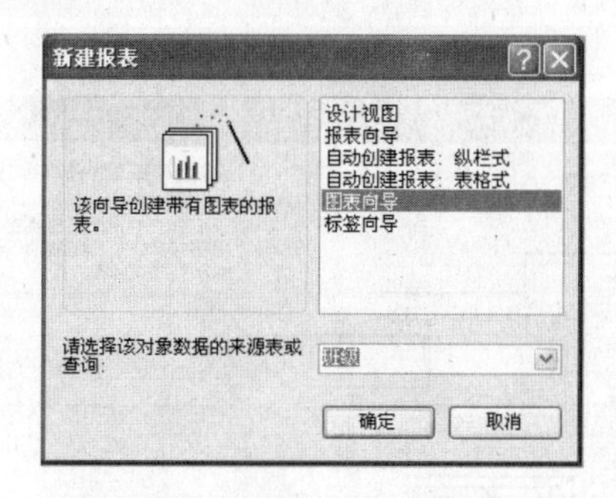

图 6-18　【新建报表】对话框

(2) 单击【确定】按钮，打开【图表向导】对话框界面(一)，如图 6-19 所示。在【可用字段】列表框中选择字段，将其添加到【用于图表的字段】列表框中。可以从不同的表中选择图表所需要的字段。

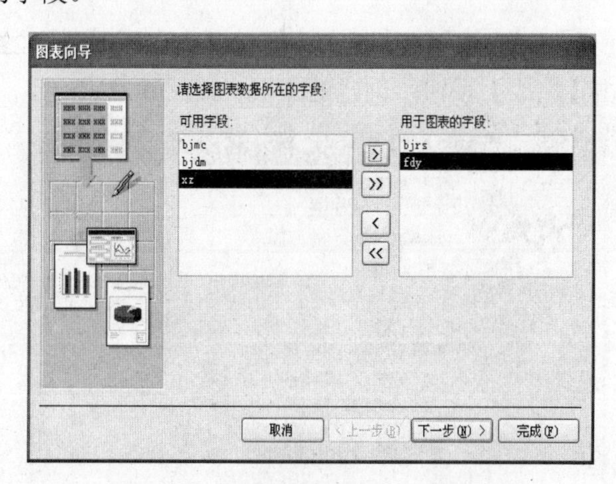

图 6-19　【图表向导】对话框界面(一)

(3) 单击【下一步】按钮，进入【图表向导】界面(二)，如图 6-20 所示。在界面的左半部分选择图表的类型，在界面的右半部分就会显示相应图形的类型说明。

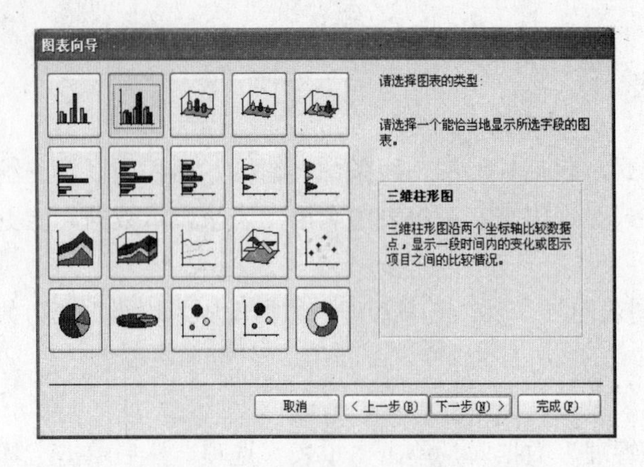

图 6-20 【图表向导】界面(二)

(4) 单击【下一步】按钮，进入【图表向导】界面(三)，如图 6-21 所示。选择数据在图表中的布局方式。

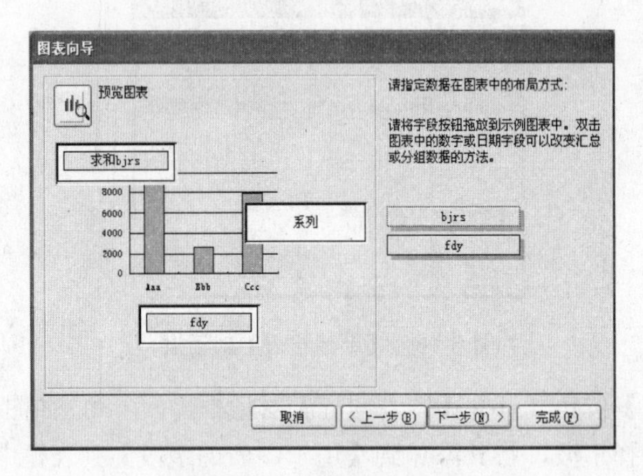

图 6-21 图表向导(三)

(5) 单击【下一步】按钮，打开【图表向导】界面(四)，如图 6-22 所示。在文本框中输入图表的标题，单击【完成】按钮，创建的图报表如图 6-23 所示。

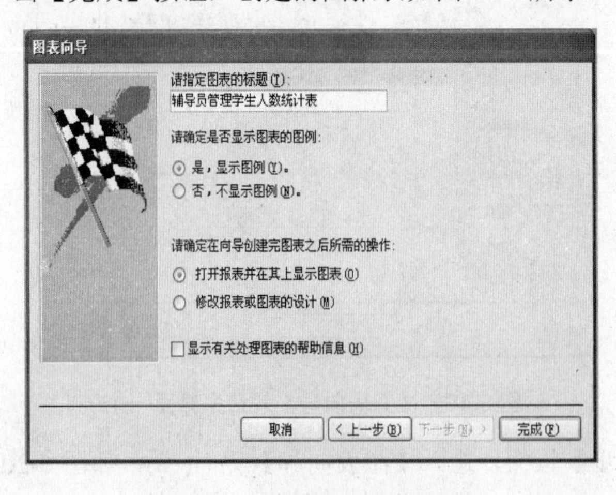

图 6-22 【图表向导】界面(四)

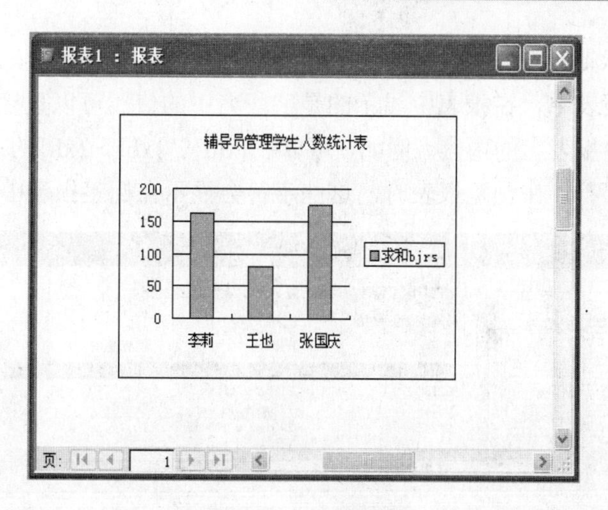

图6-23 图表报表

6.2.4 创建标签报表

【例6.5】以“学生信息”表作为数据源，使用标签向导创建一个标签式报表。

方法与步骤如下。

(1) 打开“图书信息”数据库，单击“报表”选项。然后单击工具栏上的【新建】按钮，弹出【新建报表】对话框，如图6-24所示。选择“标签向导”，并在数据来源表下拉框中选择“学生信息”作为数据源。

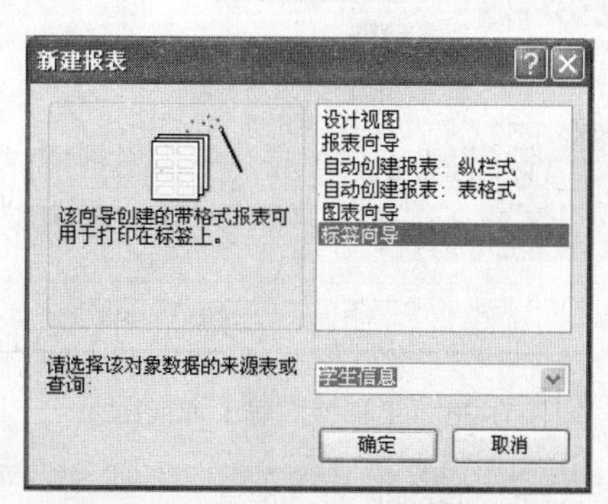

图6-24 【新建报表】对话框

(2) 单击【确定】按钮，弹出【标签向导】对话框界面(一)，如图6-25所示。指定标签尺寸及其相应设置，完成后，单击【下一步】按钮，进入【标签向导】界面(二)，然后设置文本的字体和颜色，如图6-26所示。

(3) 单击【下一步】按钮，进入【标签向导】界面(三)，如图6-27所示，该界面用来确定标签显示的内容。在【可用字段】中选择要在标签上显示的内容，然后将其添加到右边的【原型标签】中。如果要添加多个字段到【原型标签】中，可以在添加完一个字段之后，按 Enter 键再继续添加下一个字段，这样在预览报表时，系统会分行显示各个字段的值。这里直接从可用字段中选择xm、xb、xh作为标签显示的内容。

添加到【原型标签】中的字段会用大括号将其括起来。在预览报表时，大括号和里面的字符不会显示在报表中，在报表中显示的是字段名中的值。可以直接在“原型标签”中输入需要显示在标签报表上的内容。例如，可以在{xm}、{xb}、{xh}的前面分别输入姓名、性别、学号等相关字符，在预览报表时，这些字符会显示在标签报表中。

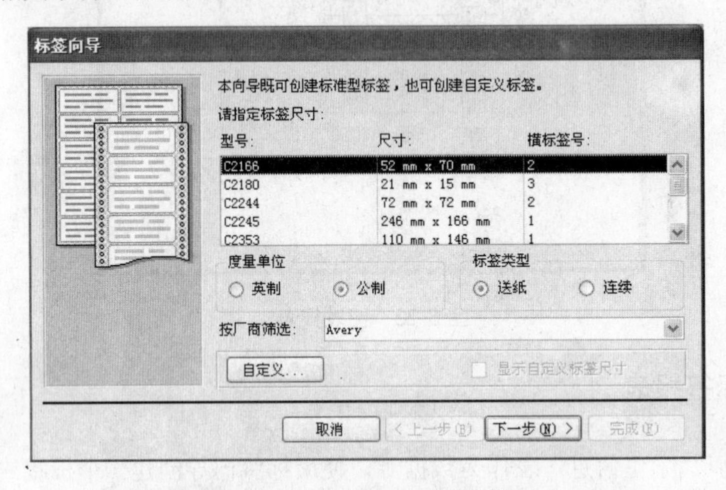

图 6-25 【标签向导】对话框界面(一)

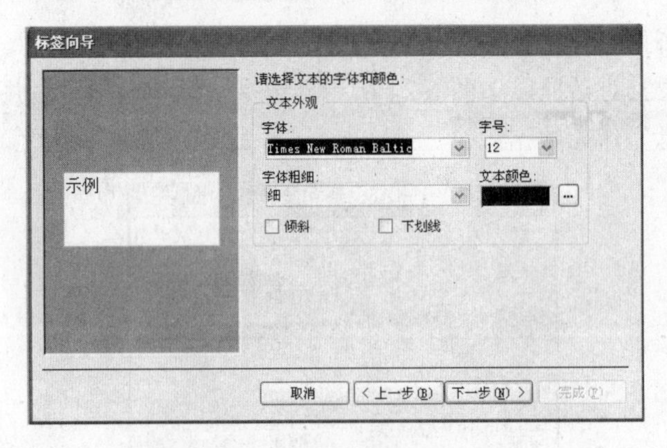

图 6-26 【标签向导】界面(二)

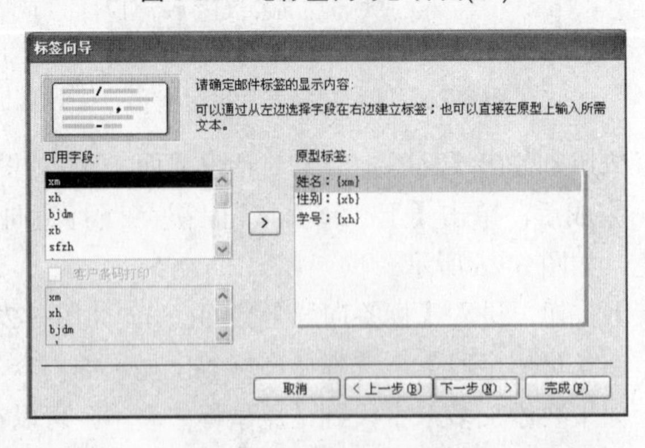

图 6-27 【标签向导】界面(三)

(4) 单击【下一步】按钮，进入【标签向导】界面(四)。将“xh”字段添加到【排序依据】列表框中，如图 6-28 所示。

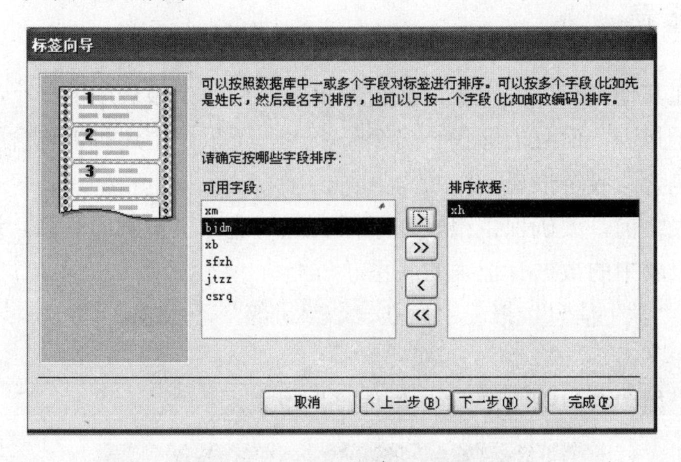

图 6-28　【标签向导】界面(四)

(5) 单击【下一步】按钮，打开【标签向导】界面(五)，如图 6-29 所示。指定报表的名称为“学生信息”，单击【完成】按钮，系统自动生成一个标签报表，如图 6-30 所示。

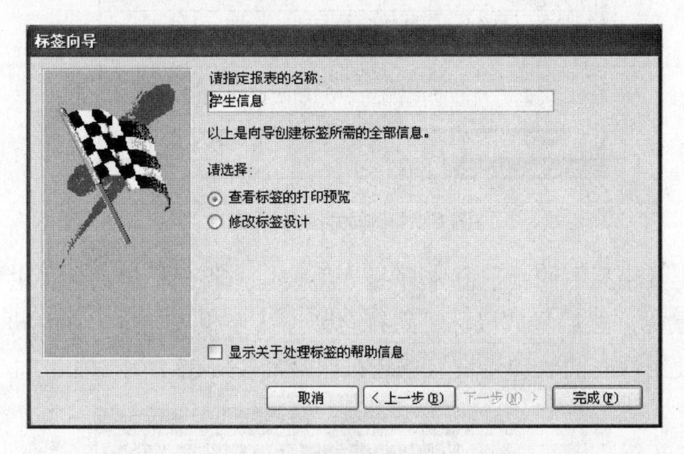

图 6-29　【标签向导】界面(五)

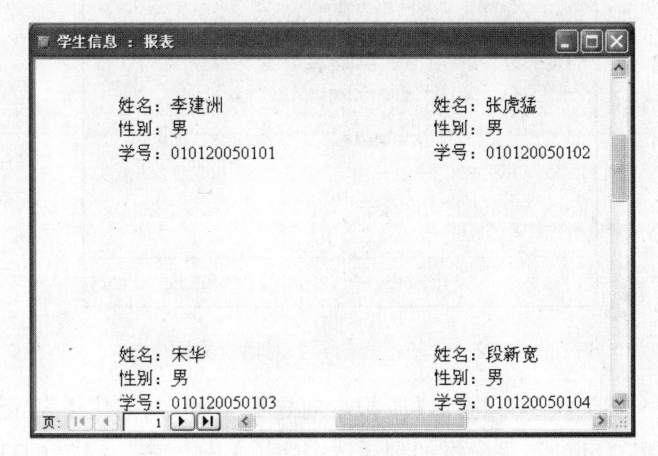

图 6-30　学生信息标签报表

6.2.5 创建子报表

子报表是插在其他报表中的报表。在合并报表时，两个报表中的一个必须是主报表。主报表可以包含子报表，而且能够包含多个子报表。子报表中还可以包含子报表，但一个主报表最多只能包含两级子报表。

在创建子报表之前，要确保主报表和子报表之间建立了正确的联系，这样才能保证主报表中数据和子报表中的数据有正确的联系。

【例 6.6】在“学生信息”报表中建立一个“班级”子报表。

方法与步骤如下。

(1) 建立一个如图 6-31 所示的“学生信息”报表。

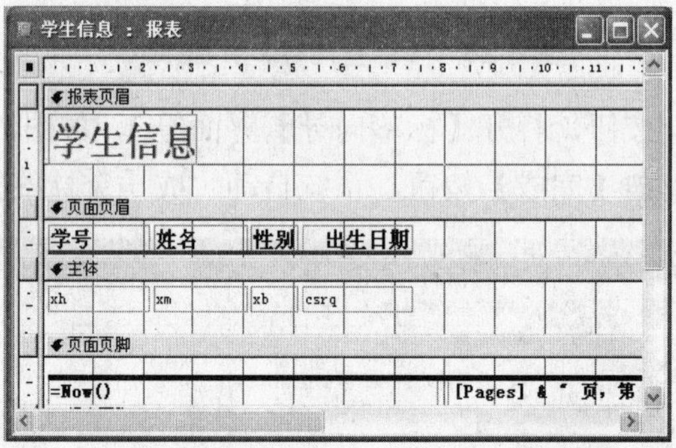

图 6-31 学生信息报表

(2) 单击“工具箱”中的“子窗体/子报表”按钮，将光标移动到“主体”区域，按住鼠标左键并拖动鼠标，然后释放鼠标，系统会弹出【子报表向导】对话框界面(一)。选择该对话框中的“使用现有的表和查询”单选按钮，如图 6-32 所示。

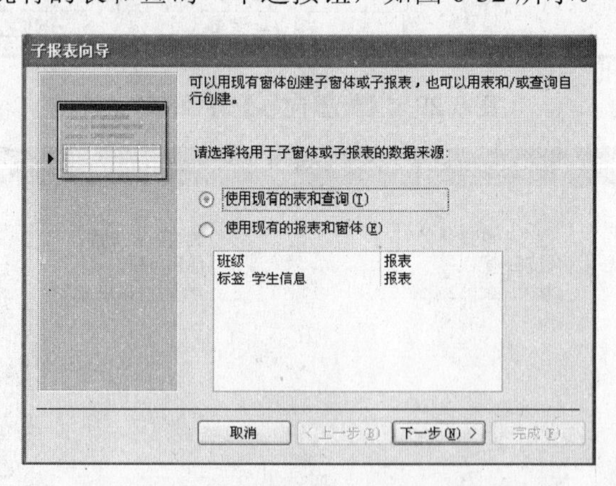

图 6-32 【子报表向导】对话框界面(一)

(3) 单击【下一步】按钮，进入【子报表向导】界面(二)，从【表/查询】下拉列表框中选择“班级”，将“bjmc”字段添加到【选定字段】列表中，如图 6-33 所示。

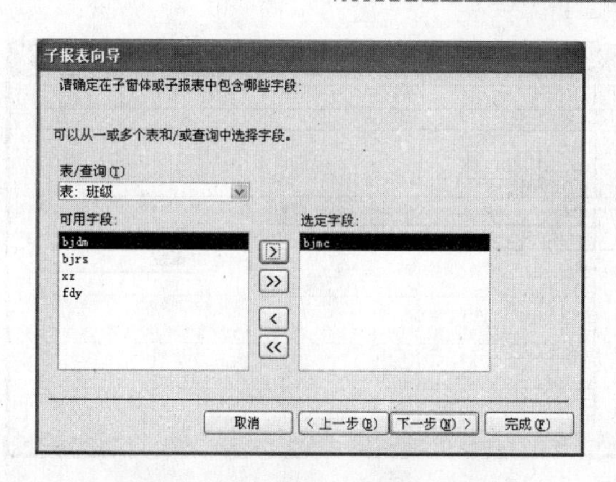

图 6-33　【子报表向导】界面(二)

(4) 单击【下一步】按钮，进入【子报表向导】界面(三)，选中“从列表中选择”单选按钮，如图 6-34 所示。

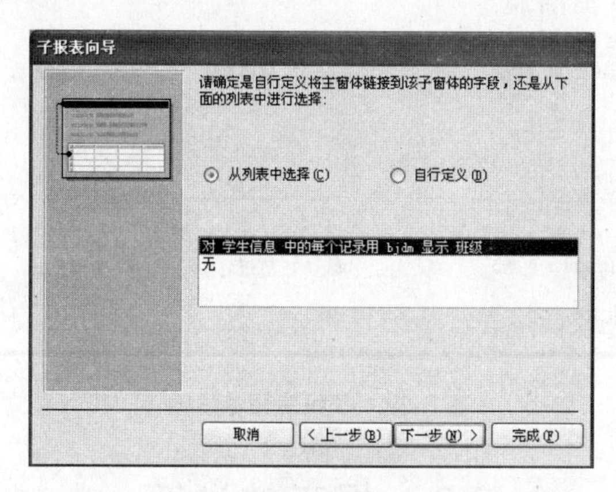

图 6-34　【子报表向导】界面(三)

(5) 单击【下一步】按钮，进入【子报表向导】界面(四)，将子报表命名为“班级 子报表”，如图 6-35 所示。单击【完成】按钮，打开报表的设计视图，系统在主报表【学生信息】中生成“班级”子报表，如图 6-36 所示。单击工具栏中的“预览视图”按钮，切换到报表的打印预览视图，如图 6-37 所示。

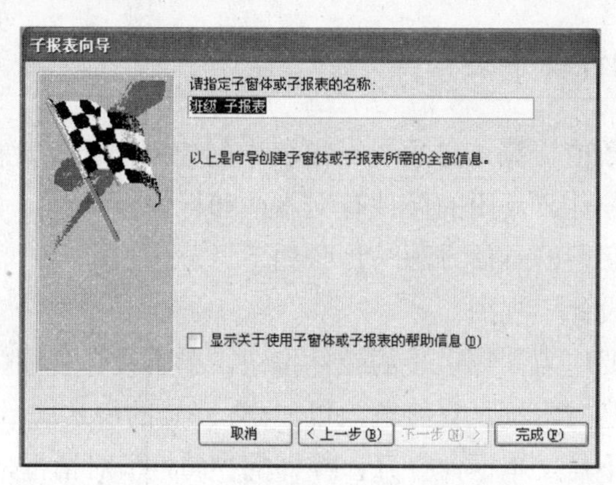

图 6-35　【子报表向导】界面(四)

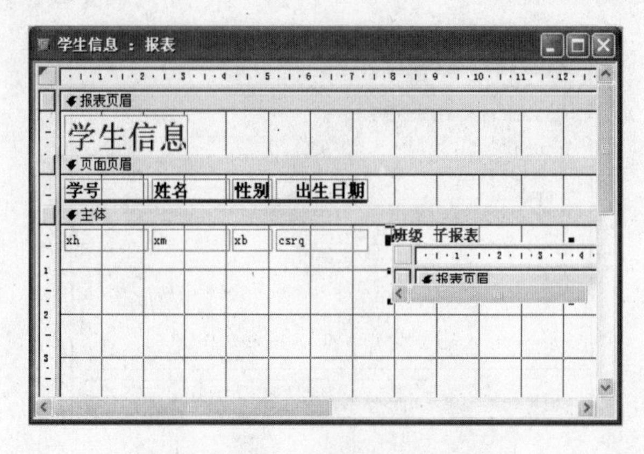

图 6-36　子报表设计视图

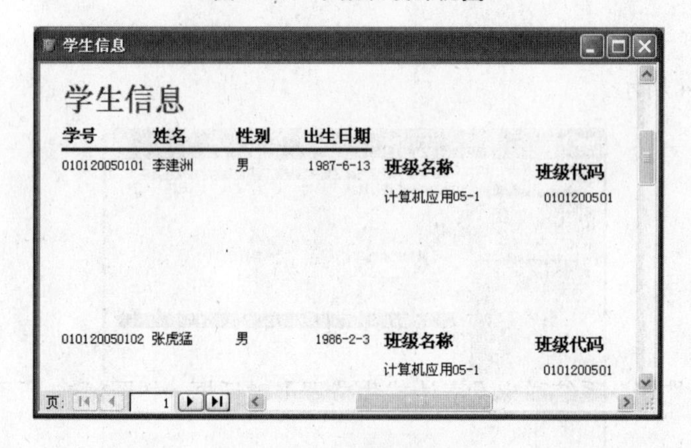

图 6-37　子报表预览视图

6.3　报表的计算

在实际应用中，报表不仅仅是显示和打印数据的工具，报表还可以对数据进行分析和计算，计算结果可以通过标签和文本框添加在报表对象中，以提供更多的数据信息。例如，可以在报表中计算记录的总计和平均数以及记录数据占总数的百分比等。

6.3.1　在报表中添加计算字段

要想在报表中进行数值计算，必须先在报表中创建用于计算数据并显示计算结果的控件，该类控件称为计算控件。常用的控件有文本框和标签。

在报表中添加计算字段的具体方法与步骤如下。

(1)　打开报表的“设计”视图。

(2)　单击工具箱中要作为计算字段的控件按钮，单击设计视图中要放置控件的位置。

(3)　如果计算控件是文本框，直接输入以“=”开始的表达式。

(4)　如果计算控件不是文本框，打开该控件的“属性”对话框，单击【数据】选项卡，在【控件来源】文本框中输入表达式。如图 6-38 所示。

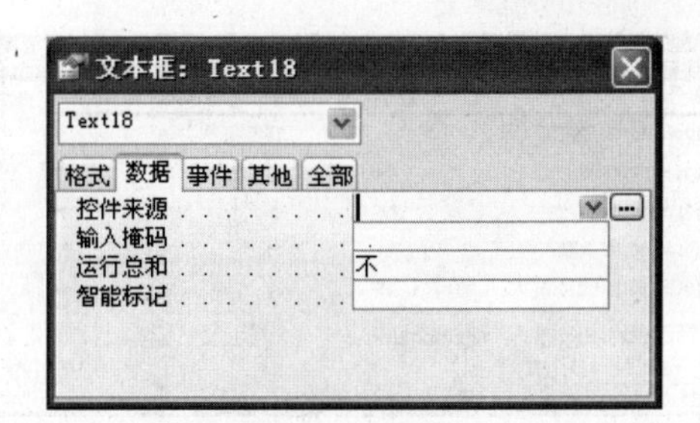

图 6-38　文本框属性对话框

(5) 修改新控件的标签名称，然后单击“保存”按钮，将报表保存。

6.3.2　计算报表中记录的平均值

【例 6.7】根据“学生成绩”表创建一个“成绩单”报表，并在报表中计算数学成绩的平均值。

方法与步骤如下。

(1) 建立“学生成绩”表，以“学生成绩”表为数据源创建“成绩单”报表。在报表页脚中添加一个“文本框”控件，也可以将“文本框”控件添加到报表页眉中。

(2) 打开文本框的“属性”对话框，选择“数据”选项卡，然后单击“控件来源”文本框右边的…命令按钮，系统弹出【表达式生成器】对话框，如图 6-39 所示。从左下角的树视图中选择“内置函数”，在中间的列表框中选择“SQL 聚合函数”，然后选中右边文本框中的 Avg 函数，最后单击【粘贴】按钮，将函数粘贴到表达式生成器中。

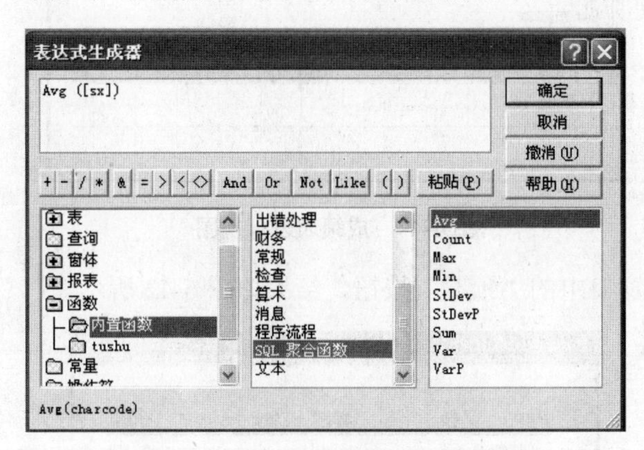

图 6-39　【表达式生成器】对话框

(3) 输入 Avg()函数的自变量参数，这里输入[sx]，然后单击【确定】按钮，返回到报表“设计”视图中。

(4) 在报表“设计”视图中，修改新文本框控件的标签名称为“数学平均成绩”，单击“保存”按钮，其结果如图 6-40 所示。

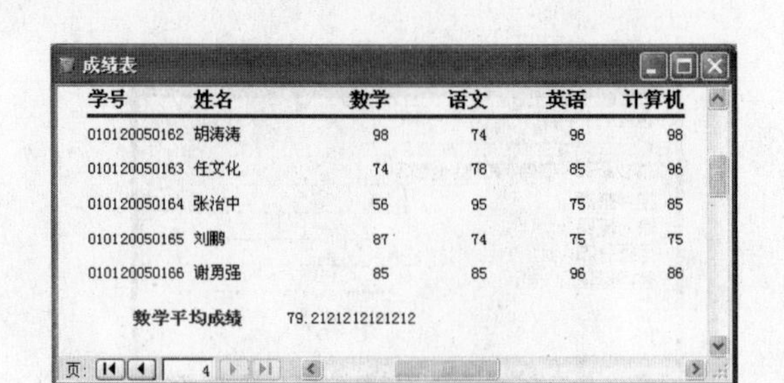

图 6-40　成绩表预览视图

6.3.3　计算报表中记录的个数

【例 6.8】在例 6.7 建立的“成绩单”报表中计算记录的总个数。

方法与步骤如下。

(1) 打开“成绩”报表的“设计”视图。

(2) 在报表页脚中添加“文本框”控件，文本框中直接输入函数“=count([xh])”，其中[xh]为函数的自变量。因为字段“学号”是主索引，所以有多少个学号，就代表有多少个记录。修改文本框的标签名称为“记录总数：”，如图 6-41 所示。

图 6-41　成绩表设计视图

(3) 单击数据库窗口中的“预览”按钮，结果如图 6-42 所示。

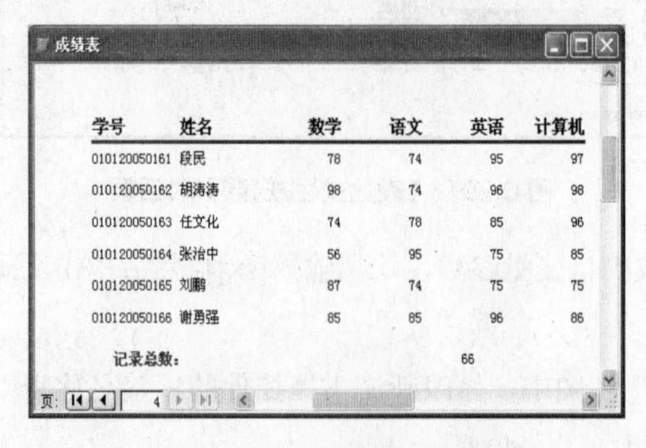

图 6-42　成绩表预览视图

6.3.4　在报表中计算百分比

在报表中计算百分比，也就是计算满足条件的记录数占总记录数的百分比。

【例 6.9】在例 6.7 建立的“成绩单”报表中计算“数学”成绩不及格人数占总人数的百分比。

方法与步骤如下。

(1) 打开“成绩”报表的“设计”视图。

(2) 将在文本框中的函数表达式改为：

=DCount(“xh”，“成绩表”，“[sx] <60”)/Count([xh])*100

修改本框的标签名称为“数学成绩不及格人数占总人数的百分比：”，如图 6-43 所示。

提示：使用 DCount(expr, domain, [criteria])函数可以确定特定记录集中的记录数。expr 表达式代表要统计其记录数的字段；domain 字符串表达式代表组成域的记录集，可以是表名称或不需要参数的查询名称；criteria 字符串表达式用于限制 DCount 函数执行的数据范围。

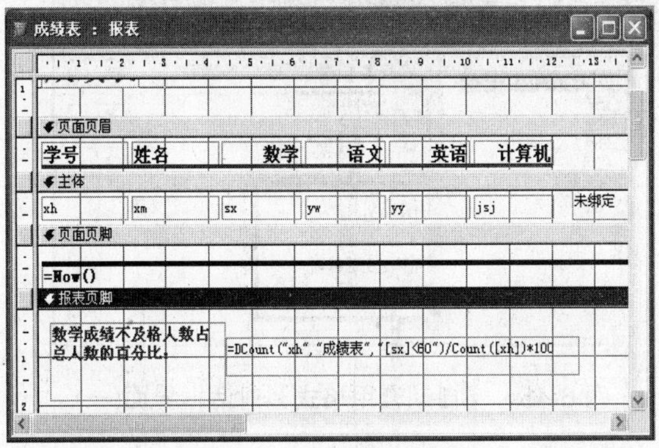

图 6-43　成绩表设计视图

(3) 单击数据库窗口中【预览】按钮，结果如图 6-44 所示。

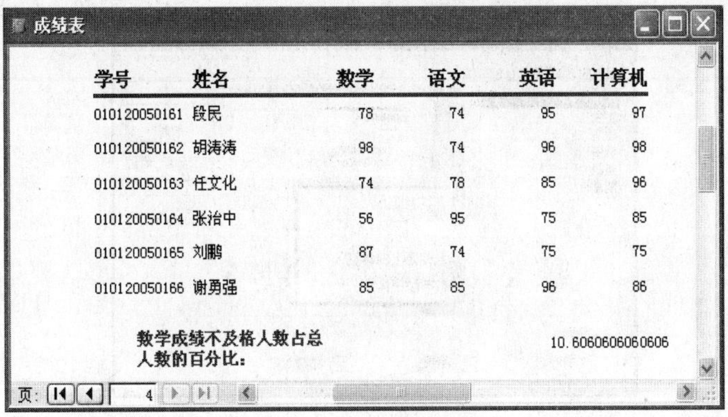

图 6-44　成绩表预览视图

6.4 报表的打印

在报表打印之前，还可以对报表使用“自动套用格式”，以及对报表的页面格式进行设置等工作。页面设置完成后，并在打印预览视图中，没有发现报表有什么问题，就可以进行报表打印了。

6.4.1 设计报表格式

报表设计好之后，可以使用系统预定义的格式进行格式设置，方法如下。

(1) 打开某个报表的设计视图。如果要设置整个报表的格式，可以单击相应的报表选定按钮；如果要设置某个节的格式，可以单击相应的节选定按钮；如果需要设置控件的格式，可以选定相应的控件。

(2) 单击工具栏中的【自动套用格式】按钮，打开【自动套用格式】对话框界面(一)，如图 6-45 所示。在【报表自动套用格式】列表中选择所需要的风格选项。

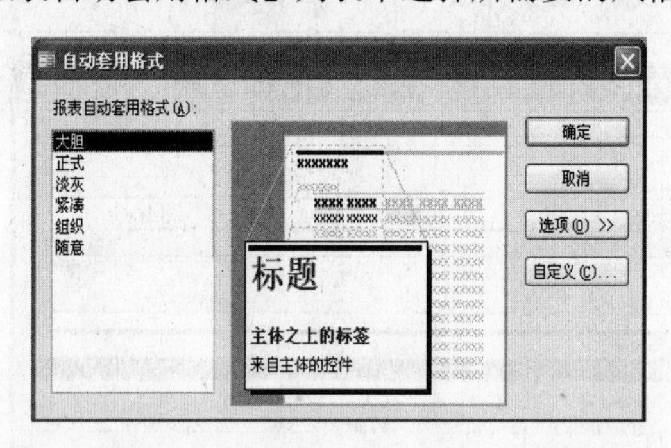

图 6-45 【自动套用格式】对话框界面(一)

(3) 如果需要指定字体、颜色和边框等属性，则单击【选项】按钮，对话框底部将显示【应用属性】选项组，如图 6-46 所示。

(4) 设置完毕后，单击【确定】按钮即可。

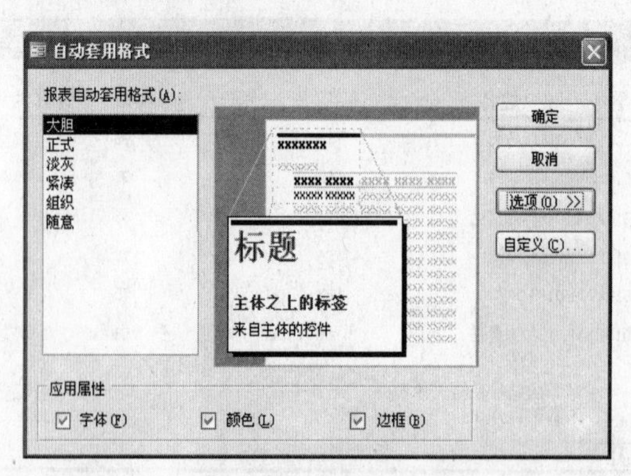

图 6-46 【自动套用格式】对话框界面(二)

6.4.2　报表分页

在报表中可以在某一节中使用分页控制符来标志要另起一页的位置，方法如下。

打开报表的设计视图，单击“工具箱”中的“分页符”控件按钮，将光标移动到需要插入“分页符”位置，按下鼠标左键并拖动鼠标，创建一个“分页符”控件，分页符将以短虚线为标记放在报表的左边界上，“分页符”下方的内容将会另起一页。如果要将报表中的每条记录或者记录组都另起一行进行显示，可以通过设置组表头、组注脚或主体的“强制分页”属性来实现。

6.4.3　设置页面

打印的页面设置会影响报表的格式，在打印报表之前要进行页面设置。页面设置的步骤如下。

(1) 打开要打印的报表，从菜单栏中选择“文件”→“页面设置”命令，系统弹出【页面设置】对话框，如图 6-47 所示。在【边距】选项卡中进行页的边距设置，在选项卡的右边会显示当前设置的示例图。

(2) 选择【页】选项卡，在【页】选项卡中进行打印方向、纸张大小和打印机的设置等，如图 6-48 所示。

图 6-47　【页面设置】对话框(【边距】选项卡)

图 6-48　【页面设置】对话框(【页】选项卡)

(3) 选择【列】选项卡，如图 6-49 所示。在【列】选项卡中，设置报表的列数、列宽和列高，以及行间距。如果列数大于 1，还需要进行列布局设置。设置完毕后，单击【确定】按钮。

6.4.4　预览报表

打印报表之前，应该先进行预览。预览报表有两种：版面预览和打印预览。

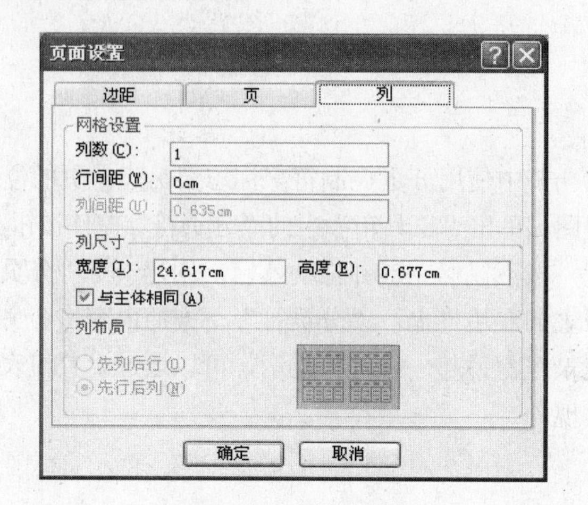

图 6-59 【页面设置】对话框(【列】选项卡)

1. 版面预览

在该视图下可以快速查看报表的页面布局。在报表的“设计视图”中单击工具栏中“视图”旁边的箭头，从视图列表中选择“版面视图”选项，即可进入报表的“版面预览”视图。

2. 打印预览

在该视图下可以查看报表的实际打印效果。在报表“设计视图”中打开报表，从菜单栏中选择“文件”→“打印预览”命令，或者在数据库窗口选择“报表”选项，然后直接双击要打印预览的报表，预览报表打印时的实际效果。

6.4.5 打印报表

页面设置完成后，通过打印预览检查，如果没有发现报表有什么问题，就可以将报表内容打印出来，方法有以下两种。

(1) 单击工具栏中的“打印”按钮，可立即打印当前报表内容。

(2) 从菜单栏中选择“文件”→“打印”命令，打开“打印”对话框，完成相应设置后，单击“确定”按钮，可打印指定范围内的报表内容。

6.5 练 习 题

一、选择题

1. 在 Access 2003 数据库中，报表的数据源可以是(　　)。

　A. 表　　B. 报表　　C. 查询　　D. 表或查询

2. 用来记录报表的一些主题性信息，即该报表的标题的是(　　)。

　A. 报表页眉　　B. 页面页眉　　C. 主体　　D. 报表页脚

3. 利用“自动报表”可以创建下列(　　)报表。

A. 图表报表　　B. 表格报表　　C. 标签报表　　D. 数据表

4. 下列不是报表的组成部分的为(　　)。

A. 报表页眉　　B. 报表页脚　　C. 主体　　D. 报表设计器

二、填空题

1. 在 Access 2003 数据库中，报表主要分为__________、__________、图表报表和__________。

2. 在 Access 2003 数据库中，使用自动生成报表只能创建__________和__________报表。

3. 报表通常由报表页眉、报表页脚、页面页眉、页面页脚和__________组成。

4. 主报表可以包含子报表，在子报表中还可以包含子报表，但一个主报表最多只能包含__________级子报表。

5. 在报表类型中用于印制名片、信封、介绍信等格式的报表是__________。

三、简答题

1. 报表有什么作用？
2. 有哪些常见的报表类型？它们各有什么特点？
3. 报表有哪几种视图？
4. 有几种创建报表的方式？它们各有什么特点？
5. 如何进行报表的页面设置？
6. 报表的预览窗口有哪几种？如何打开？

四、实训题

在第2章建立的“图书管理”数据库中进行以下操作。

(1) 利用报表向导创建“图书”报表，显示每本书的详细信息。

(2) 以“班级”表为数据源，使用标签向导创建班级名称标签。

第 7 章　创建数据访问页

【本章要点】

本章着重介绍数据访问页的概念、功能、创建方法。通过学习，可以从概念上掌握数据访问页的功能特点，并掌握创建数据访问页的方法；能够创建交互式的数据访问页，并能够编辑数据访问页，如设置标题和文字格式、计算字段和插入超链接等，还可以掌握美化数据访问页的方法，如添加滚动文字、设置背景和应用主题等。

7.1　数据访问页简介

数据访问页首先出现在 Access 2000 中，是 Access 的数据库对象之一。数据访问页是一种特殊类型的网页，用于查看和处理来自 Internet 或 Intranet 的数据，它允许用户在 IE 上查看和使用在 Access 数据库(.mdb)、SQL Server 数据库或 MSDE 数据库中存储的数据。数据访问页使用 HTML 代码、HTML 内部控件和一组叫做 Microsoft Office Web Components 的 ActiveX 控件来显示网页上的数据。与其他 Access 数据库对象如表单和报表不同，数据访问页不保存在文件系统中或 Web 服务器上的 Access 数据库(.mdb)或 Access 工程文件(.adp)内，而是保存在一个外部的独立文件(.htm)中。

本章数据访问页的数据来源为图书管理数据库“tushu.mdb”，设计的数据访问页如图 7-1 所示，显示图书馆中的图书信息。

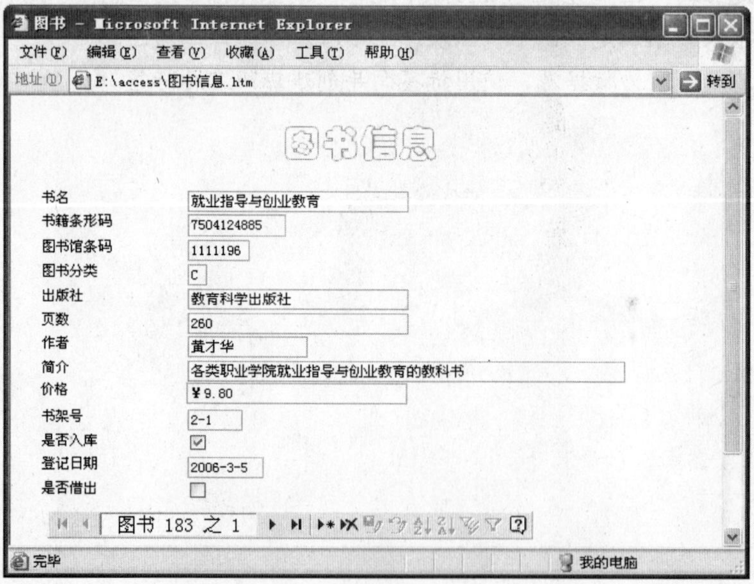

图 7-1　图书信息数据访问页

7.2　创建数据访问页

与创建其他 Access 数据库对象一样，当建立一个新的数据访问页时，首先要在 Access “数据库”窗口中，单击“对象”下的“页”，接着可以选择以下方式来建立新的数据访问页(见图 7-2)：

- 通过自动创建数据页功能来创建数据访问页。
- 使用数据页向导创建数据访问页。
- 在设计视图中创建数据访问页。
- 使用现有的网页创建数据访问页。

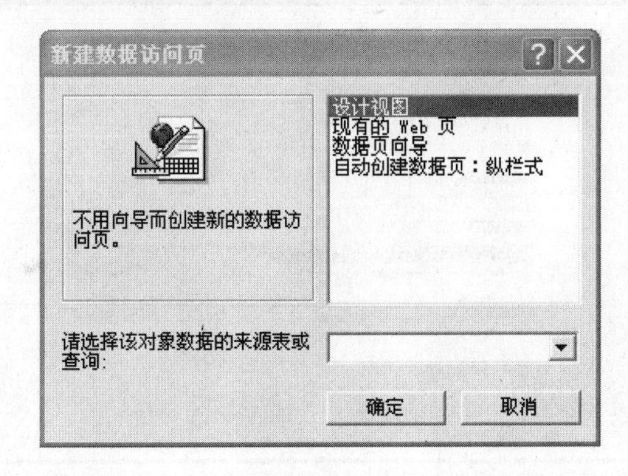

图 7-2　创建新的数据访问页的方法

7.2.1　自动创建数据页

利用自动创建数据页功能，可以根据数据表或查询的内容自动产生具有相应数据内容的数据访问页。

【例 7.1】在图书数据库中，利用自动创建数据页创建一个基于图书表的数据访问页。

操作步骤如下。

(1) 打开图书数据库 tushu.mdb，在数据库窗口单击“对象”下面的“页”。

(2) 单击工具栏中的【新建】按钮，如图 7-3 所示，打开如图 7-4 所示的【新建数据访问页】对话框，在右边的列表中选择第四个“自动创建数据页：纵栏式”，在下面的【请选择该对象数据的来源表或查询】下拉列表框中选择“图书”表，

(3) 单击【确定】按钮，在页面视图中打开该页，显示如图 7-5 所示的图书数据访问页视图效果。在该数据访问页中，最下面的是导航条，在导航条中显示了图书的记录数，同时可以单击按钮添加一条记录，也可以单击后面的按钮删除一条记录，在删除记录的时候会弹出一个对话框，提示是否确认删除操作，从而确保不会误删。在添加记录的时候需要单击按钮保存添加的记录。另外，可以通过单击数据库工具栏中的按钮转到设计视图来重新修改和设计数据访问页。

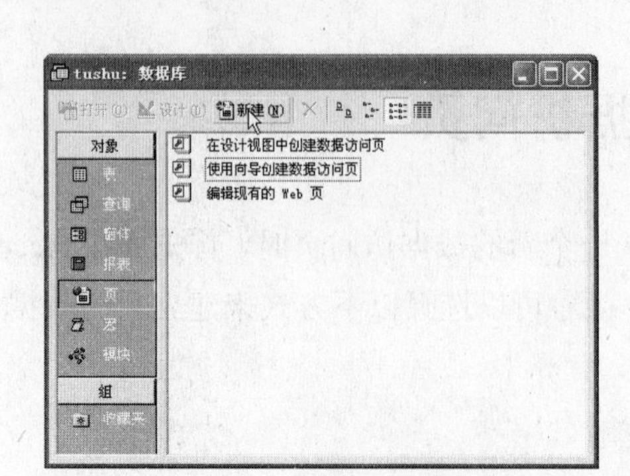

图 7-3　新建数据访问页

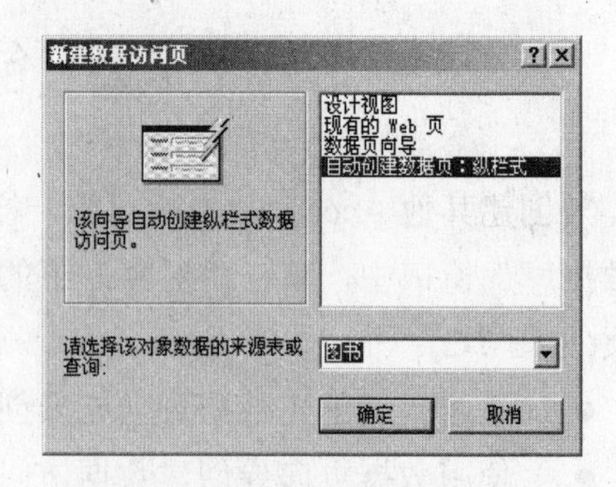

图 7-4　选择“自动创建数据页”

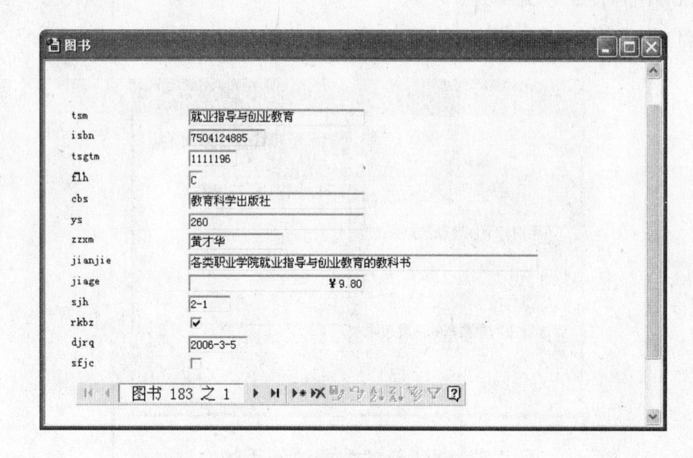

图 7-5　数据访问页视图

(4) 从菜单栏中选择“文件”→“保存”命令，或单击工具栏上的“保存”按钮，将会弹出一个“另存为数据访问页”对话框，在文件名中填入“图书信息.htm”，单击“保存”按钮，即可保存当前的图书信息数据访问页。

(5) 在图书数据库的【页】界面中生成了“图书信息”数据页的图标，如图 7-6 所示，在图标上右击，在弹出的快捷菜单中选择“Web 页预览”命令，即可在浏览器中查看如图 7-1 所示的显示图书信息的效果。

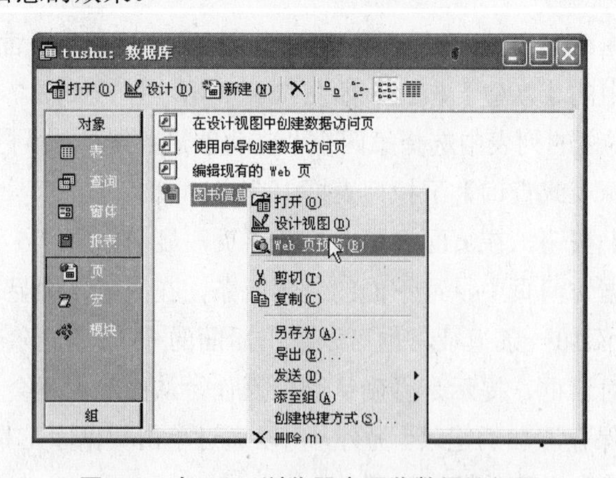

图 7-6　在 Web 浏览器中预览数据访问页

7.2.2 使用向导创建数据访问页

通过自动创建数据页功能，可以方便迅速地创建数据访问页，但它只能针对一个数据表，只能就一个数据表或查询来产生数据页，而且数据表或查询中的字段会全部置于数据页中，没有选择的控件。若使用向导创建数据访问页，则可以选择多个数据表和选择想要呈现的字段内容。

【例 7.2】在图书数据库中，利用向导创建数据页创建一个基于“图书”表和“分类”表的数据访问页。

操作步骤如下。

(1) 打开图书数据库 tushu.mdb，在数据库窗口单击“对象”下面的“页”。

(2) 单击工具栏中的“新建”按钮，打开如图 7-2 所示的数据访问页向导创建界面，在右边的列表中选择第三项“数据页向导”，在下面的“请选择该对象数据的来源表或查询”下拉列表框中选择“图书”表，单击“确定”按钮。

(3) 弹出如图 7-7 所示的对话框，在对话框左侧选择要操作的表，这里选择“图书”表，单击>>按钮把所有字段都添加到右侧的【选定的字段】栏中，接着再选择分类表，单击>>按钮把分类表中的所有字段添加到右侧的【选定的字段】栏中，单击【下一步】按钮。

(4) 进入如图 7-8 所示的界面，在左侧列表中双击“分类.flh”，将会按照该字段进行分组显示，单击【下一步】按钮。

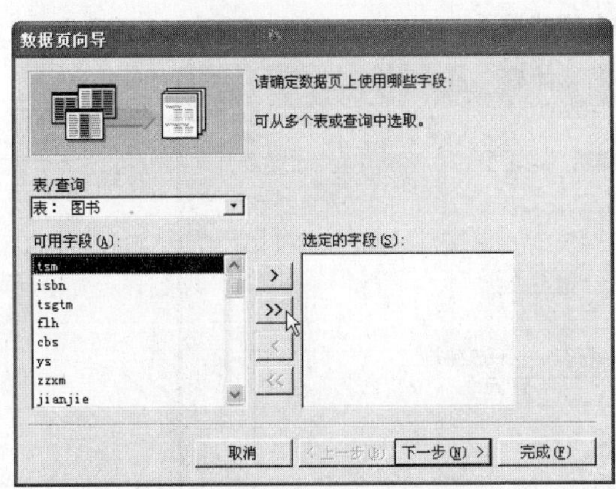

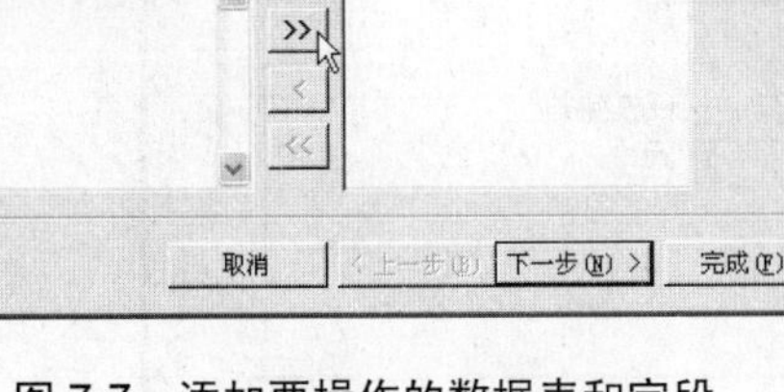

图 7-7 添加要操作的数据表和字段

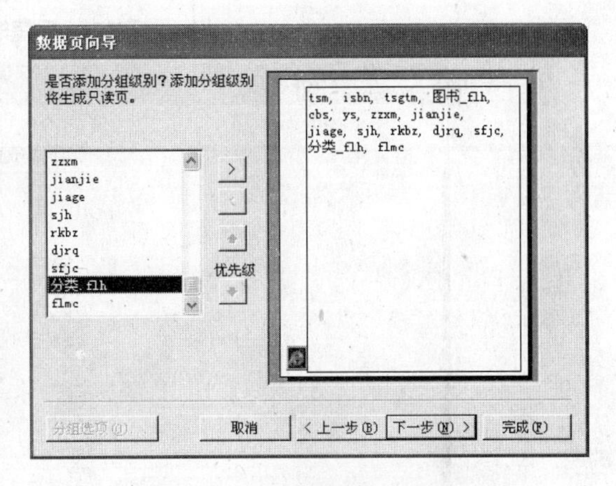

图 7-8 为数据页添加分组

(5) 进入如图 7-9 所示的界面，这里可以对数据的显示次序进行排序，最多可以按四个字段对记录排序，既可以升序也可以降序，这里在一个下拉列表框中选择“tsm”字段，单击后面的按钮可以更改排序的次序，选择升序。单击【下一步】按钮。

(6) 进入的如图 7-10 所示的界面是利用向导创建数据页的最后一个界面，可以在第一个文本框中指定要生成的数据访问页的标题，输入“图书信息(向导)”，接着选中“打开数据页”，单击【完成】按钮。

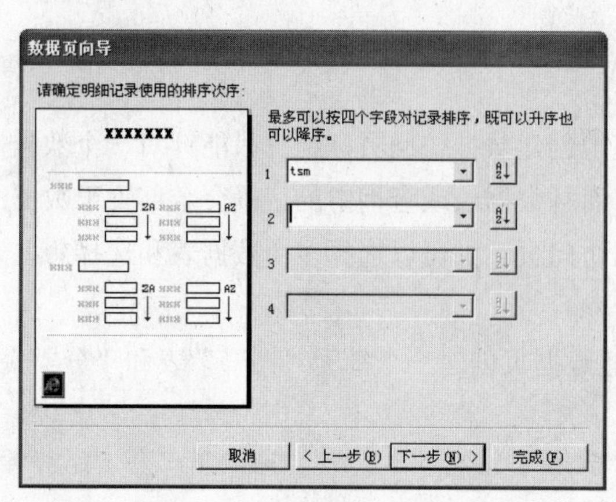

图 7-9　设定数据显示的排序次序

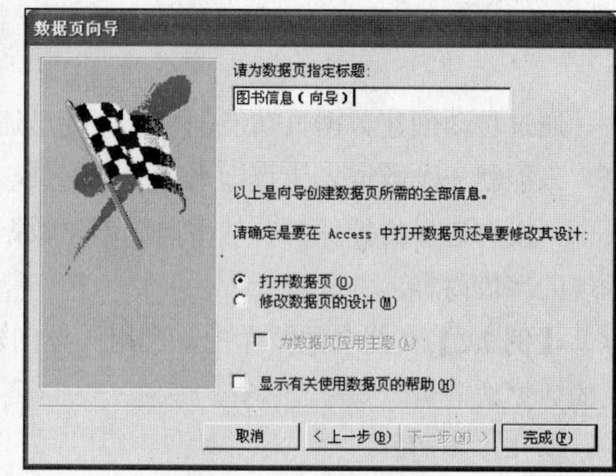

图 7-10　指定数据页的标题

(7) 弹出如图 7-11 所示的数据页，所有的数据按图书分类进行分组显示，有 4 组，所有数据都是折叠的，单击按钮可以展开显示当前组的数据，如图 7-12 所示。分组后的数据访问页是只读的，所以不能添加、修改和删除记录，但显示数据的功能还是很强大、也是很方便的。

图 7-11　折叠的分组数据页

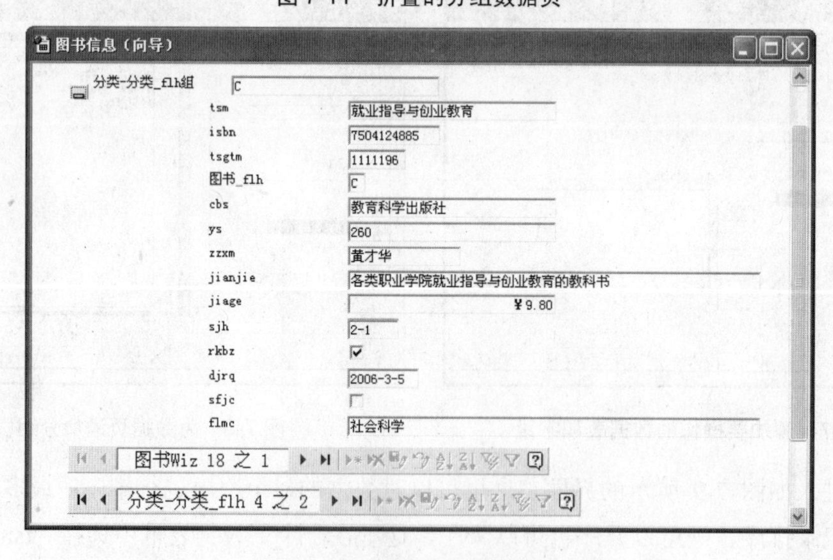

图 7-12　展开的分组数据页

(8) 从菜单栏中选择“文件”→“保存”命令，或单击工具栏上的“保存”按钮，将会弹出一个“另存为数据访问页”对话框，在文件名中填入“图书信息(向导).htm”，单击“保存”按钮。

7.2.3 在设计视图中创建数据访问页

使用向导创建数据访问页的功能虽然比自动创建数据页要强大，但有时也不能满足要求，这时可以在数据访问页的设计视图中修改使用向导创建的数据访问页，或者直接在设计视图中创建数据访问页。

【**例 7.3**】在图书数据库中，用“设计视图”创建一个基于图书表的数据访问页。

操作步骤如下。

(1) 打开图书数据库 tushu.mdb，在数据库窗口中单击“对象”下面的“页”。

(2) 单击工具栏中的“新建”按钮，弹出“新建数据访问页”对话框，在右边的列表中选择第一个“设计视图”，在“请选择该对象数据的来源表或查询”下拉列表框中选择“图书”表，单击“确定”按钮；或者直接在图书数据库的页对象界面中选择“在设计视图中创建数据访问页”，弹出一个空白的页视图，如图 7-13 所示。其中右边的字段列表窗口显示的是数据库中的表和字段，可以把表或者字段拖入到左边的空白页面，亦显示相应的表和字段值。

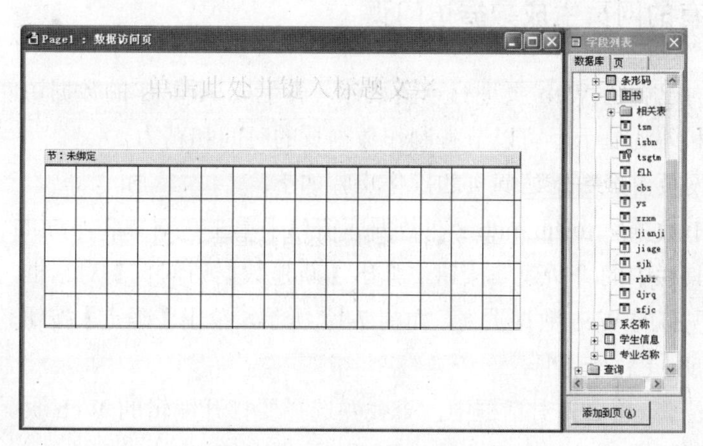

图 7-13 空白的数据访问页

(3) 在“字段列表”中选中图书表，拖入到左边的视图，弹出如图 7-14 所示的【版式向导】对话框，选择“数据透视表列表”，单击【确定】按钮，将会显示所有图书数据，得到如图 7-15 所示的效果。

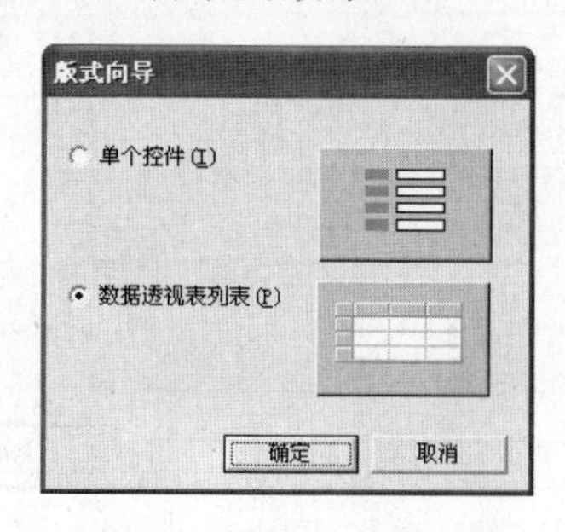

图 7-14 版式向导对话框

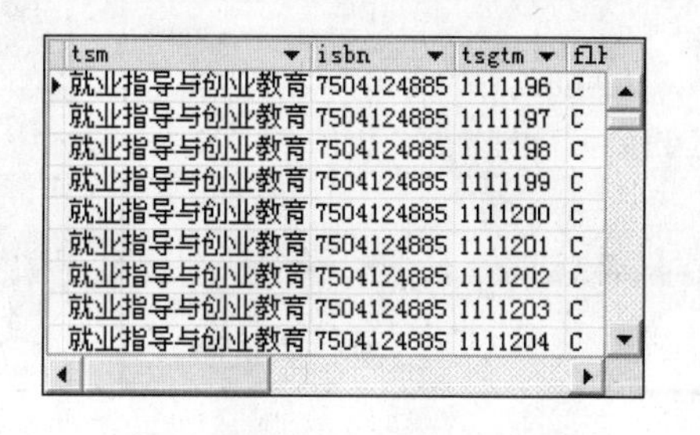

tsm	isbn	tsgtm	flh
就业指导与创业教育	7504124885	1111196	C
就业指导与创业教育	7504124885	1111197	C
就业指导与创业教育	7504124885	1111198	C
就业指导与创业教育	7504124885	1111199	C
就业指导与创业教育	7504124885	1111200	C
就业指导与创业教育	7504124885	1111201	C
就业指导与创业教育	7504124885	1111202	C
就业指导与创业教育	7504124885	1111203	C
就业指导与创业教育	7504124885	1111204	C

图 7-15 显示所有的图书

(4) 拖入图书名、出版社、图书作者、简介和是否借出四个字段，转到页视图，可以得到如图 7-16 所示的效果。

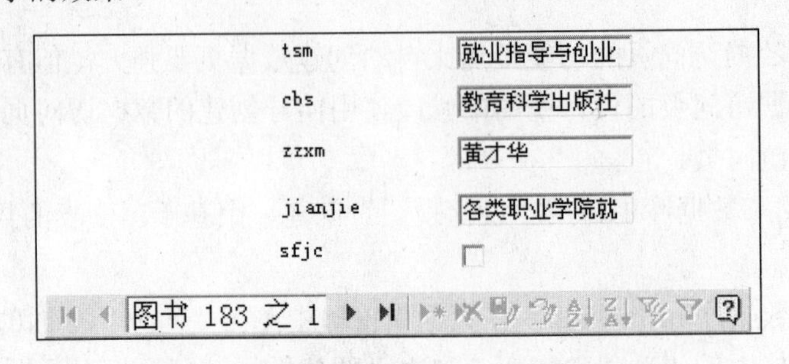

图 7-16　显示图书表某几个字段的数据页

(5) 从菜单栏中选择“文件”→“保存”命令，或单击工具栏上的“保存”按钮，将会弹出一个“另存为数据访问页”对话框，在文件名中填入“图书信息(视图).htm”，单击“保存”按钮。

7.2.4　利用已有的网页生成数据访问页

这种方法是对已有的 Web 页进行重新设计，并生成 Access 的数据访问页，利用已有网页的页面布局和外观显示，可以节省制作数据页的时间和精力。

利用已有的网页生成数据访问页的操作步骤如下。

(1) 打开图书数据库 tushu.mdb，在数据库窗口中单击“对象”下面的“页”。

(2) 单击工具栏中的“新建”按钮，弹出【新建数据访问页】对话框，在右边的列表中选择第二项“现有的 Web 数据页”，如图 7-17 所示，单击【确定】按钮。弹出如图 7-18 所示的【定位 Web 页】对话框。

(3) 在【定位 Web 页】对话框中，查找并选择要打开编辑的 Web 页。单击【打开】按钮，将在设计视图中显示所选择的页，只要在该页上编辑即可。

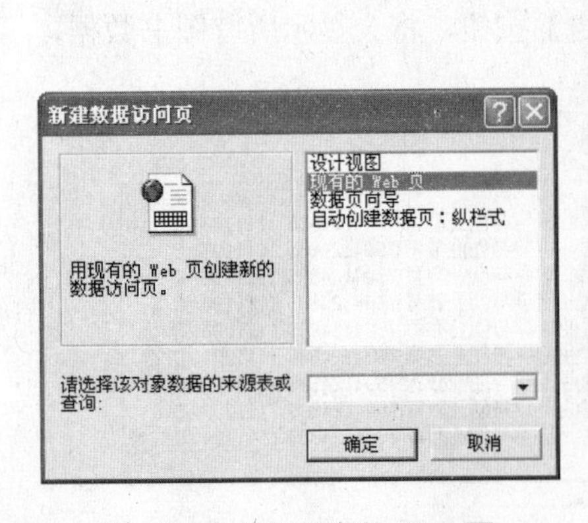

图 7-17　使用现有的 Web 页

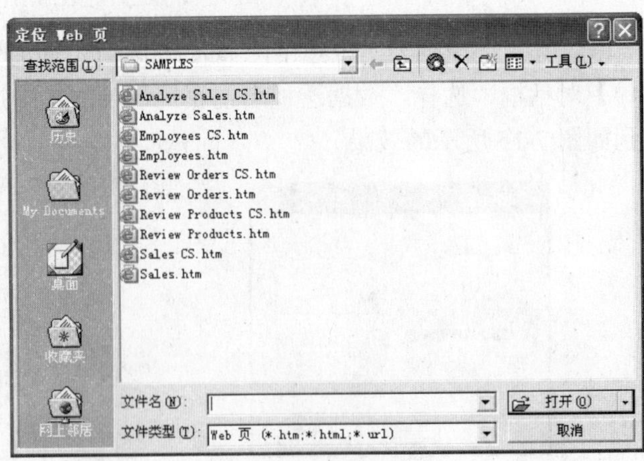

图 7-18　定位 Web 页

7.3　编辑数据访问页

7.3.1　设置标题与文字格式

【例 7.4】 修改如图 7-5 所示的图书信息数据访问页，显示标题为“图书信息”，更改显示的字段名为中文，并设定文字的字体、颜色等格式。

操作步骤如下。

(1)　打开图书数据库 tushu.mdb，在数据库窗口单击“对象”下面的“页”。

(2)　在图书信息数据页的图标上右击，在弹出的快捷菜单中选择【设计视图】命令，如图 7-19 所示。弹出如图 7-20 所示的图书信息数据页设计视图。

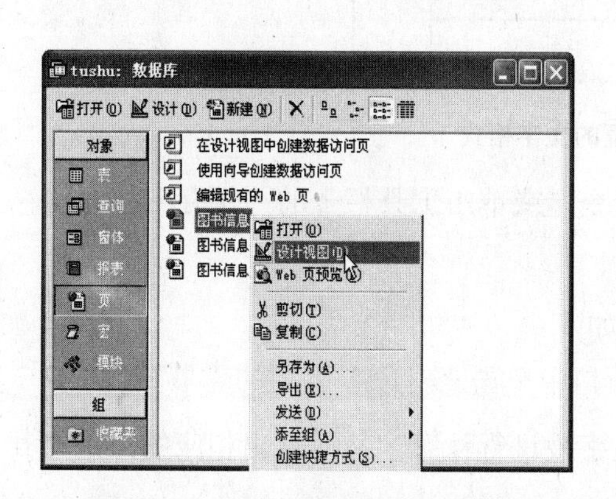

图 7-19　在设计视图中打开数据页

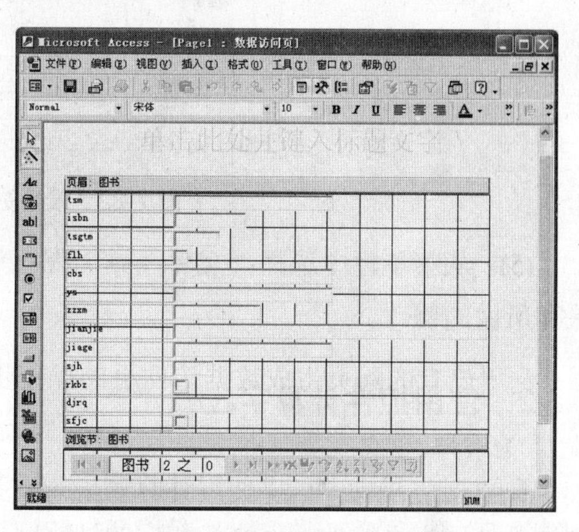

图 7-20　图书信息数据访问页

(3)　在设计视图上部单击“单击此处并键入标题文字”，输入“图书信息”。修改页中间的字段拼音名为相应字段的中文名，得到如图 7-21 所示的效果。

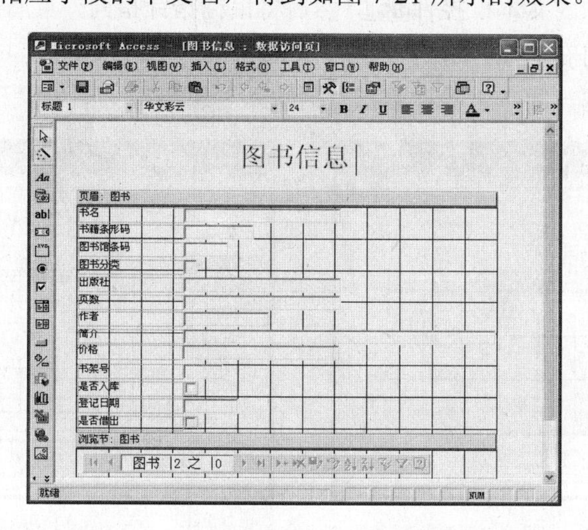

图 7-21　添加标题和修改文字后的数据页

(4) 选择“图书信息”标题文本，在上面的工具栏中选择相应的字体和大小，这里选择“华文彩云”，24 号字体，并单击“加粗”按钮，给文字加粗，接着单击按钮选择相应的颜色，其他的文字和控件的格式设定与此类似。具体操作及效果如图 7-22 所示。

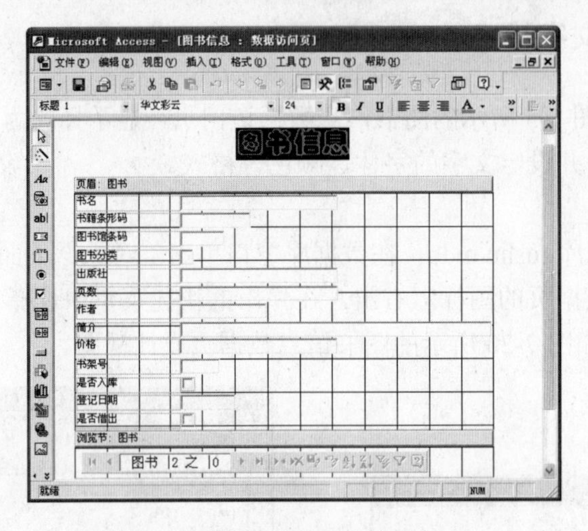

图 7-22 设定数据页的文字格式

(5) 从菜单栏中选择“文件”→“保存”命令，或单击工具栏上的“保存”按钮，保存所做的修改。

7.3.2 使用控件计算字段

在数据访问页中可以使用计算字段，对某些字段进行计算，从而得出相应的结果，其方法是使用文本控件，再执行相应的计算。

使用控件计算字段的步骤如下。

(1) 利用自动创建数据页的方法创建一个基于班级表的数据访问页，如图 7-23 所示。

(2) 单击工具栏中的文本框控件ab|，然后将鼠标指针指向“页眉：班级”节中适当的位置，并按住左键，向右下拖拉适当大小后释放。

(3) 单击与文本框一同产生的标签，然后输入“班级最大图书量”，如图 7-24 所示。

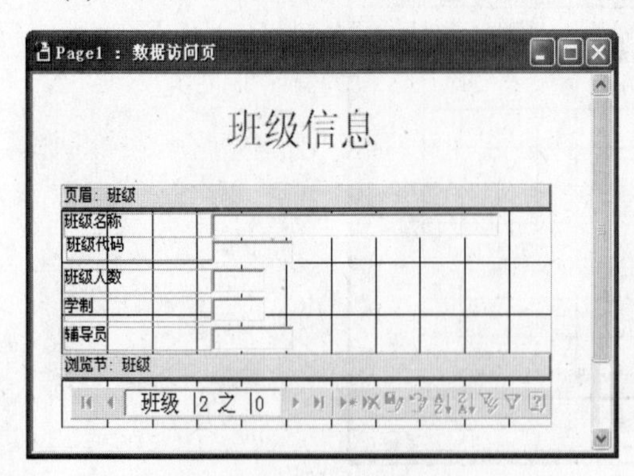

图 7-23 班级信息数据页

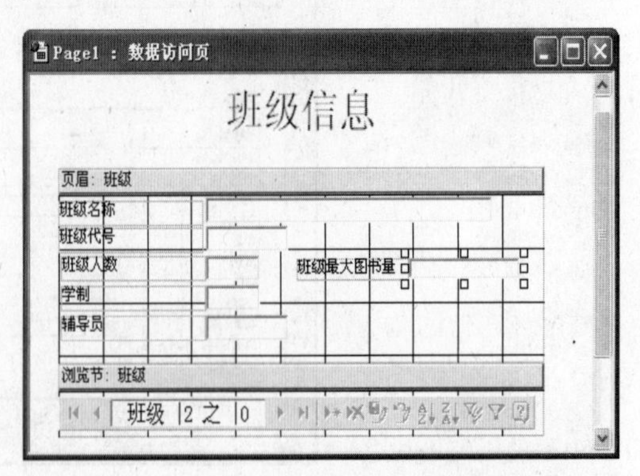

图 7-24 添加班级最大图书量文本框

(4) 双击所添加的文本框，弹出如图 7-25 所示的属性对话框。

(5) 转到数据选项卡，在 ControlSource 属性值中输入“=5*bjrs”，单击按钮关闭属性对话框，如图 7-26 所示。

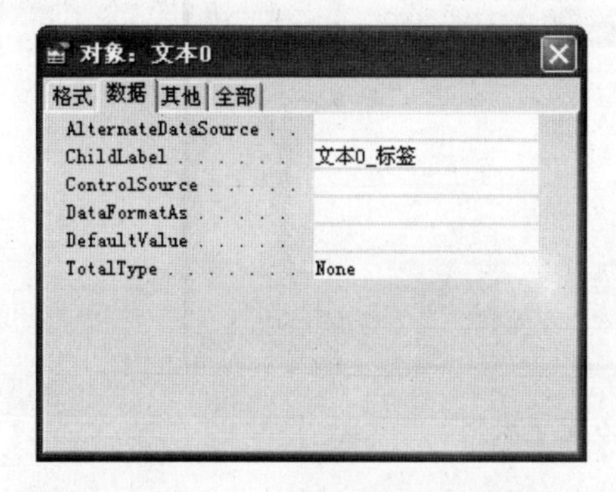

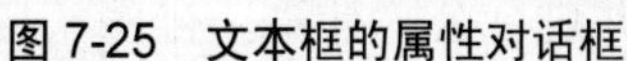
图 7-25　文本框的属性对话框

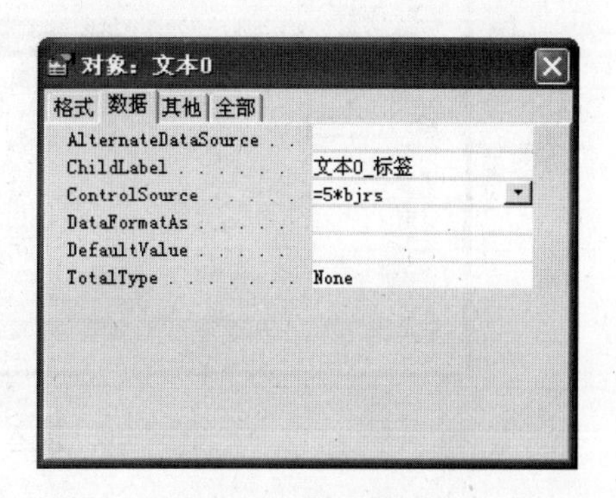

图 7-26　填入计算公式

(6) 转到页视图就可以看到计算的效果，如图 7-27 所示，其中加入的文本框显示的是当前班级的最大借书量，因为每位学生只能借阅 5 本书，所以该班级的最大借书量是班级人数的 5 倍，要保证该班的借书需求，先满足其借书量就可以了。

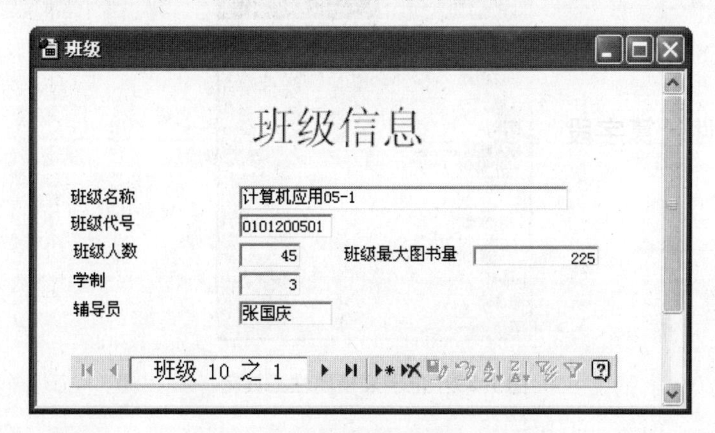

图 7-27　数据页的计算字段效果

7.3.3　添加电子表格控件

将电子表格应用在数据页上，既可以直接输入数据，也可以直接执行基于公式的计算，也就是说，可以创建计算字段，但需要对 Microsoft Excel 有所了解。

在 Access 中为数据访问页添加电子表格的步骤如下。

(1) 利用在设计视图中创建数据访问页的方法创建一个空的数据访问页。

(2) 从菜单栏中选择“插入”→“Office 电子表格”命令，插入一个电子表格，或者在左边的工具栏中单击 Office 电子表格控件，并在“节：未绑定”中向右下拖拉适当大小后释放。将会添加一个 Office 电子表格，如图 7-28 所示。

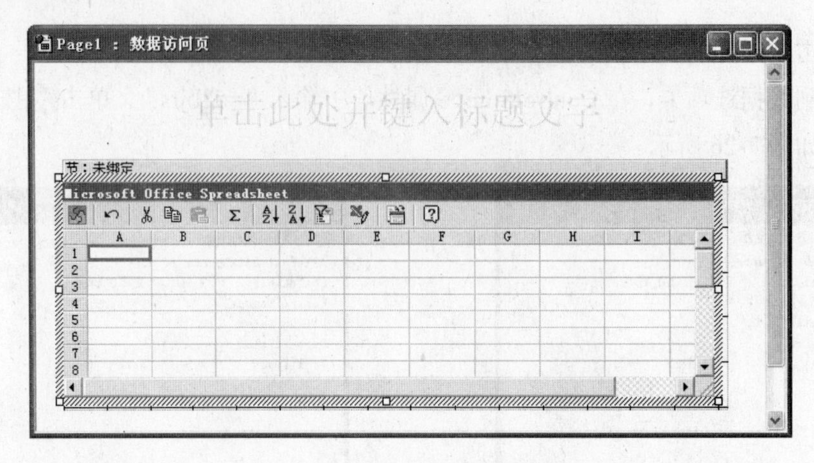

图 7-28　插入一个 Office 电子表格

(3)　在电子表格中可以为每一个单元格输入数据，并进行公式计算、排序、自动筛选等操作，这些功能都跟 Excel 一样。

(4)　单击电子表格工具栏的倒数第二个图标，可以打开电子表格属性工具箱，如图 7-29 所示，可以利用该工具箱导入数据、设置格式、执行查找等操作。

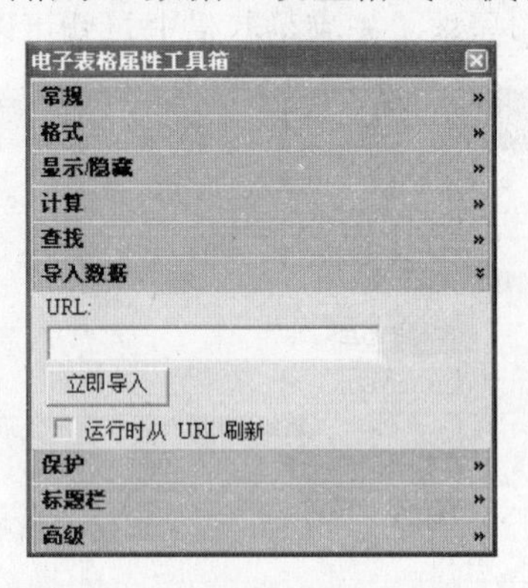

图 7-29　电子表格属性工具箱

7.3.4　使用超级链接

超链接是万维网和网页最重要的特色之一。所谓链接，就是替一段文字或图形设定一个网络地址或文件名称，当用户以鼠标选择这段文字或图形时，就会自动连接所设定的网络地址或打开指定的文件。

数据访问页也是一种网页，最终的目的就是放到网络上，可以随时在网络上编辑数据库内容，所以在页中插入超链接是很有必要的。在 Access 数据页中可以创建四种超链接，分别是：

- 创建链接已有的文件或 Web 页上的超级链接。
- 创建链接新建数据访问页的超级链接。
- 创建链接当前数据库中的数据访问页的超链接。
- 创建发送电子邮件的超链接。

创建超级链接的步骤如下。

(1) 打开页的设计视图窗口，然后从菜单栏中选择“插入”→“超级链接”命令，或者选择工具箱中的超级链接按钮，接着移动光标到数据页上想要插入超链接的位置上单击鼠标左键。如图 7-30 所示。

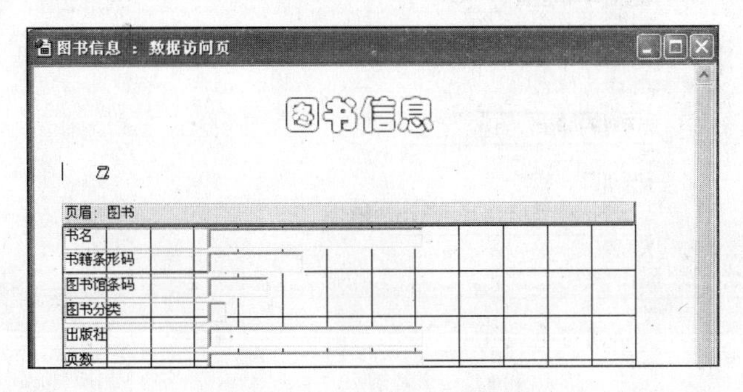

图 7-30　拖入超链接控件

(2) 弹出【插入超级链接】对话框，如图 7-31 所示。选择现存的文件或网页，然后在【要显示的文字】文本框中输入此链接要显示的文字内容，接着在【请键入文件名或 Web 页名称】文本框中输入要链接的文件名或 Web 页名，再单击【确定】按钮。

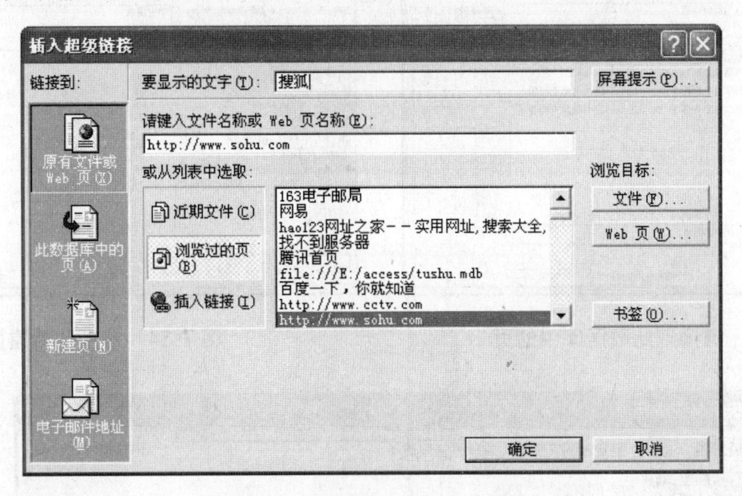

图 7-31　链接到原有文件或 Web 页

(3) 完成后，数据页上就会出现所插入的超链接。单击页设计工具栏中的视图查看按钮，将页切换到页视图，当移动光标到超链接上时，指针会变成可超链接的手指形状，效果如图 7-32 所示。

在第 2 步中，如果在【链接到】区域选择“此数据库中的页”或者是“新建页”，可以链接到数据库中已有的数据页或者是新建的页。如图 7-33 和 7-34 所示。

如果在【链接到】区域选择“电子邮件地址”，可以创建一个电子邮件链接，在【要显示的文字】栏中输入此链接要显示的文字内容，接着在【电子邮件地址】栏中输入要联系的 Email 地址，在【主题】栏中输入邮件的主题，单击【确定】按钮(见图 7-35)。

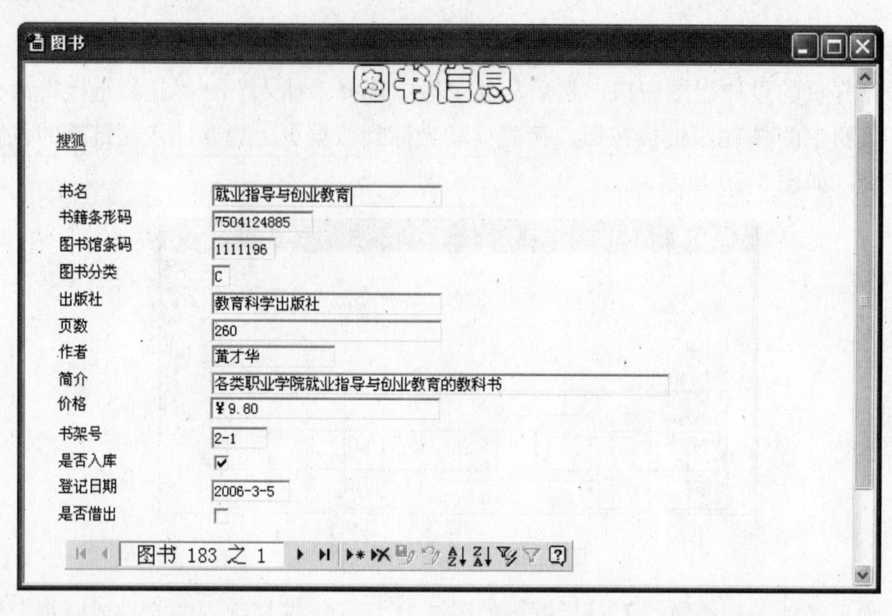

图 7-32　添加的超链接效果

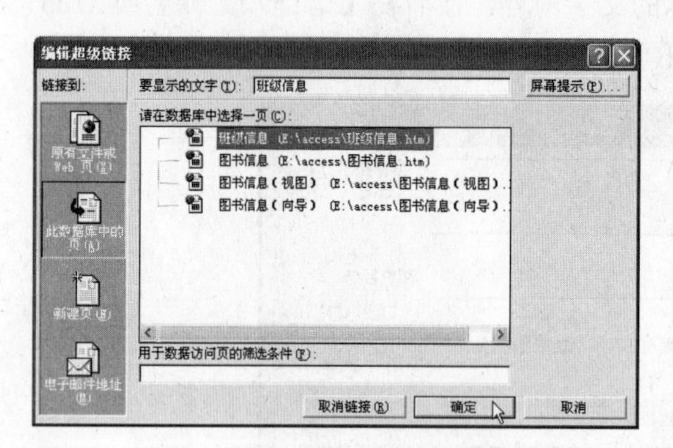

图 7-33　链接到此数据库中的页

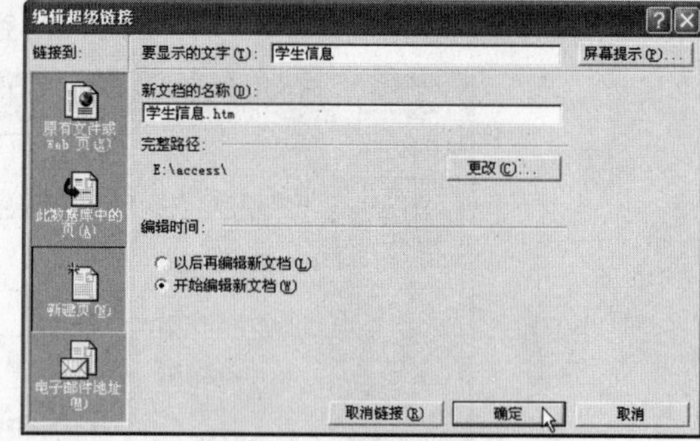

图 7-34　链接到新建页

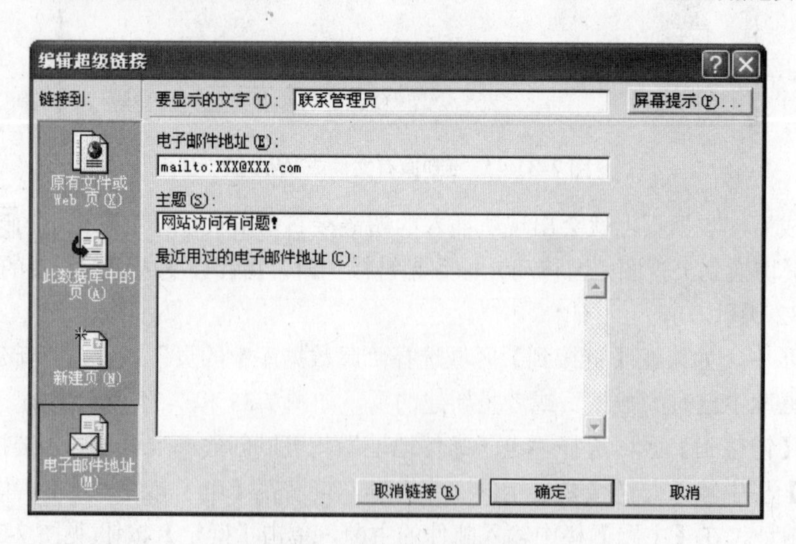

图 7-35　创建电子邮件链接

7.3.5 使用脚本编辑器

Access 已经逐渐提升为一个较为完整的开发工具，因为它提供了完整的 Visual Basic for Applications 的编辑器；同时针对数据页的 HTML 设计页提供了类似 VisualDev 的开发环境。这里简单介绍用数据页的设计视图编辑网页的 HTML 编辑器以及 Microsoft Script 编辑器。

1. HTML 编辑器

对于一般的程序员来说，HTML 语言无论在语法上还是在结构上都是很简单的，它可以说是一种“格式化”的语言，下面简单介绍如何使用 HTML 编辑器。

(1) 在数据库的“页”对象窗口打开要定义的数据页，如打开“图书信息”。

(2) 从菜单栏中选择“视图”→“HTML 源文件”命令。

(3) 在打开的 HTML 编辑器中就可以根据设计要求直接编辑数据页的源代码了，如图 7-36 所示。

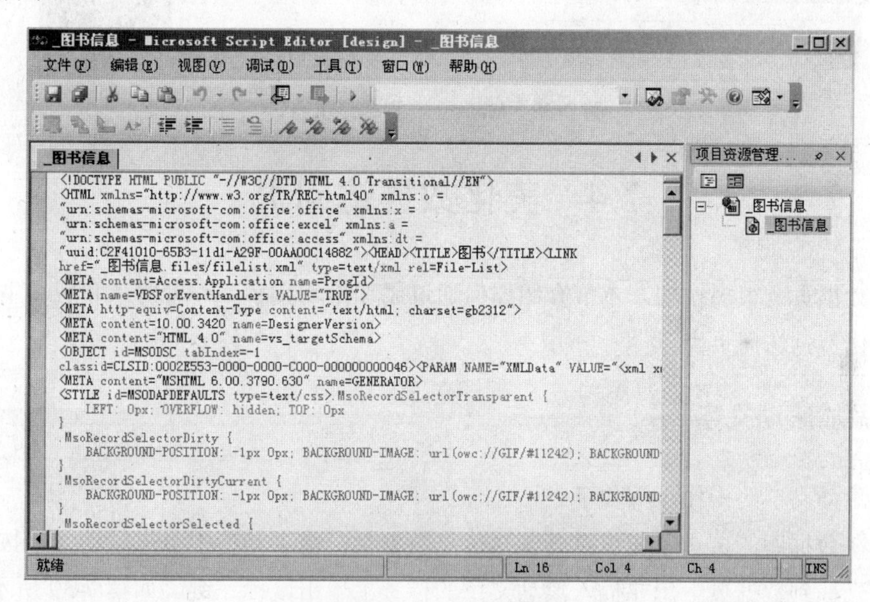

图 7-36 HTML 编辑器

2. 使用 Microsoft Script 编辑器

(1) 从菜单栏中选择【工具】|【宏】|【Microsoft 脚本编辑器】命令，如图 7-37 所示。

图 7-37 通过菜单打开 Microsoft 脚本编辑器

(2) 打开 Microsoft 脚本编辑器后，就可以直接编辑源代码，如图 7-38 所示。

图 7-38 Microsoft 脚本编辑器

7.4 美化数据访问页

美化数据页有很多技巧，本节介绍如何通过添加滚动文字、设置背景和应用主题 3 个方面来美化数据访问页。

7.4.1 添加滚动文字

添加滚动文字的操作步骤如下。

(1) 在数据库的页对象窗口打开图书信息数据页，在工具栏中单击滚动文字按钮，接着移动光标到数据页上想要插入滚动文字的位置上单击鼠标左键，如图 7-39 所示。

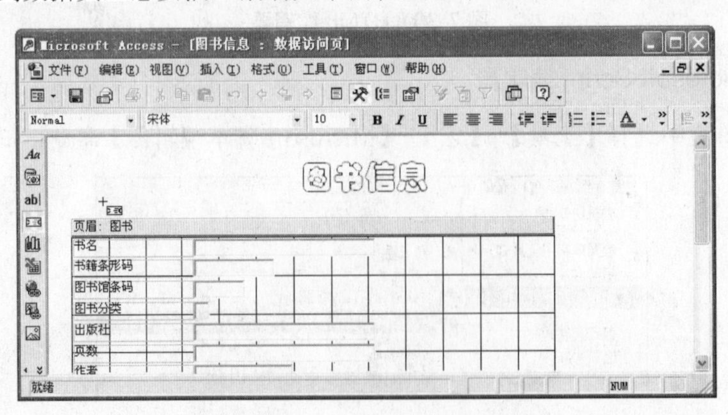

图 7-39 添加滚动文字控件

(2) 把添加的滚动文字控件的大小拉大，输入文字“欢迎查阅图书信息！”，如图 7-40 所示，接着就可以单击数据库工具栏中的 按钮转到页视图查看效果了。

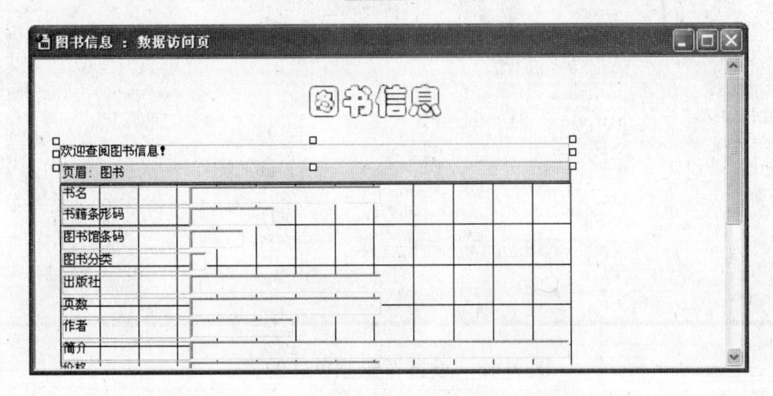

图 7-40　编辑滚动文字控件内容

(3) 如果想修改文字滚动的方向或者调整滚动的速度和次数，可以双击滚动文字控件，在弹出的属性对话框中选择“其他”选项卡，设置相关的属性，如图 7-41 所示。

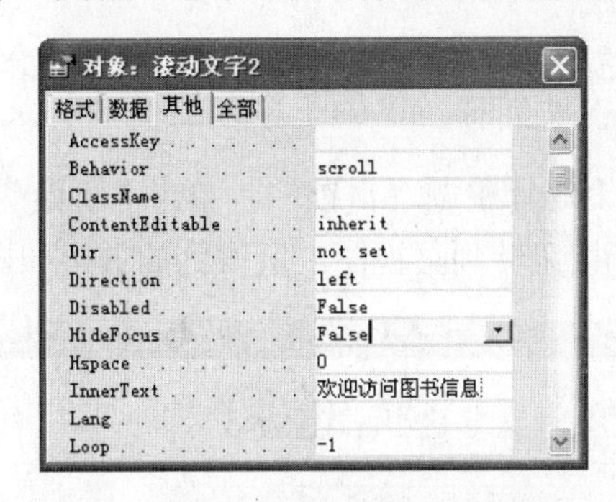

图 7-41　滚动文字属性对话框

7.4.2　设置背景

(1) 在数据库的页对象窗口中打开要美化的数据页，从菜单栏中选择【格式】|【背景】|【颜色】命令，选择合适的颜色，如图 7-42 所示。

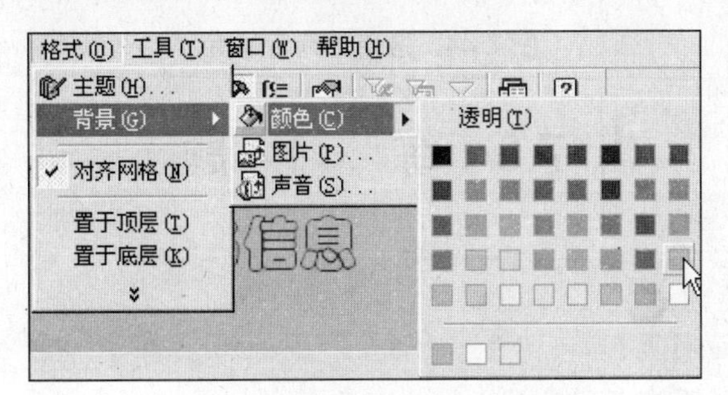

图 7-42　选择数据页的背景颜色

(2) 单击数据库工具栏中的 按钮转到页视图，所得到的效果如图 7-43 所示。

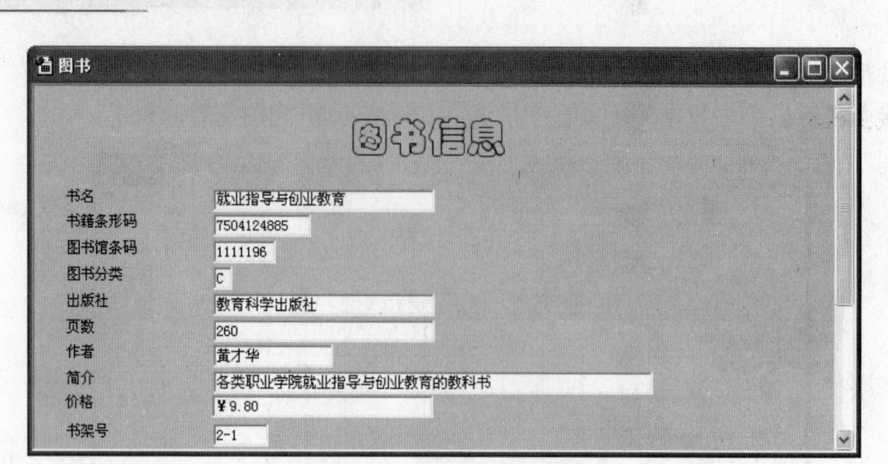

图 7-43　设置背景颜色后的页

设置页的背景图片和背景声音的方法与此类似。

7.4.3　应用主题

(1) 在数据库的页对象窗口打开要美化的数据页，从菜单栏中选择“格式”→“主题”命令。

(2) 在弹出的主题窗口上选择主题“日蚀”，单击“确定”按钮，在弹出的页窗体中单击数据库工具栏中的按钮转到页视图，所得到的效果如图 7-44 所示。

图 7-44　应用主题后的页

7.5　练　习　题

一、简答题

1. 什么是数据访问页？
2. 创建数据访问页有几种方法？
3. 如何编辑数据访问页？
4. 如何美化数据访问页？

二、上机练习

(1) 使用向导创建“tushu.mdb”数据库中的“图书”表的数据访问页。

(2) 编辑创建的“图书”数据页，使其功能尽量完整强大，界面尽量美观。

第8章　创建和使用宏

【本章要点】

宏是 Access 2003 中较为重要而且应用灵活的一部分知识，使用宏非常方便，不需要记住大量的语法，也不需要编程，只需掌握宏操作就可以对数据库完成一系列的操作。使用宏可以节约大量的时间和精力。通过本章的学习能够理解宏的概念，对 Access 2003 中常见的操作有感性的认识。并且能够掌握序列宏、条件宏和宏组的创建方法和运行方法。

8.1　宏对象简介

8.1.1　宏对象的概念

宏是指由一个或多个操作组成的集合，其中每个操作能够实现特定的功能。在 Access 中，可以为宏定义各种类型的操作，通过执行宏，Access 能够有次序地自动执行一连串的操作，包括各种数据、键盘或鼠标的操作。一般来说，在进行事务性或重复性的操作时需要使用宏。例如打开和关闭窗体、显示及隐藏工具栏、打开不同的消息框，预览或打印报表等。

其实宏也是一种操作命令，它和菜单操作命令都是一样的，只是它们对数据库施加作用的时间有所不同，作用时的条件也有所不同。菜单命令一般用在数据库的设计过程中，而宏命令则用在数据库的执行过程中。菜单命令必须由使用者来施加这个操作，而宏命令则可以在数据库中自动执行。

宏名是用于标识宏的唯一名称。建立宏的条件可以决定宏在什么条件下运行，也称宏的条件操作。即只有在条件为真的时候，才运行相应的宏操作。宏的条件表达式可以用表达式生成器来完成。宏既可以是包含一系列操作的单个的宏，也可以是包含多个宏的宏组。所谓宏组，就是一系列相关宏的集合，宏组可以对数据库中的宏方便地进行管理。

在 Access 中，一共有 50 多种基本宏操作，这些基本操作还可以组合成很多其他的“宏组”操作。在使用中，很少单独使用单个基本宏命令，常常是将多个命令按照顺序执行，以完成一种特定任务。这些命令可以通过窗体中控件的某个事件操作来实现，或在数据库的运行过程中自动实现。

宏动作几乎涉及了数据库管理中的全部细节，虽然宏的内部代码可能很复杂，但是创建和使用宏却相当简单，只需要说明要做什么，而不用具体说明怎么做。而且 Access 允许从列表中挑选各种操作，当操作选定后，Access 还会给出一个相关的操作变量列表供选择，因此不必记住每条命令，这样使用起来就非常方便了。因此，可以说 Access 是一种不编程的数据库。因为它拥有一套完善的宏动作。

在 Access 中定义了很多的宏动作，这些宏动作可以完成以下功能：

- 打开或关闭表、窗体或报表、预览或打印报表。
- 为控件的属性赋值。
- 定制、运行菜单命令。
- 实现数据自动传输，可以自动地在各种数据格式之间引入或导出数据。
- 显示各种信息，并能够使扬声器发出报警声。
- 在校验窗体中检查数据的准确性。
- 在单击命令按钮时执行操作。
- 模拟键盘动作，为对话框或其他等待输入的任务提供字符串的输入。
- 启动其他的应用程序。

利用宏可以自动完成一些常规任务。例如，可以定义一个宏，用于在单击某个命令按钮时退出 Access 程序，并且全部保存。设置宏的操作是“Quit”，该操作的参数是“全部保存”。

8.1.2　宏对象的作用

宏，译自英文单词 Macro。宏是微软公司为其 Office 软件包设计的一个特殊功能，软件设计者为了让人们在使用软件进行工作时，避免一再地重复相同的动作，而设计出宏工具，它利用简单的语法，把常用的动作写成宏，当工作时，就可以直接利用事先编好的宏自动运行，完成某项特定的任务，而不必再重复相同的动作，这样可以让文档中的一些任务自动化。

例如，在窗体中用一个文本框输入要查询的作者的名字，显示相关的图书的内容，而用一个【查询】按钮来完成查询的工作，并将查询后的数据打印在报表上，如图 8-1 所示。通过命令按钮向导就能实现这个功能，但对于每个控件来说，要实现相应的功能，光凭借向导是远远不够的。

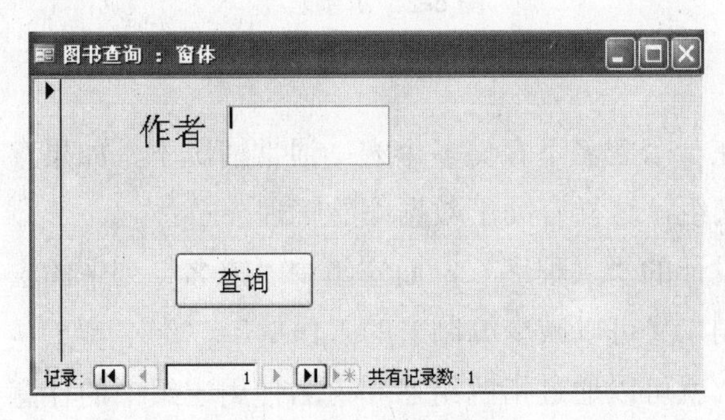

图 8-1　图书查询窗体

要让这些控件实现一定的功用，在 Access 中有 4 种办法。最简单的就是使用控件向导，除此之外还有“宏”、“VBA”和“SQL 语言”，这些方法可以使控件完成几乎所有的数据库操作。向导最简单，但实现的功能有限。宏虽然只有 50 多种基本操作，但可以组合成很多种宏组命令，这样就能实现 Access 中很多有关窗体、报表、查询的功能，使用起来非常方便。VBA 和 SQL 语言要求高，VBA 和 SQL 语言可以实现的功能最全面，自主性也更强，但它们都要写程序。对于很多普通的用户来说，使用宏是最好的选择。

宏使用起来非常方便，不需要记住各种语法，也不需要编程，只需利用几个简单宏操作就可以对数据库完成一系列的操作，中间过程完全是自动的。

8.1.3 宏对象的类型

Access 中的宏可以是包含操作序列的一个宏，也可以将一系列的相关的宏组合成一个较大的宏对象，即“宏组”，另外，还可以使用条件表达式来决定在什么情况下运行宏，以及在运行宏时是否进行某项操作。宏分为 3 类：操作序列、宏组和包括条件操作的宏。

1. 操作序列

操作序列是最基本的宏类型。通过引用宏组中的“宏名”来执行宏。例如，通过一个命令按钮的单击事件调用宏的过程是：打开该命令按钮的属性窗口，在单击事件中指定要调用的宏名。

如图 8-2 所示的“示例宏 1”就是由一系列的操作序列组成的。

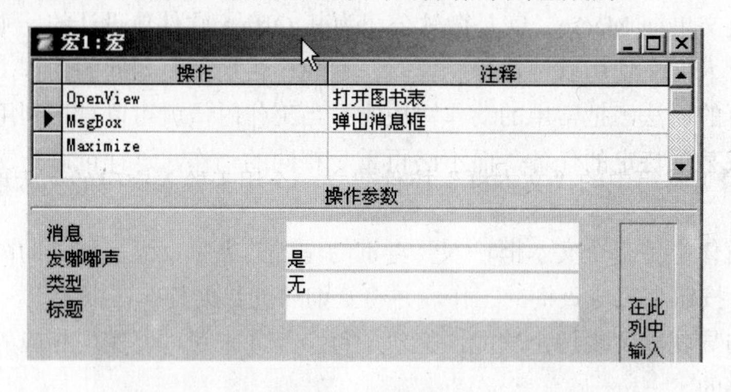

图 8-2　示例宏 1

2. 宏组

所谓宏组，就是在一个宏名下存储多个宏。通常情况下，如果存在着许多宏，最好将相关的宏分到不同的宏组，这样有助于数据库的管理。

宏组类似于程序设计的“主程序”，而宏组中“宏名”列中的宏类似于“子程序”，使用宏组既可增加控制、又可以减少编制宏的工作量。

一旦宏组被创建，就可以通过指明组名和宏名使用宏组中的任意一个宏，其调用格式为“宏组名 . 宏名”。如“宏 2 . 图书查询”。

例如，如图 8-3 所示的宏组 M，其中包含 3 个宏，宏名分别为 M1、M2 和 M3。

3. 条件操作宏

在某些情况下，可能希望仅当特定条件为真时才在宏中执行相应的操作。这时可使用宏的条件表达式来控制宏的流程，这样的宏称为条件操作宏。

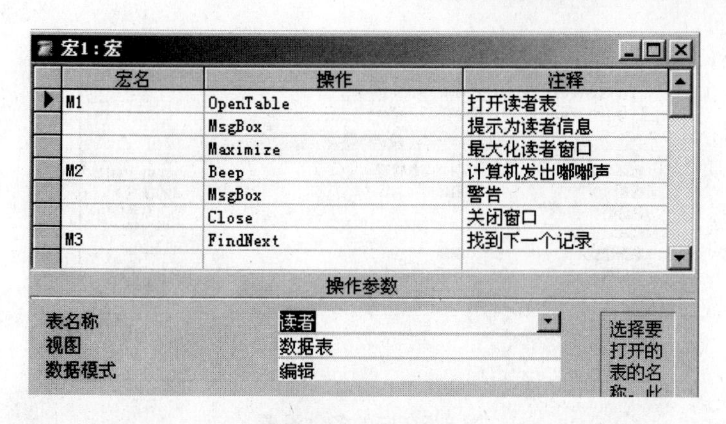

图 8-3　宏组举例

【例 8.1】 下面以“密码验证”宏为例，说明宏运行条件的设置。

该宏的基本功能是检查从窗口中输入的密码正确与否。如果不正确，弹出消息框，提示密码错误。如果密码正确，打开图书信息管理窗体。其中密码为“book”，操作步骤如下。

(1) 在“数据库”窗口中，单击“窗体”选项卡中的【新建】按钮，弹出“新建窗体”对话框，选择“设计视图”，单击“确定”按钮。

(2) 利用工具箱中的“标签”控件，建立一个提示信息，并将“标签”控件的“标题”属性设置为“请输入密码”，如图 8-4 所示。

(3) 再利用工具箱中的“文本框”控件建立一个用于输入密码的文本框，并将该控件命名为“password”，如图 8-4 所示。

(4) 利用工具箱中的“命令按钮”控件创建一个【确定】按钮，如图 8-4 所示。

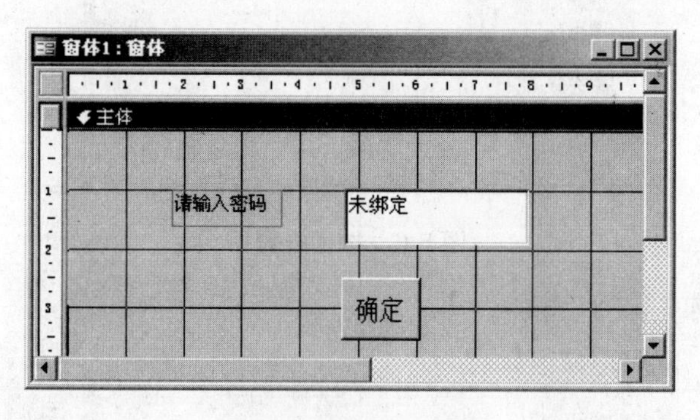

图 8-4　窗体的设置

(5) 在“数据库”窗口中，单击“宏”选项卡中的“新建”按钮，进入宏编辑窗口，单击“条件”按钮，将“条件”列显示出来。

(6) 设置密码错误的条件及操作。在“条件”列中第一行写入条件：

[password].[value]<>“book”

在条件的同一行中，单击【操作】列，选择宏操作为“MsgBox”，在参数栏的“消息”项中输入“密码错误!”；“类型”项中选择“警告！”；“标题”项中输入“提示”，如图 8-5 所示。

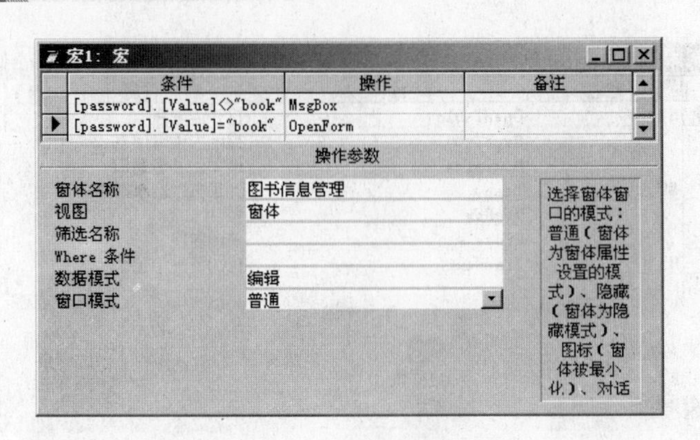

图 8-5　宏的条件设置

(7)　设置密码正确的条件及操作。在“条件”列中的第二行写入条件：

[password].[value]=“book”

在条件的同一行中，单击【操作】列，选择宏操作作为“OpenForm”，在参数栏的【窗体名称】项中输入要打开的窗体“图书信息管理”；在【视图】项中选择“窗体”；【数据模式】项选择“编辑”。

(8)　关闭“宏”编辑器，以“宏 1”为名保存该宏。

回到窗体的设计窗口，并将“命令按钮”控件的“单击”事件设置为“宏 1”，以“check”保存该窗体，如图 8-6 所示。

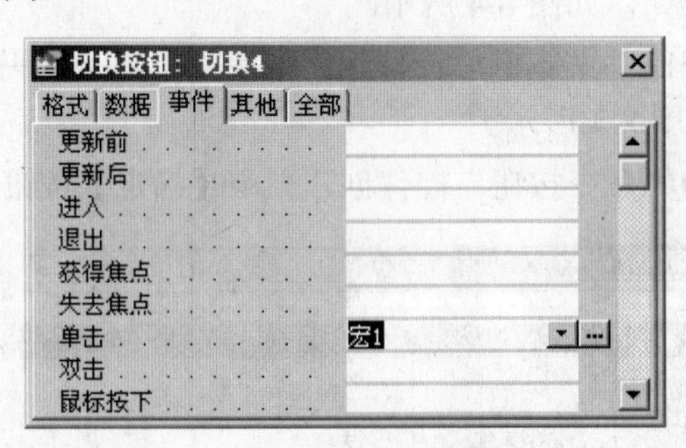

图 8-6　按钮设置

窗体运行后，密码错误时如图 8-7 所示。

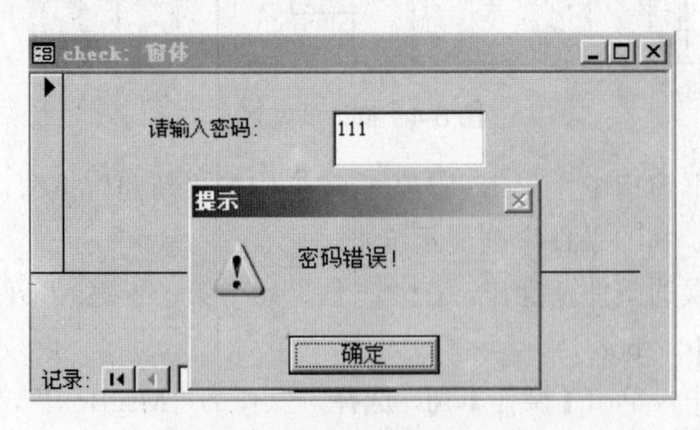

图 8-7　密码错误时的显示结果

窗体运行后，密码正确时如图 8-8 所示。

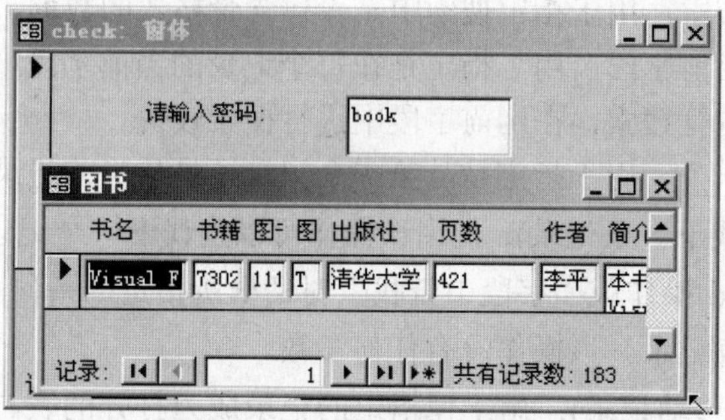

图 8-8　密码正确时的运行结果

8.1.4　宏使用的主要操作命令

无论创建何种类型的宏，都离不开宏操作。在宏的设计窗口中，在“操作”列中可以选择宏的操作命令。宏的操作是非常丰富的。绝大多数的宏操作需要指定参数，参数可以从下拉列表中选择，也可以手工输入。根据宏操作的对象的不同，可以分为 6 大类：操作数据类、执行命令类、操纵数据库对象类、导入/导出类、提示警告类及其他类型。在前面的例子中，仅仅用到了一些简单的宏操作，如打开读者窗体、最大化等。宏还可以完成更复杂的工作，下面介绍一些常用的宏操作。

提示： 通常，按参数排列顺序来设置操作的参数是很好的方法，因为选择某一参数将决定该参数后面的参数的选择。

1. 操作数据的宏操作

操作数据的宏操作是用于操作表、窗体和报表中的数据的，此类宏操作又可以分为两种，一种是过滤操作，一种是记录定位操作，过滤操作只有一个 ApplyFilter，而记录定位操作有 FindRecord、FindNext、GoToRecord、GoToControl 和 GoToPage。

- ApplyFilter(应用筛选)：可以对表、窗体或报表应用筛选、查询或 SQL Where 子句，以便限制或排序表的记录以及窗体报表的基础表或基础查询中的记录。它包括“筛选名称”和“Where 条件”两个参数。
- FindRecord(查找记录)：使用该操作可以查找符合操作参数指定条件的数据和第一个实例。该操作具有以下参数。
    - ◆ 查找内容：用于指定要在记录中查找的数据内容，可以是文本、数字、日期或者表达式，并能够使用通配符，该参数是必选项。
    - ◆ 匹配：用于指定数据在字段中所在的位置，可以指定搜索“字段任何部分”、搜索“整个字段”和搜索“字段开头”部分的数据，默认值为“整个字段”。
    - ◆ 区分大小写：用于指定该搜索是否区分大小写，默认值是“否”。
    - ◆ 搜索：用于指定是从当前记录向记录开头进行搜索(向上)，还是向记录结尾进行搜索(向下)，或者向下搜索到记录结尾然后再从记录开头搜索到当前记录(全部)。

- ◆ 格式化搜索：用于指定搜索中是否包含带格式的数据。
- ◆ 只搜索当前字段：用于指定是在每个记录的当前字段中进行搜索还是在所有字段中进行搜索，在当前字段中进行搜索较快。
- ◆ 查询第一个：用于指定是从第一个记录还是从当前记录开搜索。

- FindNext(查找下一条记录)：使用该操作可以查找下一个记录，该记录符合由前一个 FindRecord 操作或“字段中查找”对话框所指定的条件。使用 FindNext 操作可以反复查找记录。该操作没有任何参数。
- GoToRecord(移动记录)：用于使指定的记录成为打开的表、窗体或查询结果中的当前记录。该操作具有以下参数。
  - ◆ 对象类型：用于指定包含要为当前记录的对象类型，可以是“表”、“查询”、“服务器视图”、“存储过程”或“函数”。
  - ◆ 对象名称：用于指定包含要用为当前记录的对象的名称，其中下拉列表中显示了由“对象类型”参数指定的全部对象。
  - ◆ 记录：用于指定要作为当前记录的记录。
  - ◆ 偏移量：用于指定移动记录的偏移量，必须在其中输入整型数据或结果为整型的表达式。
- GoToControl(焦点移动)：把焦点移动到打开的窗体、窗体数据表、表数据表、查选数据表中当前记录的特定字段或控件上。如果要让某一特定的字段或控件获得焦点，可以使用该操作，然后即可将获得焦点的字段或控件用于比较或 FindRecord 操作。也可以使用该操作，根据特定的条件，在窗体中进行浏览。

2. 操纵数据库对象的宏操作

操纵数据库对象的宏操作主要是对数据库中表、窗体、查询、报表、数据访问页等对象的操作。

- OpenTable(打开表)：在“数据表”视图、“设计”视图或“打印预览”视图中打开表。该操作具有以下参数。
  - ◆ 表名：用于指定要打开的表的名称，该参数是必选项。
  - ◆ 视图：用于指定打开表的视图，默认值是“数据表”。
  - ◆ 数据模式：用于指定表中数据的输入模式，该参数只应用于在“数据表”视图中打开的表，默认值是“编辑”。
- OpenForm(打开窗体)：打开指定窗体的视图。包括窗体视图、设计视图、打印预览、数据表视图等方式中的一种。该操作具有以下参数。
  - ◆ 窗体名称：用来设置要打开窗体的名字，该参数是必选项。
  - ◆ 视图：用于设置窗体打开时的视图，默认值为“窗体”。
  - ◆ 筛选名称：用于确定限制或排序窗体中记录的筛选条件。
  - ◆ Where 条件：用于指定等效的 SQL Where 子句或表达式(不包含 Where 关键字)。

  - ◆ 数据模式：用于指定数据的操作方式，如添加、编辑和只读等。
  - ◆ 窗口模式：用于控制窗体对象打开时的窗口的状态，如隐藏、图标、对话框和弹出方式等。

- OpenQuery(打开查询)：在“数据表”视图、“设计”视图或者“打印预览”视图中打开系统中已经建立的查询。该操作具有以下参数。
  - ◆ 查询名称：用于指定要打开的查询名称，该参数是必选项。
  - ◆ 视图：用于指定打开查询的视图，默认值是“编辑”，该参数仅应用于在“数据表”视图中打开查询。
- OpenReport(打开报表)：在“设计”视图或“打印预览”视图中打开报表，也可以立即打印报表。该操作具有以下参数。
  - ◆ 报表名称：用于指定要打开报表的名称，该参数是必选项。
  - ◆ 视图：用于指定打开报表的视图，默认值是“打印”。
  - ◆ 筛选名称：用于指定限制报表中记录的筛选条件。
  - ◆ Where 条件：用于指定等效的 SQL Where 句子或表达式。
- OpenDataAccessPage(打开数据访问页)：在“页”视图或“设计”视图中打开数据访问页。该操作具有以下参数。
  - ◆ 数据访问页名称：用于指定要打开的页名，该参数是必选项。
  - ◆ 视图：用于指定将打开数据访问页的视图，默认值是“浏览”。

3. 执行命令的宏操作

执行命令的宏操作列举如下。

- SetValue(设置值)：设置窗体、窗体数据表或报表上字段、控件或属性的值。该操作具有以下参数。
  - ◆ 项目：指定要设置值的字段、控件或属性的名称，该参数是必选项。
  - ◆ 表达式：用于设置具体的值，该参数是必选项。例如，可以通过该宏操作实现对控件显示与隐藏，只需在“项目”参数中输入该控件的 Visible 属性，在“表达式”参数中输入 True 或者 False 即可。
- RunCommand(执行命令)：使用 RunCommand 操作可以运行 Microsoft Access 的内置命令。内置命令可以出现在 Microsoft Access 菜单栏、工具栏或快捷菜单上。在宏中与条件表达式一起使用 RunCommand 操作可以更加准确地运行条件命令。
- RunMacro(运行宏)：执行一个宏，该宏可以在宏组中。该操作具有以下参数。
  - ◆ 宏名：用于指定要运行的宏的名称，该参数是必选项。
  - ◆ 重复次数：用于指定宏运行次数的上限，如果将其留空，并将“重复表达式”参数也留空，该宏将只运行一次。
  - ◆ 重复表达式：用于设置宏运行的条件，当表达式的值为 False 时，宏将停止运行。
- RunSQL(运行 SQL 语句)：通过使用相应的 SQL 语句来运行 Access 中的操作查询和数据定义查询。该操作语句有以下参数。

◆ SQL 语句：用于指定所要运行的操作查询或数据定义查询对应的 SQL 语句，该语句的最大长度是 255 个字符，该参数是必选项。

◆ 使用事物处理：用于指定是否在事物处理中包含这个查询。

- topMacro(停止运行宏)：用于终止当前所有宏的运行，该操作没有任何参数。

4. 导入/导出类的宏操作

导入/导出类的宏操作列举如下。

- TransferText(导入/出 Access 数据到文本文件)：用 TransferText 操作可以在当前的 Access 数据库(.mdb)或 Access 项目(.adp)与文本文件之间导入或导出文本。还可以将文本文件中的数据链接到当前的 Access 数据库中。通过链接的文本文件，在允许字处理程序完全访问该文本文件的同时还可以用 Microsoft Access 查看该文本数据。也可以导入、导出或链接到 HTML 文件(*.html)中的表或列表中。
- TransferSpreadsheet(导入/出 Access 数据到工作表或电子表文件)：使用该操作可以在当前的 Access 数据库(.mdb)或 Access 项目(.adp)和电子表格文件之间导入或导出数据。还可将 Excel 电子表格中的数据链接到当前的 Access 数据库中。
- TransferDatabase：用于在当前的 Access 数据库(.mdb)或项目(.adp)与其他数据库之间导入和导出数据。对于 Access 数据库，还可以从其他数据库中向当前 Access 数据库中链接表。该操作具有以下参数。

◆ 迁移类型：用于指定要迁移的类型，如“导入”、“导出”和“链接”，默认值为“导入”。

◆ 数据库类型：用于指定导入来源、导出目的或链接目的的数据库的类型。

◆ 数据库名称：用于指定导入、导出或链接的数据库的名称，名称中包含完整的路径，该参数是必需参数。

◆ 对象类型：用于指定要导入或导出的对象的类型。

◆ 源：用于指定要导入、导出或链接到的表、选择查询或 Access 对象的名称。

◆ 目标：用于指定目标数据库中导出、导入或连接到的表、选择查询或 Access 对象的名称。

◆ 仅结构：参数用于指定是否忽略数据而仅导入或导出数据库中表的结构，默认值为“否”。

- OutputTo：用于将指定的 Assess 数据库对象(数据表、查询、窗体、报表、模块和数据访问页)中的数据输出为若干种输出格式。该操作具有以下参数。

◆ 对象类型：用于指定包含待输出数据的对象类型，有“表”、“查询”、“窗体”、“报表”、“模块”、“数据访问页”、“服务器视图”、“存储过程”或“函数”几种选项，宏是不能输出的。如果要输出活动的对象，请用该参数选择其类型，但将“对象名称”参数留空。该参数为必选项，其默认值为“表”。

◆ 对象名称：用于指定包含待输出数据的对象的名称。

◆ 输出格式：用于指定输出数据的格式类型，如 HTML(*.htm；*.html)、Text

Files(*.txt)、Microsoft Active Server Pages(*.asp)、Microsoft Excel(*.xls)等。

- ◆ 输出文件：用于指定输出数据的目标文件，包括完整的路径。
- ◆ 自动启动：用于指定运行 OutputTo 操作后是否立即启动相应的软件，并打开由“输出文件”参数指定的文件。

5. 提示警告类的宏操作

提示警告类的宏操作列举如下。

- Beep(蜂鸣警告)：用于通过计算机的扬声器产生“嘟嘟”的蜂鸣警告声。该操作没有任何参数。
- MsgBox(消息框)：用于产生一个包含警告信息或其他信息的消息框。该操作具有以下参数。
  - ◆ 消息：用于设置消息框中的文本，最多可以有 255 个字符。
  - ◆ 发嘟嘟声：决定在显示消息框时是否产生蜂鸣声，默认值为“是”。
  - ◆ 类型：决定消息框的类型，每种类型都有不同的图表，默认值是“无”。
  - ◆ 标题：决定消息框的标题。
- SetWarnings：用于打开或关闭系统消息。该操作具有一个“打开警告”参数，用于指定是否显示系统消息，默认值为“是”。使用该操作可以防止在出现警告和消息框时停止宏的运行。
- Hourglass：用于使鼠标指针在宏执行时变成沙漏图像(或其他所选图像)。该操作可以在视觉上表明宏正在执行。该操作具有以下参数。
  - ◆ 显示沙漏：用于设置是否将鼠标指针变成沙漏图标，默认为“是”。
  - ◆ 标题：决定消息框的标题。

6. 其他类型的宏

其他类型的宏还有很多，其中比较常用的列举如下。

- Quit(退出)：用于退出 Access，其中“选项”参数用于指定当退出 Access 时对没有保存的对象所做的处理。
- Save(保存)：保存在参数栏中指定的对象或是当前激活的对象。参数主要包括要保存的对象的类型，如窗体、查询、报表等，还有一个参数就是对象的名称。
- RepainObject(屏幕刷新)：完成指定数据库对象的屏幕刷新。如果没有指定数据库对象，则对活动数据库对象进行更新。更新包括对象的所有控件的所有重新计算。
- Maximize(最大化)：放大活动窗口，使其充满 Microsoft Access 窗口。
- Minimize(最小化)：使活动窗口最小化为 Access 窗口底部的小标题栏。该操作没有任何参数，效果等同于单击窗口右上角的“最小化”按钮。
- Restore(恢复)：用于将已经最大化或最小化的窗口恢复为原来的大小。该操作没有任何参数，效果等同于单击窗口右上角的“恢复”按钮。
- PrintOut(打印)：打印打开数据库中的活动对象，也可以打印数据表、报表、窗体和模块。

8.2 创 建 宏

任何类型的宏，包括宏组和条件宏都是通过宏设计窗口创建和修改的。创建宏的核心任务就是在“操作”列中添加宏操作，并设置各个宏操作所涉及的参数。

8.2.1 宏设计视图

在数据库窗口中单击“宏”对象，单击“新建”命令按钮，或从已有的宏列表中选择一个宏并单击“设计”按钮，就可以进入宏设计窗口，如图 8-9 所示。

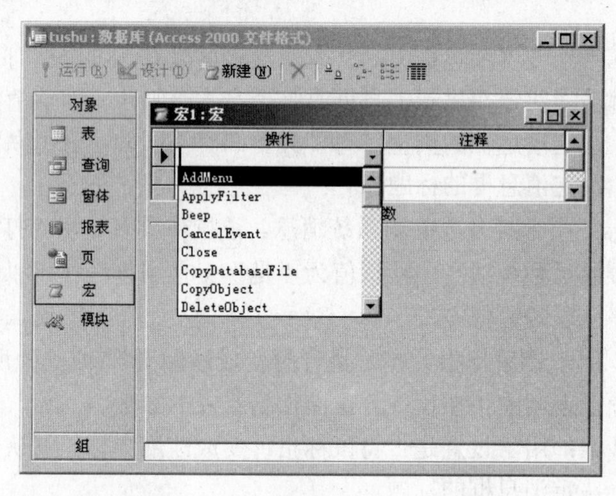

图 8-9 宏设计窗口

菜单栏和工具栏与其他的设计视图基本类似。若要显示或隐藏“宏名”列，可单击工具栏上的“宏名”按钮，若要显示或隐藏“条件”列，可单击工具栏上的“条件”按钮，如果要在两个操作行之间插入操作，可单击工具栏上的“插入行”按钮，要删除操作，可选择工具栏中的“删除行”按钮，要在宏窗口中直接运行宏，可单击工具栏上的“运行”按钮，要把宏中的操作集分开单步执行，可单击工具栏中的“单步”按钮。

提示：通常情况下直接执行宏只是进行测试。可以在确保宏的设计无误之后，将宏附加到窗体、报表或控件中，以对事件做出响应，也可以创建一个执行宏的自定义菜单命令。

宏窗口的上部分用于设计宏。该部分分成两列，左边【操作】为宏的每个步骤添加操作，【注释】列对每个操作加以说明，它不是必选的，可以使宏更易于理解和维护。隐藏的“宏名”和“条件”两列若要显示，可以单击工具栏上的“宏名”和“条件”按钮，或从菜单栏中选择“视图”下的“宏名”和“条件”命令。

宏窗口的下部分是操作参数区域，左边是具体的参数及其设置，右边是对应的说明区域。如果在窗口上部分的操作列中任选择一个操作，其参数和说明便显示在宏窗口的下部分中。

8.2.2 宏的创建

任何类型的宏，包括宏组和条件宏都是通过宏设计窗口创建和修改的。创建宏的核心任务就是在“操作”列中添加宏操作，并设置各个宏操作所涉及的参数。

在宏设计窗口的“操作”列中添加一个或多个操作有两种方法：一是从“操作”列中的操作列表中选择，然后设置操作参数。另一种是直接将数据库对象拖放到操作列中，系统将根据拖放的对象自动设置相应的参数。

1. 通过操作列表向宏中添加操作

【例 8.2】创建一个宏，其功能为打开前面建立的“读者信息管理”窗体，并将其最大化。

此例实际上是由两步操作完成的，即打开窗体和最大化，具体步骤如下。

(1) 在数据库窗口中选择“宏”对象后，单击数据库窗口工具栏中的“新建”按钮，系统弹出宏的设计窗口。

(2) 单击“操作”列的第一个空白行，在其下拉列表中选择需要执行的操作，在此选择“OpenForm”命令，表示操作为打开窗体。可以在该行后面的注释栏中输入该操作的注释信息。

(3) 设计窗口的下部出现了“OpenForm”命令所对应的操作参数。操作参数是某些宏所必需的附加信息，当宏命令不同时，相应的操作参数也会不同。当选择“OpenForm”命令时，对应的操作参数分别如下。

- 窗体名称：选择将要打开的窗体名称，在此选择“读者信息管理”窗体。
- 视图：选择打开窗体的视图，有“窗体”、“设计”、“打印预览”、“数据表”等多种选项，在此选择“窗体”视图。
- 筛选名称：输入要应用的筛选，这可以是一个查询或保存为查询的筛选，使用筛选可以限制和排序窗体的记录，在此不做选择。
- Where 条件：输入一个 SQL 语句或表达式，以从窗体的数据源中选择记录；单击右边的“生成器”按钮可以使用表达式生成器来设置此参数，在此不做选择。
- 数据模式：选择窗体的数据输入模式，包括“增加”、“编辑”、“只读”三种模式。其中“增加”模式表示窗体直接进入新增记录的状态；“编辑”模式表示允许编辑现有记录和增加新的记录；“只读”模式则仅仅允许查看记录，可以根据实际的需要来选择。在此选择“编辑”模式。
- 窗口模式：选择窗口的模式，包括“普通”、“隐藏”、“图标”和“对话框”四种模式，其中“普通”表示窗体以窗体本身设置的样式显示；“隐藏”表示窗体为隐藏模式；“图标”表示窗体以最小化的形式显示；“对话框”表示窗体的 Modal 和 Popup 属性为 Yes。在此选择“普通”。

(4) 设置宏的第二个操作，在操作列的下一行选择“Maximize”动作，表示最大化，该动作没有操作参数。宏的设计如图 8-10 所示。

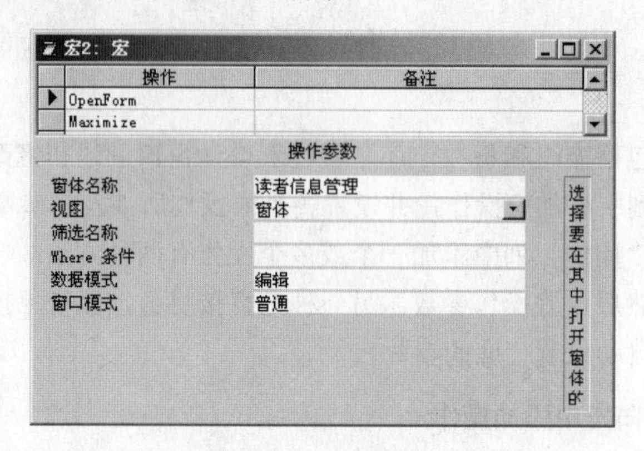

图 8-10　宏的设计

(5) 单击工具栏中的“保存”按钮，系统会弹出【另存为】对话框，如图 8-11 所示。在其中输入宏名后单击【确定】按钮。

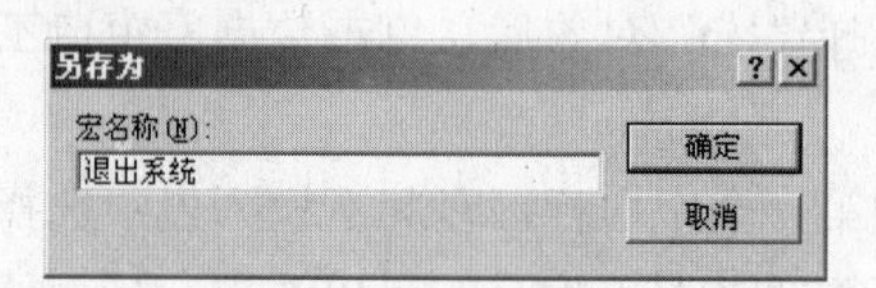

图 8-11　指定宏名

说明：当熟悉了常用的宏命令之后，也可以在操作列中直接键入宏命令。通常只需要输入前面的一些字符，Access 会自动识别所需操作并补充剩余的字符。但是必须检查 Access 选择的内容，有时会有多条宏命令以相同的字符开头，这时就必须键入更多的字符，使系统能够做出正确的选择。

2. 快速创建宏

如果要快速创建一个在指定数据库对象上执行操作的宏，可以从“数据库”窗口中将对象拖拽到“宏”窗口的操作行。例如，将窗体拖拽到操作行，就可以创建一个打开窗体的宏，而拖拽其他对象(表、查询、窗体、报表或模块)将添加打开相应对象的操作，系统将自动设置响应操作及操作参数。

【例 8.3】创建一个打开“读者”表的宏。

操作步骤如下。

新建一个宏，打开宏设计窗口。

在“数据库”窗口中，选择相应的对象——“读者”数据表。

将“读者”数据表拖到宏设计窗口的第一个空白“操作”列。系统将自动建立打开读者表操作的宏，如图 8-12 所示。

注意：如果被拖对象是表、查询、窗体、报表或模块，系统将在“操作”列添加打开相应对象的操作；如果被拖对象是宏，则添加运行宏的操作。

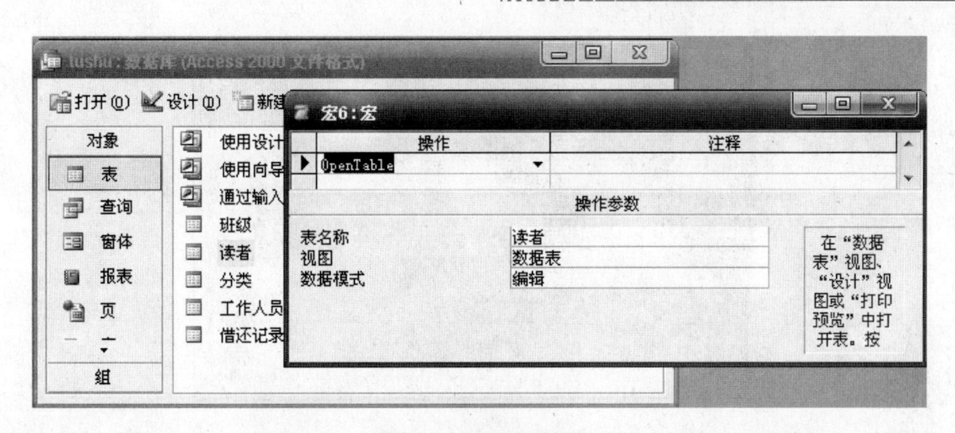

图 8-12　新建宏

3. 设置宏参数

宏操作在多数情况下要指定操作对象以及设置具体的操作参数，也有一些宏操作(如 Maximize 和 Beep)没有参数。

参数可以看作是对一个操作的特定定义。

选定一个操作后，在宏的设计视图下端的“操作参数”区中会出现与该操作对应的操作参数设置表。同时，在宏的设计窗口操作参数右下区，将给出某项参数的设置说明，可以根据提示完成相应的设置。

对于那些要求参数的操作，应该在其操作参数对应的文本框或组合框中输入对应的参数值，用以设定各项操作参数的属性。

通常情况下，当单击操作列表框时，会在列表框的右侧出现一个下拉按钮，单击此按钮，可在弹出的下拉列表框中选择操作参数。

如果操作中有调用数据库对象名的参数，可以将对象从“数据库”窗口拖到参数框中，然后再设置其他操作参数。

注意： 操作参数应按参数顺序来设置，前面参数的设置将决定后面参数的选择。

【例 8.4】 创建宏，使其具有打开“图书”表和弹出消息框的功能。

(1)　打开表的操作设置可参照例 8.3。

(2)　弹出参数设置消息框，在【操作】列的第 2 行选择“MsgBox”，在【备注】列中输入“弹出消息框”。

(3)　消息框参数设计如下。

- 消息：输入“进入图书基本表”。
- 发嘟嘟声：选择“是”。
- 类型：选择“信息”。
- 标题：输入“文件信息”。

具体情况如图 8-13 所示。

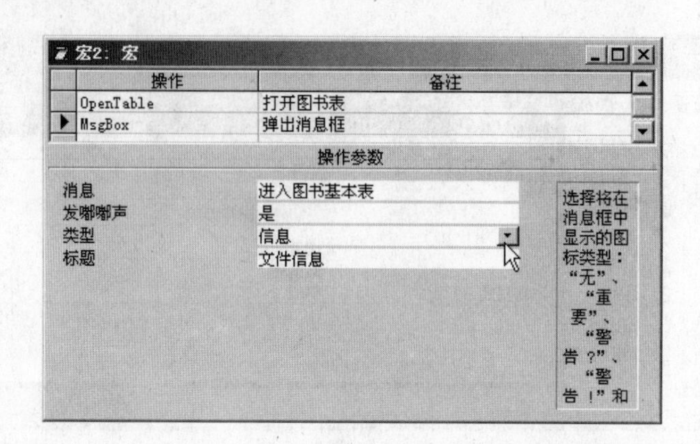

图 8-13　宏的参数

8.2.3　创建宏组

在设计实际的信息管理系统时，常常需要设计多个宏，如果将每个宏都作为单独的一个数据库对象并分配一个宏名，这将会导致宏的数量增多，同时由于各个宏之间无任何联系，这就增加了数据库管理和维护的难度。如果将功能相关或相近的宏组织在一起，构成宏组，将有助于宏的管理和维护。例如图书管理系统中包含多个窗体，可以把所有执行打开窗体操作的宏都加入到一个宏组中，方便管理。

宏组是指在同一个宏窗口中包含一个或多个宏的集合。如果要将几个相关的宏集中起来，可以将它们组织起来构成一个宏组。宏组中的每个宏都单独运行，互不相关。

如果要创建宏组，可以按照以下步骤进行。

(1)　在宏设计窗口中，单击工具栏中的"宏名"按钮或从菜单栏中选择"视图"→"宏名"命令，宏设计窗口中将显示出"宏名"列。

(2)　在"宏名"列内，键入宏组中的第一个宏的名字。

(3)　单击"操作"列右边的向下箭头，从列表中选择要执行的操作。

(4)　如果希望在宏组中包含其他的宏，可重复执行以上操作。

(5)　单击工具栏中的"保存"按钮，在弹出的"另存为"对话框中，输入宏组的名称，然后单击"确定"按钮。这个名称也是显示在"数据库"窗口中的宏组的名称。

提示：由于宏组中的宏都有宏组名作前缀，因此，可以在不同的宏组中使用同一个宏名。

【例 8.5】在图书管理系统中，建立一个用于管理系统中所有执行打开窗体操作的宏的宏组，具体步骤如下。

(1)　在数据库窗口中选择"宏"对象后，单击"新建"按钮，进入宏的设计窗口。由于宏组中包含多个宏，因此要用宏名来区分同一个宏组中不同的宏。通过"新建"命令打开的设计窗口中并没有宏名列，必须选择"视图"菜单中的"宏名"命令来增加宏名列，也可以单击工具栏上的"宏名"按钮。

(2)　在第一行的"宏名"列中，输入宏组中第一个宏的名字，在此输入"读者基本信息"。接着选择该宏需要执行的操作，在此选择"OpenForm"，并设置该操作的参数，使其以编辑模式打开“读者信息窗体”；在下一行的“操作”列中，选择第二个操作为“Maximize”。

(3) 在第三行的“宏名”列中，输入宏组中的第二个宏的名字，在此输入“图书信息”，并选择对应操作为“OpenForm”，设置参数使得其以编辑模式打开“图书信息窗体”。如图 8-14 所示。

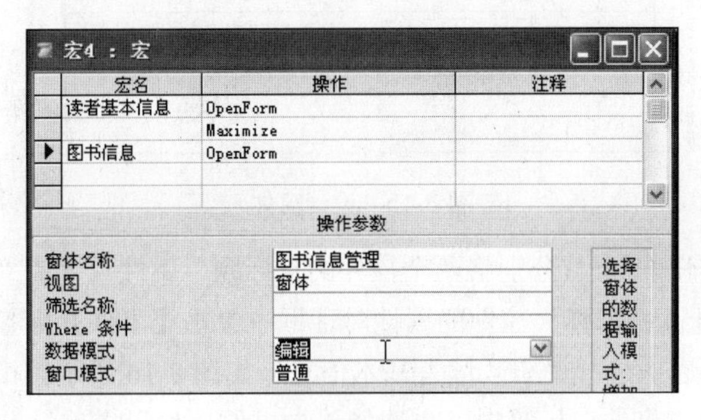

图 8-14　宏组

(4) 单击工具栏中的“保存”按钮，系统会弹出“另存为”对话框，输入宏组的名称后单击“确定”按钮。

在添加宏的过程中，如果连续多个宏命令属于同一个宏，只能在第一行中输入宏名，其他行的该列为空。

注意： 最后保存的名称为宏组名，在设计窗口宏名列中输入的名称为该宏组中的宏名，要引用宏组中的宏，其语法格式为：宏组名.宏名。

8.3 运 行 宏

8.3.1 通过控件运行宏的方式

在 Access 中，宏并不能单独执行，必须有一个触发器。通过某一窗体或报表上的控件触发事件来运行宏或宏组，是 Access 2003 中经常使用的宏的运行方法。如单击窗体上命令按钮，这一单击过程就可以触发一个宏的操作。

【例 8.6】 设计一个按钮控件，完成打开“读者”窗体的功能。

其步骤如下。

(1) 打开图书管理数据库。

(2) 选择“窗体”选项卡，单击“新建”按钮进入“新建窗体”。

(3) 选择“设计视图”后单击“确定”按钮，进入窗体编辑窗口。

(4) 用工具箱里的“按钮”控件在窗口中放置两个按钮，分别设置为“打开读者窗体”和“退出”，如图 8-15 所示。

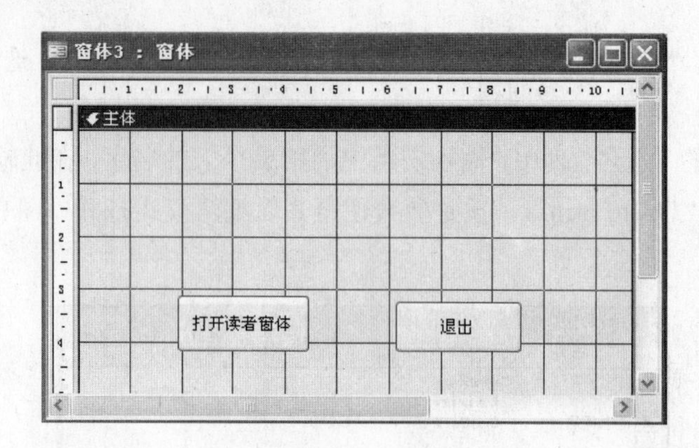

图 8-15　设计窗体

(5) 设置两个按钮的属性(分别将两个控件的“标题”属性设置为“打开读者窗体”和“退出”)。在“打开读者窗体”控件的属性对话框中单击【事件】标签，选择【单击】事件，在出现的下拉列表中选择“宏 4.读者基本信息”如图 8-16 所示；相应地在“退出”控件的属性对话框中的“事件”标签中，也选择单击事件，如果之前没有设置好的宏操作，可以选择“单击”事件后的…按钮，打开【选择生成器】对话框选择宏生成器，如图 8-17 所示，新建相应的宏操作。

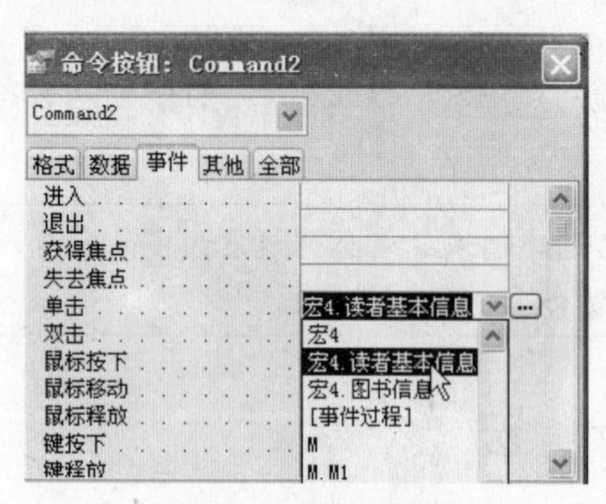

图 8-16　按钮事件的设置

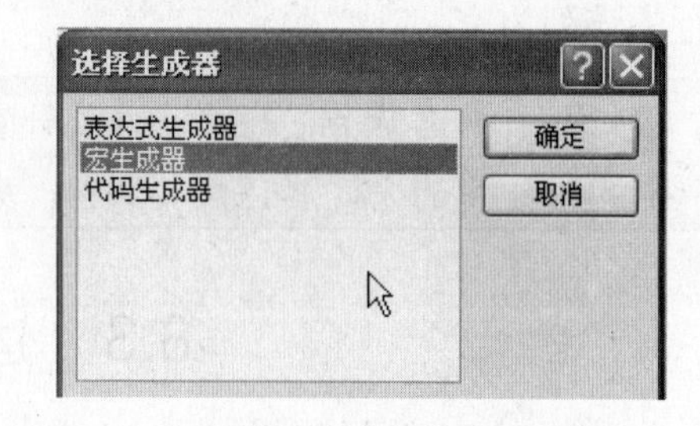

图 8-17　选择生成器

(6) 关闭属性对话框，完成窗体与宏的连接。

(7) 将新建窗体以“读者表操作”为名保存。

运行“读者表操作”窗体时，可以通过“打开读者窗体”按钮将“读者表”打开，通过“退出”按钮退出整个系统。

8.3.2　直接运行宏的方式

宏的运行最简便的方法就是直接运行，宏的直接运行有以下几种不同的情况。

1. 从数据库窗口运行宏

操作步骤如下。

在数据库窗口中，选择“对象”列表中的“宏”选项，显示所有的宏，单击要选的宏

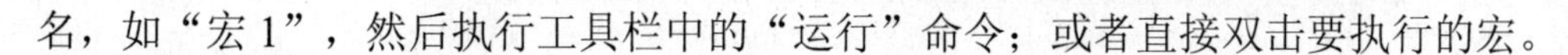

名，如“宏1”，然后执行工具栏中的“运行”命令；或者直接双击要执行的宏。

2. 从宏窗口运行宏

操作步骤如下。

当宏窗口是活动窗口时，单击工具栏中的“运行”按钮运行宏，如图8-18所示。

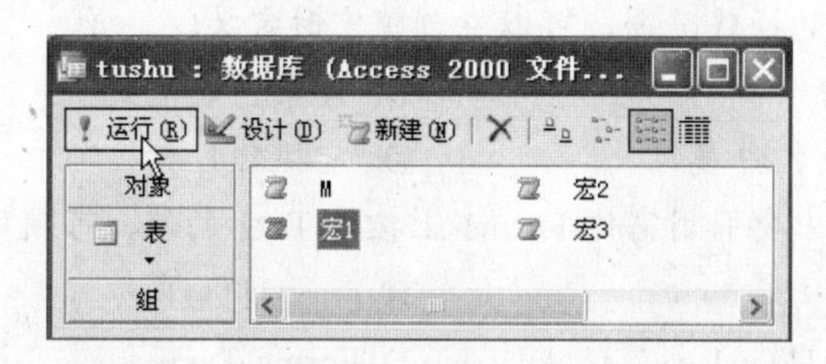

图8-18　宏的运行

3. 从任何其他窗口运行宏

操作步骤如下。

从菜单栏中选择“工具”→“宏”→“执行宏”命令，在弹出的【执行宏】对话框中输入要执行的宏名，如图8-19所示。

图8-19　执行宏

4. 在另一个宏中运行宏

操作步骤如下。

在宏设计窗体中新建一个宏。

添加一个操作“RunMacro”，指定其参数【宏名】为所要运行的宏，如图8-20所示。

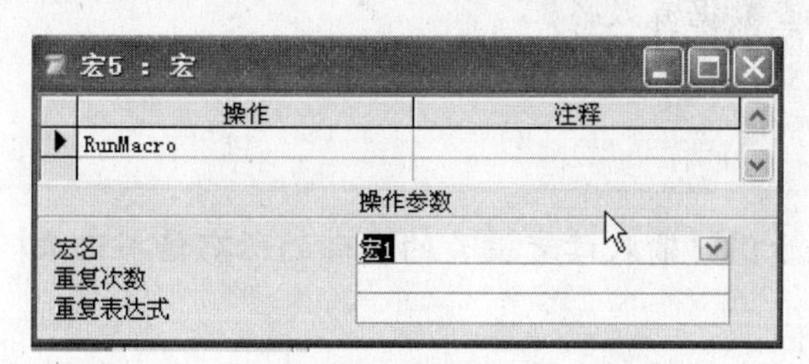

图8-20　RunMacro宏的设置

如果需要，可以设置【重复次数】和【重复表达式】参数。在【重复表达式】设置框中输入一个表达式，当该表达式为真时反复执行宏，直到该表达式的值为假或者达到【重复次数】所设定的最大次数。

如果让这两个设置框都为空，则宏只运行一次。

8.4 练 习 题

一、选择题

1. 要限制宏命令的操作范围，可以在创建宏时定义(　　)。

   A. 宏操作对象　　B. 宏条件表达式

   C. 窗体或报表控件属性　　D. 宏操作目标

2. 在宏的表达式中要引用窗体 Form1 上控件 Txt1 的值，可使用的引用式是(　　)。

   A. Txt1　　B. Form1!Txt1

   C. Forms!Form1!Txt1　　D. Forms!Txt1

3. MoveSize 基本操作是(　　)。

   A. 打开表　　B. 调整窗体　　C. 打印报表　　D. 调整大小

4. 如果不指定对象，Close 基本操作将会(　　)。

   A. 关闭正在使用的表　　B. 关闭正在使用的数据库

   C. 关闭当前窗体　　D. 关闭相关的使用对象(窗体、查询、宏)

5. 以下(　　)事件发生在控件接收焦点之前。

   A. Enter　　B. Exit　　C. GotFocus　　D. LostFocus

6. 宏不能修改(　　)。

   A 窗体　　B 宏本身　　C. 表　　D.数据库

7. 宏组是由(　　)组成的。

   A. 若干宏操作　　B. 子宏　　C. 若干操作指令　　D. 都不正确

二、简答题

1. 如何在宏中设置操作参数？
2. 如何在窗体上创建运行宏的命令按钮？
3. 如何使用宏检查数据有效性？
4. 直接运行宏有哪几种方式？

三、设计题

设计一个窗体，显示用户输入读者编号的读者的所有借书记录，要求读者借书记录用另一个窗体显示。

设计实现口令校验的宏。用包含条件的宏组实现对口令的检验，如果口令正确，就先关闭这个身份核对窗口，再打开图书窗体；如果口令不正确，将出现信息框，要求重新输入口令。

第 9 章　VBA 编程

【本章要点】

通过本章的学习，可以了解到什么是 VBA，并掌握 Access 2003 的 VBA 编程环境 VBE 的操作，学会使用基础 VBA 语法，并用它来编写短小实用的模块，帮助我们更方便有效地使用 Access。

9.1　VBA 编程环境

9.1.1　VBA 简介

虽然宏有很多功能，但是其运行速度比较慢，也不能直接运行 Windows 的程序，不能自定义函数，如果要对数据进行特殊的分析或操作时，宏的能力就有限了。

因此，微软创建了一种新的语言——VBA(Visual Basic for Application)，使用 VBA 可以创建“模块”，在其中包含执行相关操作的语句，它可以使 Access 自动化，可以创建自定义的解决方案。

VBA 是 VB 的子集，VB(Visual Basic)是微软公司推出的可视化 Basic 语言，用它来编程非常简单。由于 VB 简单，而且功能强大，所以微软公司将它的一部分代码结合到 Office 中，形成今天所说的 VBA。它的很多语法继承了 VB，所以可以像编写 VB 语言那样来编写 VBA 程序，以实现某个功能。当程序编译通过以后，将这段程序保存在 Access 中的一个模块里，并通过类似在窗体中激发宏的操作那样来启动这个“模块”，从而实现相应的功能。不单单是 Access，其他的 Office 应用程序，如 Excel、PowerPoint 等都可以通过 VBA 来辅助设计各种功能。

VBA 是事件驱动的，简单地说，它等待能激活它的事件发生，例如鼠标被点击、一个键被按下或者一个表单被打开等。当事件发生时，VBA 调用 Windows 操作系统的功能去实现“模块”中设定好的语句。这样看来，“模块”和“宏”的使用是差不多的。其实 Access 中的“宏”也可以存成“模块”，这样运行起来的速度还会更快。“宏”的每个基本操作在 VBA 中都有相应的等效语句，使用这些语句就可以实现所有单独的“宏”命令。

模块是书写和存放 VBA 代码的地方。它是一个代码容器，可以将一段具备特殊功能的代码放入模块中，当指定的事件激活模块时，其中包含的代码对应的操作就会被执行。模块有两种形态。

1. 标准模块

简称“模块”，或称为“一般模块”。大多数模块都是标准模块，其中包含的代码与特定的数据库对象并无关联，当数据库中的对象被移动时，模块还在原数据库中不动。

标准模块包含与任何其他对象都无关的常规过程，以及可以从数据库任何位置运行的经常使用的过程。

标准模块和与某个特定对象无关的类模块的主要区别在于其范围和生命周期。在没有相关对象的类模块中，声明或存在的任何变量/常量的值都仅在该代码运行时、仅在该对象中是可用的。

2. 类模块

可以包含由新对象定义的模块。一个类的每个实例都新建一个对象。在模块中定义的过程称为该对象的属性和方法。

类模块可以单独存在，也可以与窗体和报表一起存在。

与窗体、报表相关联的分别称为窗口(Form)模块和报表(Report)模块，这种模块中的代码和特定的报表或窗口相关联。当对应的窗口或报表被移动到另一个数据库时，模块和其中的代码通常也会跟着被移动。

窗体模块(该模块中包含在指定的窗体或其控件上事件发生时触发的所有事件过程的代码)和报表模块(该模块中包含在指定报表或其控件上事件触发时的所有事件过程的代码)都是类模块，它们各自与某一特定窗体或报表相关联。

窗体模块和报表模块通常都含有事件过程(自动执行的过程，以响应用户或程序代码启动的事件或系统触发的事件)，过程的运行用于响应窗体或报表上的事件。

可以使用事件过程来控制窗体或报表的行为，以及对它们操作的响应，如单击命令按钮。

9.1.2 VBA 代码编辑器(VBE)

VBE 就是 VBA 的代码编辑器，在 Office 的每个应用程序中都存在。可以在其中编辑 VBA 代码，创建各种功能模块。

1. 开启 VBE

有多种方式来打开 VBE：

- 在 Access 应用程序中，从菜单栏中选择【工具】|【宏】|【Visual Basic 编译器】命令，打开 VBE，如图 9-1 所示。
- 在 Access 应用程序中，从菜单栏中选择【插入】|【模块】命令，或者【插入】|【类模块】命令，打开 VBE，并且直接在其中创建一个模块或类模块，如图 9-2 所示。
- 刚打开数据库时，在对象栏中选中“模块”，然后选择“新建”，打开 VBA，并在其中生成一个新的空的标准模块。

2. VBE 窗口组成

如图 9-3 所示为一个 VBE 窗口，其中未包含任何代码。

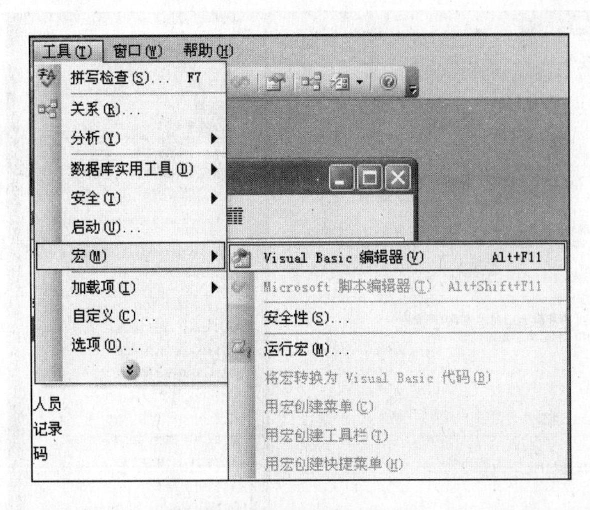

图 9-1　打开 VBE 方法一

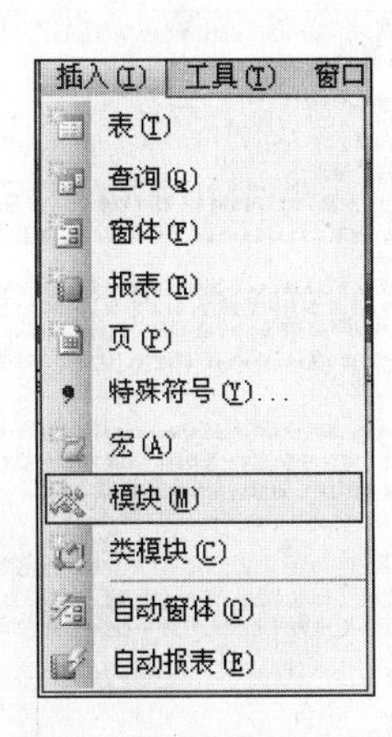

图 9-2　打开 VBE 方法二

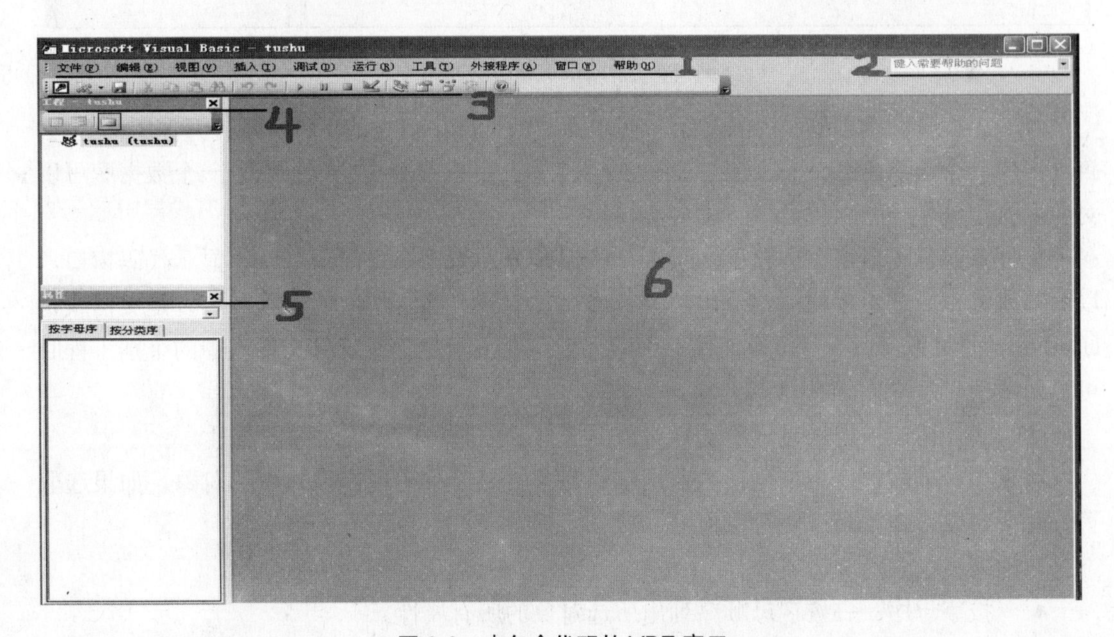

图 9-3　未包含代码的 VBE 窗口

VBE 窗口可大体分为如图 9-3 中所标记的 6 个部分。

(1)　菜单栏：VBE 中所有的功能都可以在菜单栏中实现。

(2)　帮助搜索：在图 9-3 中标号为 2 的位置，可以输入你所要查询的知识点，就会激活 Visual Basic 帮助，在图 9-4 中，就是在搜索栏中输入“属性”，按 Enter 键后，激活了 Visual Basic 帮助窗口，并把搜索到的相关条目列出，若再点击感兴趣的条目，就会打开 Microsoft Visual Basic 帮助文档，显示条目的具体内容。

(3)　工具栏：工具栏中包含各种快捷工具按钮，根据功能类型的不同各属于不同分组。例如：与代码编辑相关的工具按钮属于“编辑”工具，与调试相关的工具按钮属于“调试”工具。

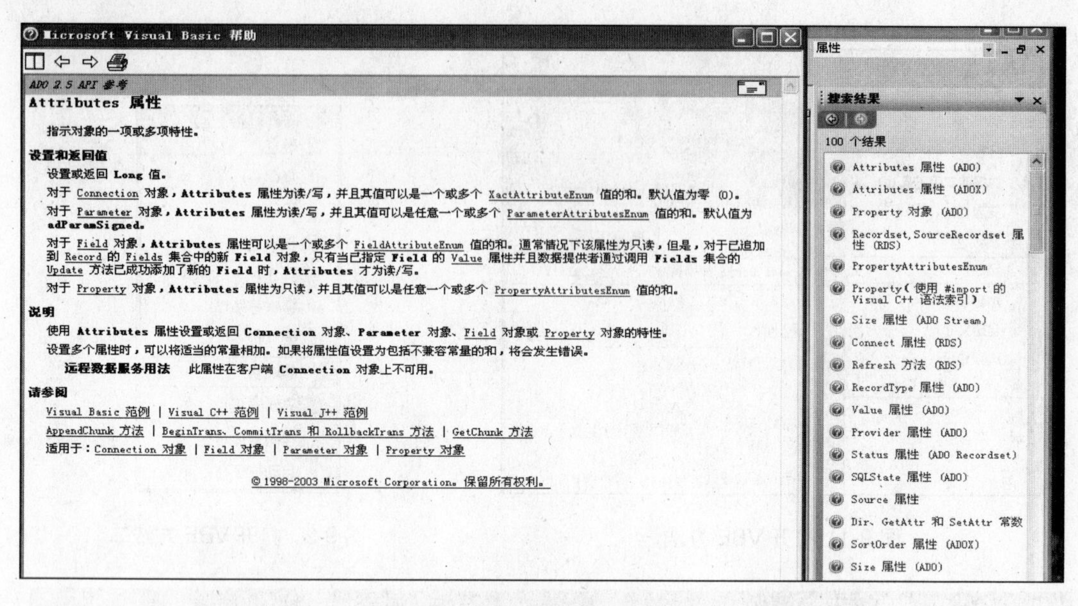

图 9-4　帮助搜索和帮助文档

(4) 工程资源管理器：用来显示和管理当前数据库中包含的工程。刚打开 VBE 时，会自动产生一个与当前 Access 数据库同名的空工程，可以在其中插入模块。一个数据库可以对应多个工程，一个工程可以包含多个模块。

工程资源管理器窗口标题下面有 3 个按钮，分别为“查看代码”，显示代码窗口，以编写或编辑所选工程目标的代码；“查看对象”，显示选取的工程，可以是文档或是 UserForm 的对象窗口；“切换文件夹”，当正在显示包含在对象文件夹中的个别工程时可以隐藏或显示它们。

(5) 属性窗口：用来显示所选定对象的属性，同时可以更改对象的属性。

对象下拉列表框：用来列出当前所选的对象，只能列出现有窗体中的对象。如果选取了好几个对象，则以第一个对象为准。

属性列表包含两个选项卡：

- 按字母序——按字母顺序列出所选对象的所有属性。
- 按分类序——根据性质列出所选对象的所有属性。可以折叠这个列表，这样将只看到分类；也可以扩充一个分类，并可以看到其所有的属性。当扩充或折叠列表时，可在分类名称的左边看到一个加号(+)或减号(-)图标。

(6) 主显示区域：用来显示当前操作所对应的主窗体。一般情况显示的是“代码窗口”，在其中可以编辑模块代码，如图 9-5 所示。

图 9-5　代码窗口

如果在“视图”菜单中，选择“对象浏览器”，在主显示区域中将显示如图 9-6 所示的对象浏览器窗口。如果选择“立即窗口”、“本地窗口”、“监视窗口”，在主显示区域的下端，将显示出对应的窗口。

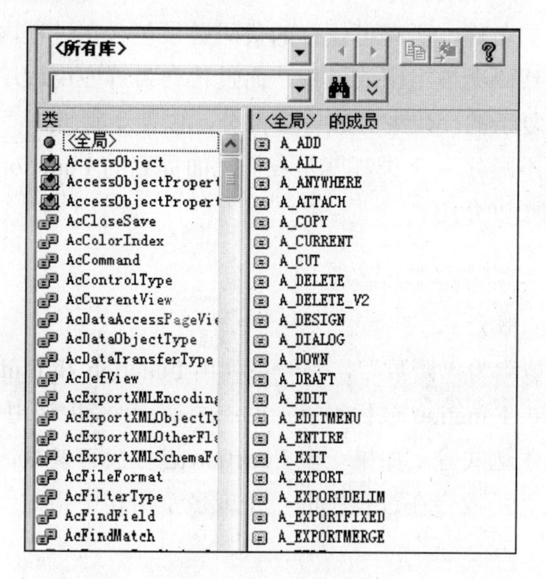

图 9-6　对象浏览器

- 立即窗口：在此窗中键入或粘贴一行代码，然后按 Enter 键可立即执行该代码。立即窗口中的代码是不能存储的。
- 本地窗口：可自动显示出所有在当前过程中的变量声明及变量值。若本地窗口为可见的，则每当从执行方式切换到中断模式或是操纵堆栈中的变量时，它就会自动地重建并显示。
- 监视窗口：当工程中有监视表达式定义时，就会自动出现。也可以将选取的变量拖动到立即窗口或监视窗口中。

提示：在 VBE 中的窗口都是可以移动的，可以随意拖动窗口，设置出最适合自己编程习惯的窗口布局。

9.2　VBA 语法

与学习任何一门语言一样，想要使用 VBA 进行编程，必须先熟练掌握 VBA 的语法，它是 VBA 编程的工具。

9.2.1　过程与函数

模块是 VBA 程序功能的基本单位，其中包含用 VBA 代码编写的操作语句。模块又是由一个又一个的过程组成的，多个过程按一定的关系组成完整的模块。

1. 过程的概念

过程(Procedure)是有明显开始和结束标识的代码段，用来实现一个程序逻辑。它是有名字的语句序列，可作为单元来执行。例如 Function、Property 和 Sub 都是过程类型。总是在模块级别定义过程的名称，所有可执行的代码必须包含在过程内，一过程不能套在其他过程中。在模块内的代码会被组织成过程，而过程会告诉应用程序如何去执行一个特定的任务。利用过程可将复杂的代码细分成许多部分，以便于管理。

过程按照其功能的不同分为 3 类，就是我们上面提到的 Function 过程、Property 过程和 Sub 过程。下面分别予以介绍。

2. Function 过程

(1) Function 过程的概念

Function 过程通常被称为“函数”，是一系列由 Function 和 End Function 语句所包含起来的 Visual Basic 语句。Function 过程可以返回一个值，可经由调用者过程通过传递参数，例如常数、变量、或是表达式等。如果一个 Function 过程没有参数，它的 Function 语句必须包含一个空的圆括号。函数会在过程中的一个或多个语句中指定一个值给函数名称来返回值。

(2) Function 过程的用途

Function 程序会返回一个数据值，常用来返回计算的结果。VBA 拥有许多内置函数，例如，Now()函数会返回目前的日期和时间。除了这些内置函数外，用户还可以建立自己的函数(也就是所谓的用户自定义函数)。由于函数会返回值，因此可以在表达式中使用它们。在 Access 中的许多地方都可以在表达式中使用函数，包括在 VBA 表达式或方法中、在许多属性设置值之中或在筛选或查询中的准则表达式中。

(3) Function 过程的定义语法

声明 Function 过程的名称，参数以及构成其主体的代码。

语法：

```
[Public | Private | Friend] Function name [(arglist)] [As type]
    [statements]
    [name = expression]
End Function
```

对 Function 语句的语法元素说明如下。

- Public：可选的。表示所有模块的所有其他过程都可访问这个 Function 过程。如果是在包含 Option Private 的模块中使用，则这个过程在该工程外是不可使用的。
- Private：可选的。表示只有包含其声明的模块的其他过程中可以访问该 Function 过程。
- Friend：可选的。只能在类模块中使用。表示该 Function 过程在整个工程中都是可见的，但对于对象实例的控制者是不可见的。
- Function：必需的。关键字，表示当前定义的是函数过程。
- name：必需的。Function 的名称；遵循标准的变量命名约定。
- arglist：可选的。代表在调用时要传递给 Function 过程的参数变量列表。多个变量应用逗号隔开。

- As type：可选的。Function 过程的返回值的数据类型可以是 Byte、Boolean、Integer、Long、Currency、Single、Double、Decimal(目前尚不支持)、Date、String(除定长)、Object、Variant 或任何用户定义类型。如果不加，则函数没有返回值。
- statements：可选的。在 Function 过程中执行的任何语句组。
- name = expression：可选的。设定 Function 过程的返回值。
- End Function：必需的关键字，标示函数过程的结束。

(4) Function 过程的调用

在需要使用 Function 的过程中，可以直接用“函数名(参数列表)”来调用函数，也可以使用 Call 语句调用：“Call 函数名(参数列表)”。如果函数有返回值，还可将函数放入表达式中使用。

【例 9.1】使用 Function 过程计算 10 的平方根。

在本例中，要建立一个标准模块，然后在其中声明一个 Function 过程，用来开平方，再定义一个主过程，在其中调用 Function 过程计算 10 的平方根，然后调用系统 MsgBox，弹出对话框，显示计算结果。具体操作步骤如下。

打开本书配套例子的数据库 tushu，在数据库对象管理窗口中，单击左侧“对象”组中的“模板”，再单击“新建”按钮，会自动打开 VBE，并且新建一个只包含一个声明语句的空模块，此时可以添加代码。如图 9.7、9.8 所示。

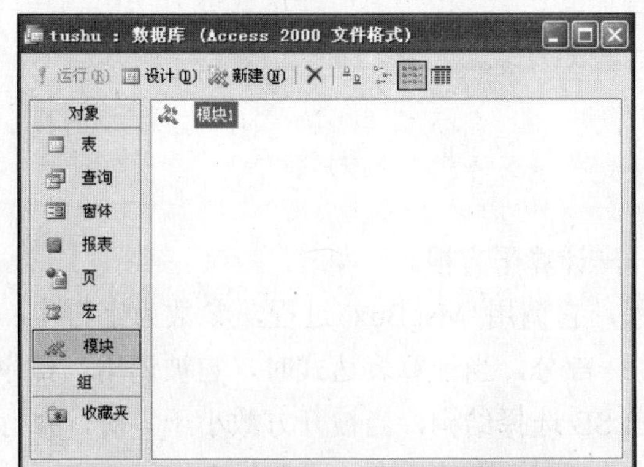

图 9-7　在对象管理窗口中新建模块

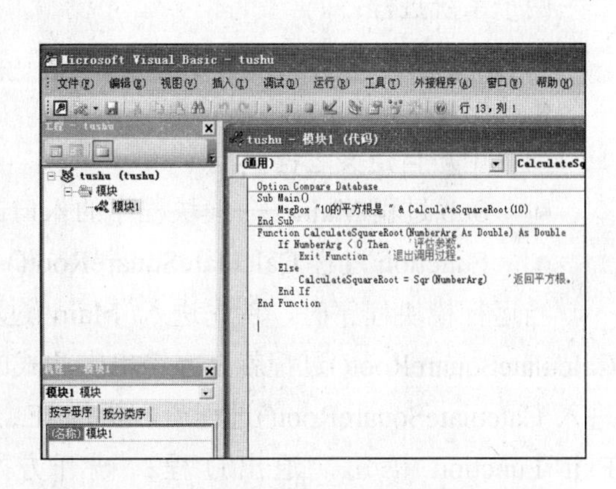

图 9-8　在代码窗口中添加过程代码

在代码窗口中添加的代码如下：

```
Sub Main()
    MsgBox "10 的平方根是 " & CalculateSquareRoot(10)
End Sub
Function CalculateSquareRoot(NumberArg As Double) As Double
    If NumberArg < 0 Then     '评估参数
        Exit Function     '退出调用过程
    Else
```

```
        CalculateSquareRoot = Sqr(NumberArg)    '返回平方根
    End If
End Function
```

按 F5 键或者单击 VBE 工具栏中的运行按钮▶，在弹出的宏对话框中单击【运行】按钮，就会运行项目中的模块，如图 9-9 所示，执行过程语句，弹出对话框，显示最终的计算结果，如图 9-10 所示。

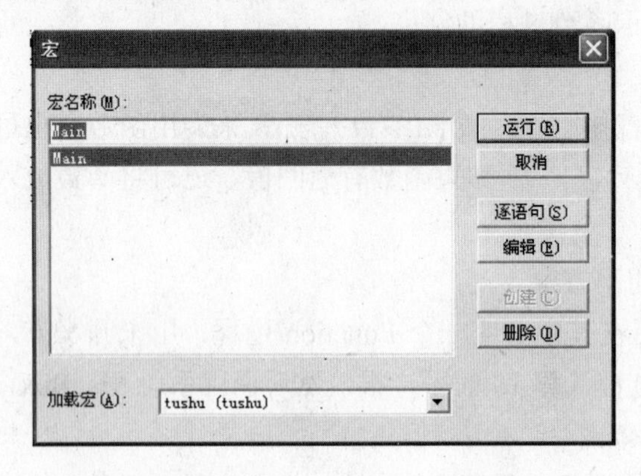

图 9-9　在【宏】对话框中运行主过程

图 9-10　最终显示结果的对话框

在例 9-1 中共有 4 个过程。

两个系统过程：

- Sqr()——计算平方根。
- MsgBox——弹出对话框。

两个用户自定义过程：

- Sub 过程 Main——模块程序的入口。
- Function 过程 CalculateSquareRoot()——计算平方根。

当运行模块程序时，首先进入 Main 过程，它调用 MsgBox 过程，参数为字符串，CalculateSquareRoot()过程就是字符串表达式的一部分，当计算表达式时，它被调用。程序进入 CalculateSquareRoot()过程后，执行 IF...ELSE 选择结构，当被开方数小于零时，执行 Exit Function 语句，退出过程；被开方数大于等零时，执行 CalculateSquareRoot=Sqr(NumberArg)语句，调用系统过程 Sqr()，将计算好的值返回给 CalculateSquareRoot()函数。

图 9-8 中，代码窗口中的第一行代码 Option Compare Database 是由 VBE 自动生成的，作用是当需要字符串比较时，将根据数据库的区域 ID 确定的排序级别进行比较。

3. Sub 过程

(1) Sub 过程的概念

Sub 过程又被称为“子过程”或“过程”，它是一系列由 Sub 和 End Sub 语句所包含起来的 Visual Basic 语句，它们会执行动作却不能返回一个值。Sub 过程可以有参数，例如以常数、变量、表达式等来调用它。如果一个 Sub 过程没有参数，则它的 Sub 语句必须包含一个空的圆括号。

(2) Sub 过程的用途

可以建立自己的 Sub 过程或使用 Access 本身的事件过程模板。数据库中的每一个窗体和报表都拥有内置的窗体模块或报表模块，这些模块包含事件程序模板。每个事件都可以创建相应的 Sub 过程，当 Access 识别到事件已经发生在窗体、报表或控件中时，它自动执行与事件相关联的 Sub 过程。许多向导(例如指令按钮向导)在建立对象时会一并为对象建立事件过程，以响应用户操作。

(3) Sub 过程的定义语法

声明 Sub 过程的名称，参数以及构成其主体的代码。

语法：

```
[Public | Private | Friend]  Sub name [(arglist)]
   [statements]
End Sub
```

对 Sub 语句的语法元素说明如下。

- Public：可选的。表示所有模块的所有其他过程都可访问这个 Sub 过程。如果是在包含 Option Private 的模块中使用，则这个过程在该工程外是不可使用的。
- Private：可选的。表示只有包含其声明的模块的其他过程可以访问该 Sub 过程。
- Friend：可选的。只能在类模块中使用。表示该 Sub 过程在整个工程中都是可见的，但对于对象实例的控制者是不可见的。
- Sub：必需的。关键字，表示当前定义的是子过程。
- name：必需的。Sub 过程的名称；遵循标准的变量命名约定。
- arglist：可选的。代表在调用时要传递给 Sub 过程的参数变量列表。多个变量应该用逗号隔开。
- statements：可选的。在 Sub 过程中执行的任何语句组。
- End Sub：必需的。关键字，表示函数过程的结束。

(4) Sub 过程的调用

Sub 过程与 Function 过程的相似之处是：它们都是可以获取参数，执行一系列语句，以及改变其参数的值的独立过程。与 Function 过程不同的是：带返回值的 Sub 过程不能用于表达式。从其他过程调用一个 Sub 过程时，必须键入过程名称以及所需要的参数值。而 Call 语句并不需要，不过若使用它，则所有参数必须以括号括起来。

【例 9.2】使用 Sub 过程计算矩形面积。

在本例中，先来建立一个标准模块，然后在其中声明一个 Sub 过程，用来计算矩形面积，再定义一个主过程，在其中调用 Sub 过程计算长 100、宽 100 的矩形面积，最后将结果显示在立即窗口中。具体操作步骤如下。

打开 VBE，并且新建一个只包含一个声明语句的空模块。

在代码窗口中添加如下代码：

```
Sub Main()
    SubComputeArea 100, 100   '调用 Sub 过程，计算矩形面积
End Sub
Sub SubComputeArea(Length, TheWidth)
    Dim Area As Double     '声明局部变量
    If Length = 0 Or TheWidth = 0 Then
    '如果有一个参数 = 0,
        Exit Sub     '就立即退出子过程
    End If
    Area = Length * TheWidth     '计算矩形的面积
    Debug.Print Area     '将面积显示在调试窗口
End Sub
```

按 F5 键或者单击 VBE 工具栏中的运行按钮，在弹出的宏对话框中单击“运行”按钮，就会运行项目中的模块，执行过程语句，在“立即窗口”中显示最终的计算结果，如图 9-11 所示。

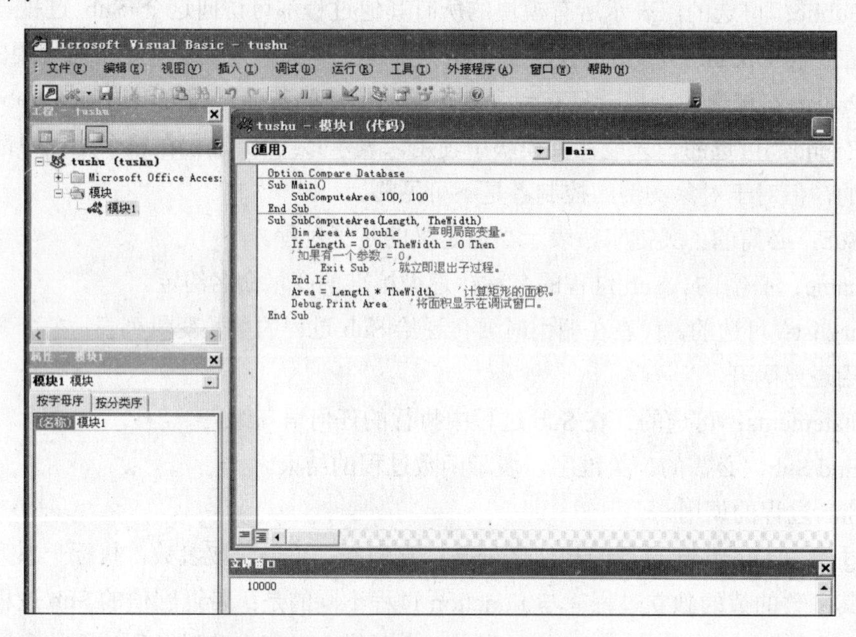

图 9-11　例 9.2 的执行结果

在例 9.2 中共有 3 个过程。

一个系统过程：

- Debug.Print——将调试信息显示在“立即窗口”中。

两个用户自定义过程：

- Sub 过程 Main——模块程序的入口。
- Sub 过程 SubComputeArea(Length, TheWidth)——计算矩形面积。

当运行模块程序时，首先进入 Main 过程，它调用 SubComputeArea 过程，参数为长和

宽。当程序进入 SubComputeArea 过程后，执行 IF...ELSE 选择结构，当长或宽任意一个为零时，执行 Exit Function 语句，退出过程；当长和宽都不为零时，执行 Else 语句，计算矩形面积，并将其结果作为调试信息显示在“立即窗口”中。

4. Property 过程

Property 过程是一系列的 Visual Basic 语句，它允许程序员去创建并操作自定义的属性。当创建一个 Property 过程时，它会变成此过程所属模块的一个属性。

9.2.2　常量和变量

变量是被命名的存储位置，包含在程序执行阶段修改的数据。每一变量都有变量名，在其作用范围内不能重名。可以指定数据类型，也可以不指定。

代码语言通过变量将数据存储到计算机内存中，根据变量数据类型的不同，变量在内存中占据的空间大小也不同。通过变量的声明，可以建立变量并起名，以供后续操作时来存储，即读取变量。

1. 声明变量

使用 Dim 语句来声明变量。一个声明语句可以放到过程中，也可以放置在过程外。过程中声明的变量属于过程的级别，只在当前过程中有效；在过程外声明，则可将它放到模块顶部，以创建属于模块级别的变量，这种变量在整个模块中所有过程里都有效。

下面的示例创建了变量 strName 并且指定为 String 数据类型：

```
Dim strName As String
```

如果该语句出现在过程中，则变量 strName 只可以在此过程中被使用。如果该语句出现在模块的声明部分，则变量 strName 可以被此模块中所有的过程所使用，但是不能被同一工程中不同的模块所含过程来使用。为了使变量可被工程中所有的过程所使用，应在变量前加上 Public 语句，如以下示例：

```
Public strName As String
```

变量可以声明成下列数据类型中的一种：Boolean、Byte、Integer、Long、Currency、Single、Double、Date、String(变长字符串)、String * length(定长字符串)、Object 或 Variant。如果未指定数据类型，则默认为 Variant 数据类型。也可以使用 Type 语句来创建用户定义类型。可以在一个语句中声明几个变量。而为了指定数据类型，必须将每一个变量的数据类型包含进来。在下面的语句中，变量 intX、intY 和 intZ 被声明为 Integer 类型：

```
Dim intX As Integer, intY As Integer, intZ As Integer
```

在下面的语句中，变量 intX 与 intY 被声明为 Variant 类型；只有 intZ 被声明为 Integer 类型：

```
Dim intX, intY, intZ As Integer
```

在声明语句中，不一定要提供变量的数据类型。若省略了数据类型，则会将变量设成 Variant 类型。

- 使用 Public 语句：可以使用 Public 语句去声明公共模块级别的变量。
- Public strName As String：公有变量可用于工程中的任何过程。如果公有变量是声明于标准模块或是类模块中，则它也可以被任何引用到此公有变量所属工程的工程使用。
- 使用 Private 语句：可以使用 Private 语句去声明私有的模块级别变量。

例如：

```
Private MyName As String
```

私有变量只可用于同一模块中的过程。

注意：*在模块级别中使用 Dim 语句与使用 Private 语句是相同的。不过使用 Private 语句可以更容易地读取和解释代码，可以增强代码的可读性。*

2. 常量

常量就是命名的常数值，并且在后续的代码中可以使用常量名来替代这个常数值。常数值可以是字符串、数值、另一常量的值、任何(除乘幂与 Is 之外的)算术运算符或逻辑运算符的组合。每个主应用程序皆可定义自己的一组常量。用户也可以 Const 语句定义附加常量。可在代码中的任何地方使用常量代替实际的值。

代码中可能包含经常出现的常数值，或可能某些数值是非常难以记忆并且无明确意义的。使用常量可使代码更容易读取与维护。常量是一个有意义的名称，它可以替换一个号码或字符串而且值不会改变。不能修改一个常量或如同操作变量般地赋一个新值给常量。

常用的常量分为两种：系统常量和用户自定义常量。系统常量可以直接使用，用户自定义常量需要先声明，后使用。

3. 声明常量

可以使用 Const 语句去声明一个常量，并且设置它的值；而在常量声明完之后，则不能加以更改或赋予新值。

在声明部分，可以在过程中或者在模块顶部声明常量。模块级别中的常量默认为私有的。若要声明一个公共模块级别常量，则可以在 Const 语句前加上 Public 这个关键字。也可以利用在 Const 语句前加上 Private 关键字来明确地声明一个私有的常量，使代码更容易理解。

下面的代码声明了一个 Public 常量 conAge 为 Integer 类型，并且指定它的值为 34：

```
Public Const conAge As Integer = 34
```

常量可以声明成下列数据类型中的一种：Boolean、Byte、Integer、Long、Currency、Single、Double、Date、String 或 Variant。因为已经知道常量的值，所以可以指定 Const 语句中的数据类型。

可以在一个语句中声明数个常数。为了指定数据类型，必须将每一个常数的数据类型包含进来。在下面的语句中，常数 conAge 和 conWage 分别被声明为 Integer 类型和 Currency 类型：

```
Const conAge As Integer = 34, conWage As Currency = 35000
```

4. 作用范围和生存周期

(1) 作用范围

作用范围指的是变量、常数或过程被其他过程使用的可用性。有三个范围级别：过程的级别(当前过程中可用)、私有模块级别(当前模块中可用)和公共模块级别(项目中可用)。

当声明一个变量时已决定了它的作用范围。

定义于程序内的变量只有声明此变量的过程中可以使用。

在下面的代码中，第一个过程显示一个包含字符串的信息框。而第二个过程则显示一个空白的信息框，因为变量 strMsg 对于第一个程序是本地的。

具体代码如下：

```
Sub LocalVariable()
    Dim strMsg As String
    strMsg = "This variable can't be used outside this procedure."
    MsgBox strMsg
End Sub

Sub OutsideScope()
    MsgBox strMsg
End Sub
```

在模块的声明部分中，可以定义模块级别变量和常量。模块级别变量可以是私有或公有的。在工程中，公有变量对于所有模块中的所有过程是可用的；而私有变量只对于属于模块中的过程是可用的。由 Dim 语句在声明部分中所声明的变量，其范围的默认值为私有。在变量的前面加上 Private 关键字，能够增强代码的可读性。

在下面的示例代码中，字符串变量 strMsg 可被定义在此模块中的任何过程使用。当第二个过程被调用时，它会在对话框中显示出字符串变量 strMsg 的内容。

添加下面的代码到模块的声明部分：

```
Private strMsg sAs String

Sub InitializePrivateVariable()
    strMsg = "This variable can't be used outside this module."
End Sub
```

```
Sub UsePrivateVariable()
    MsgBox strMsg
End Sub
```

注意：公共过程若是在标准模块或对象类模块中的话，则任何引用工程都可以使用它。为了限制当前工程中模块内的所有过程，可以在模块的声明部分加上 Option Private Module 语句。如此则公有变量和过程仍然可被当前工程中的其他过程所使用，但不能被引用工程所使用。

如果声明一个模块级别变量为公用，它将可被工程中的所有过程使用。在下面的示例代码中，字符串变量 strMsg 可被工程中模块的所有过程使用：

```
' 包括在模块的声明部分中
Public strMsg As String
```

除了事件过程之外，所有过程的缺省值都是公共的。当 Visual Basic 创建一个事件过程时，在过程的声明前面会自动的加上 Private 关键字。对于其他的过程来说，若不想使它为公共的，必须利用 Private 关键字来显式地声明过程。

可以从引用的工程中，去使用它定义在标准模块或类模块中的公共过程、变量，以及常数。然而，必须先设置一个对它们所定义工程的引用。

公共过程、变量以及常数若不是定义在标准模块或类模块中，例如窗体模块或报表模块，都不可以被引用工程所使用，因为这些模块对于所驻留的工程而言是私有的。

(2) 生存周期

变量在内存中保留其值的这段时间，称为生存周期。变量的值可能在整个生存周期都在改变，但它仍然保留着一些值。当变量失去了作用范围之后，也就不再保存任何值。

当过程开始运行时，所有的变量都会被初始化。一个数值变量会初始化成 0，变长字符串被初始化成零长度的字符串("")，而定长字符串会被填满 ASCII 字符码 0 所表示的字符或是 Chr(0)。Variant 变量会被初始化成 Empty。用户定义类型中每一个元素变量会被当成个别变量来做初始化。

过程级别的变量在声明后将保留一个值，直到此过程退出为止。

如果该过程调用其他的过程，则在这些过程正在运行的同时，属于调用者过程的变量仍保留它的值。

模块级别变量在标准模块或类模块中会一直保留它的值，直到停止运行代码。模块级别的变量会一直占用内存资源，直到退出模块程序，所以只有在必要时才使用它们。

9.2.3 数据类型

在例 9.2 中已经使用到了数据类型，因为定义变量和常量需要指定其对应的数据类型，好在执行声明语句时为其分配内存空间。

1. 数据类型的分类

为了不同的操作需要，VB 构造了多种数据类型，用于存放不同类型的数据。

(1) Byte 存储为单精度型、无符号整型、8 位(1 个字节)的数值形式。Byte 数据类型在存储二进制数据时很有用。

(2) Boolean 存储的值只能是 True 或是 False。Boolean 变量的值显示为 True 或 False(在使用 Print 的时候)，或者#TRUE#或#FALSE#(在使用 Write#的时候)。使用 True 与 False 可将 Boolean 变量赋值为这两个状态中的一个。

当转换其他的数值类型为 Boolean 值时，0 会转成 False，而其他的值则变成 True。当转换 Boolean 值为其他的数据类型时，False 成为 0，而 True 成为-1。

(3) Integer、Long 用来存储整型值。

(4) Single、Double 用来存储浮点型值。

(5) Currency 一般用来存储货币型数值，整型的数值形式，然后除以 10000 给出一个定点数，其小数点左边有 15 位数字，右边有 4 位数字。Currency 的类型声明字符为 at 号(@)。

(6) Decimal 一般用来存储科学计数法表示的数值。

(7) Date 用来存储日期值，时间可以从 0:00:00 到 23:59:59。任何可辨认的文本日期都可以赋值给 Date 变量。

日期文字须以数字符号(#)扩起来，例如，#January 1, 1993#或#1 Jan 93#。

Date 变量会根据计算机中的短日期格式来显示。时间则根据计算机的时间格式(12 或 24 小时制)来显示。

当其他的数值类型要转换为 Date 型时，小数点左边的值表示日期信息，而小数点右边的值则表示时间。午夜为 0 而中午为 0.5。负整数表示 1899 年 12 月 30 日之前的日期。

(8) Object 变量用来存储对象。

(9) String 变量用来存储字符串，字符串有两种：变长与定长的字符串。

(10) Variant 数据类型是所有没被显式声明(用如 Dim、Private、Public 等语句)为其他类型变量的数据类型。Variant 数据类型并没有类型声明字符。Variant 是一种特殊的数据类型，除了定长数据及用户定义类型外，可以包含任何种类的数据。Variant 也可以包含 Empty、Error、Nothing 及 Null 等特殊值。

(11) 可以使用任何以 Type 语句定义的数据类型。用户自定义类型可包含一个或多个某种数据类型的数据元素、数组或一个先前定义的用户自定义类型。例如：

```
Type MyType
    MyName As String      '定义字符串变量存储一个名字
    MyBirthDate As Date     '定义日期变量存储一个生日
    MySex As Integer      '定义整型变量存储性别
End Type                  '(0 为女，1 为男)
```

表 9-1 给出了所支持的数据类型，以及存储空间大小和范围。

表 9-1　所支持的数据类型，以及存储空间大小和范围

数据类型名	所占存储空间大小(字节)	范　围
Byte	1	0~255
Boolean	2	True 或 False
Integer	2	-32768~32767
Long(长整型)	4	-2147483648~2147483647
Single(单精度浮点型)	4	负数时从-3.402823E38 到-1.401298E-45；正数时从 1.401298E-45 到 3.402823E38
Double(双精度浮点型)	8	负数时从-1.79769313486231E308 到-4.94065645841247E-324；正数时从 4.94065645841247E-324 到 1.79769313486232E308
Currency(变比整型)	8	从-922337203685477.5808 到 922337203685477.5807
Decimal	14	没有小数点时为：+/-79228162514264337593543950335；而小数点右边有 28 位数时为：+/-7.9228162514264337593543950335；最小的非零值为：+/-0.0000000000000000000000000001
Date	8	100 年 1 月 1 日，到 9999 年 12 月 31 日
Object	4	任何 Object 引用
String(变长)	10 字节加字符串长度	0 到大约 20 亿
String(定长)	字符串长度	1 到大约 65400
Variant(数字)	16	任何数字值，最大可达 Double 的范围
Variant(字符)	22 个字节加字符串长度	与变长 String 有相同的范围
用户自定义(利用 Type)	所有元素所需数目	每个元素的范围与其数据类型的范围相同

2. 数据类型转换

在一些语句或表达式中，需要对变量的数据类型进行转换。将值从一种数据类型更改为另一种类型的过程称为转换。根据源代码中的语法，它们可以是隐式转换或显式转换。隐式转换一般是由存储空间小的类型向大的类型转换，可以直接转换而不会出错，例如：

```
Dim a As Integer
Dim b As String
a = 3
b = a
```

而如果将后两句换为 b="Hello"和 a=b，程序就会出错，提示“不匹配”，因为整型变量 a 的存储空间中存不下字符变量 b。

显式转换是调用数据类型转换函数，进行强制转换。如果传递给函数的表达式超过转换目标数据类型的范围，将发生错误。

例如，使用 CInt 函数将一数值转换为 Integer，小数点后部分直接被截掉：

```
Dim MyDouble, MyInt
MyDouble = 1.2452    'MyDouble 为 Double 类型
MyInt = CInt(MyDouble)    'MyInt 的值为 1
```

9.2.4　数组

1. 数组的概念

有时候需要将数据类型相同的变量放在一起，作为一个整体来处理，这就是数组。数组是连续可索引(从 0 到 n 的不重复的整数序号)的具有相同内在数据类型的元素所成的集合，数组中的每一元素具有唯一索引号。更改其中一个元素并不会影响其他元素。

若要存储一年中每天的支出，可以声明一个具有 365 个元素的数组变量，而不是 365 个变量。数组中的每一个元素都包含一个值。

如下语句声明数组变量 curExpense 具有 365 个元素：

```
Dim curExpense(364) As Currency
```

按照默认规定，数组的索引是从零开始的，所以此数组的上界是 364 而不是 365。

若要设置个别元素的值，必须指定元素的索引。下面的示例对数组中的每个元素都赋予一个初始值 20：

```
Sub FillArray()
    Dim curExpense(364) As Currency
    Dim intI As Integer
    For intI = 0 to 364
        curExpense(intI) = 20
    Next
End Sub
```

2. 声明数组

数组的声明方式和其他的变量是一样的，它可以使用 Dim、Static、Private 或 Public 语句来声明。普通变量(非数组)与数组变量的不同在于，数组通常必须指定数组的大小。若数组的大小被指定的话，则它是个固定大小的数组。若程序运行时数组的大小可以被改变，则它是个动态数组。

下面这行代码声明了一个固定大小的数组，它是个 11 行乘以 11 列的 Integer 数组：

```
Dim MyArray(10, 10) As Integer
```

第一个参数代表的是行；而第二个参数代表的是列。

与其他变量的声明一样，除非指定一个数据类型给数组，否则声明数组中元素的数据类型为 Variant。数组中每个数组的数字型 Variant 元素占用 16 个字节。每个字符串型 Variant 元素占用 22 个字节。为了尽可能使写的代码简洁明了，要明确地声明数组为某一种数据类型而非 Variant。下面的这几行代码比较了几个不同数组的大小：

```
' 整型数组使用 22 个字节(11 个元素 * 2 字节)
ReDim MyIntegerArray(10) As Integer

' 双精度数组使用 88 个字节(11 个元素 * 8 字节)
ReDim MyDoubleArray(10) As Double

' 变体型数组至少使用 176 个字节(11 个元素 * 16 字节)
ReDim MyVariantArray(10)

' 整型数组使用 100 * 100 * 2 个字节(20000 字节)
ReDim MyIntegerArray (99, 99) As Integer

' 双精度数组使用 100 * 100 * 8 个字节(80000 字节)
ReDim MyDoubleArray (99, 99) As Double

' 变体型数组至少使用 160000 个字节(100 * 100 * 16 字节)
ReDim MyVariantArray(99, 99)
```

若使用的数组大小超过了系统中可用内存总数的话，速度会变慢，因为必须从磁盘中读写数据。

若声明为动态数组，则可以在执行代码时去改变数组大小。可以利用 Static、Dim、Private 或 Public 语句来声明数组，并使括号内为空，如下例所示：

```
Dim sngArray() As Single
```

9.2.5 注释与续行

VBE 的注释以英文单引号开始，这一行之中在其之后的所有的输入都会变成绿色，只起注释说明的作用，不再具有语法功能。若去掉单引号，则后面的语句就再度生效了。可以在测试程序的时候，使用注释来屏蔽不想让其生效的代码，非常方便。在工具栏中，还有对应的“设置注释块”和“解除注释块”工具按钮。

通常会将语句或一个表达式写在同一行中，但也可以利用一个换行接续符号(即底线字符)将其分行。例如，可以将 ReDim MyVariantArray(99, 99)改为：

```
ReDim MyVariantArray(99,_
99)
```

9.2.6　VBA 命名规则

当在 VisualBasic 的模块中为过程、常数、变量以及参数命名时，要遵循下列规则：

- 第一个字符必须使用英文字母。
- 不能在名称中使用空格、运算符、句点(.)、惊叹号(!)、或 @、&、$，# 等字符。
- 名称的长度不可以超过 255 个字符。

通常，使用的名称不能与 Visual Basic 本身的、语句以及方法的名称相同。也不能使用与程序语言的关键字相同的名称。常规做法是在内建函数、语句或方法的名称之前加上关联的类型库的名称。例如，如果有一个名为 Left 的变量，则只能用 VBA.Left 来调用 Left 函数。

不能在范围的相同层次中使用重复的名称。例如，不能在同一过程中声明两个命名为 age 的变量。可以在同一模块中声明一个私有的命名为 age 的变量和过程级别的命名为 age 的变量。

注意： Visual Basic 不区分大小写，但它会在名称被声明的语句处保留大写。

9.2.7　VBA 控制结构

VBA 使用的是 VB 中的控制结构，分为两大类，简单来说就是条件分支和循环结构。控制结构是对程序逻辑和流程的控制。通过设定条件分支结构，可以控制程序在设定好的条件下该做什么和不该做什么；循环则可控制在一定条件下执行重复操作的次数。

1. 条件分支

条件语句评估一个条件式是 True 或 False，然后根据结果来执行一个或多个指定的语句。通常，条件式是一个表达式。

条件分支结构在 VBA 中有两种语法结构，分别为 IF…ELSE 和 Select Case。

(1) IF…ELSE 语句是最常使用的条件分支结构，它的语法如下。

① 单行形式的语法：

```
If condition Then [statements] [Else elsestatements]
```

② 也可以使用块形式的语法：

```
If condition Then
   [statements]
[ElseIf condition-n Then
```

```
    [elseifstatements] ...
[Else
    [elsestatements]]
End If
```

对语法中各元素的含义说明如下。

- Condition(条件)：必要参数。一个或多个具有下面两种类型的表达式。
    - ◆ 关系表达式：其运算结果为 True 或 False。如果 condition 为 Null，则 condition 会视为 False。
    - ◆ TypeOf objectname Is objecttype 形式的表达式。其中的 objectname 是任何对象的引用，而 objecttype 则是任何有效的对象类型。如果 objectname 是 objecttype 所指定的一种对象类型，则表达式为 True，否则为 False。
- Statements(语句段)：在块形式中是可选参数；但是在单行形式中，且没有 Else 子句时，则为必要参数。一条或多条以冒号分开的语句，它们在 condition 为 True 时执行。
- condition-n：可选参数。与 condition 同。
- Elseifstatements(语句段)：可选参数。一条或多条语句，它们在相关的 condition-n 为 True 时执行。
- Elsestatements(语句段)：可选参数。一条或多条语句，它们在前面的 condition 或 condition-n 都不为 True 时执行。

If...Then...Else 语句的语法具有以下几个部分：

在单行形式中，按照 If...Then 判断的结果也可以执行多条语句。所有语句必须在同一行上并且以冒号分开，如下面的语句所示：

```
If A > 10 Then A = A + 1 : B = B + A : C = C + B
```

在块形式中，If 语句必须是第一行语句。其中的 Else、ElseIf，和 EndIf 部分可以只在之前加上行号或行标签。If 块必须以一个 EndIf 语句结束。

要决定某个语句是否为一个 If 块，可检查 Then 关键字之后是什么。如果在 Then 同一行之后，还有其他非注释的内容，则此语句就是单行形式的 If 语句。

Else 和 ElseIf 子句都是可选的。在 If 块中，可以放置任意多个 ElseIf 子句，但是都必须在 Else 子句之前。If 块也可以是嵌套的。

当程序运行到一个 If 块(第二种)时，condition 将被测试。如果 condition 为 True，则在 Then 之后的语句会被执行。如果 condition 为 False，则每个 ElseIf 部分的条件式(如果有的话)会依次计算并加以测试。如果找到某个为 True 的条件时，则其紧接在相关的 Then 之后的语句会被执行。如果没有一个 ElseIf 条件式为 True(或是根本就没有 ElseIf 子句)，则程序会执行 Else 部分的语句。而在执行完 Then 或 Else 之后的语句后，会从 EndIf 之后的语句继续执行。

【例 9.3】使用 IF…ELSE 语句计算两个数的最大值。

先来建立一个标准模块，然后在其中声明一个包含IF…ELSE条件分支Function过程，用来计算两个数的最大值，再定义一个主过程，用来获取要比较的两个数，然后调用Function过程计算最大值，最后调用系统函数MsgBox弹出对话框，显示计算结果。具体操作步骤如下。

打开数据库tushu，在数据库对象管理窗口中，单击左侧“对象”组中的“模板”，再点击上面的“新建”按钮，会自动打开VBE，并且新建一个空模块。

在代码窗口中添加如下代码：

```
Sub Main()
    Dim intNumber1 As Integer
    Dim intNumber2 As Integer
    intNumber1 = InputBox("请输入要比较的第一个整数")
    intNumber2 = InputBox("请输入要比较的第一个整数")
    Dim strMax As String
    strMax = CStr(MyMax(intNumber1, intNumber2))
    MsgBox "最大值为：" + strMax
End Sub
Function MyMax(a As Integer, b As Integer) As Integer
    If a > b Then
        MyMax = a
    Else
        MyMax = b
    End If
End Function
```

单击F5或者单击VBE工具栏中的运行按钮，在弹出的宏对话框中单击“运行”按钮，就会运行项目中的模块，弹出输入对话框，如图9-12所示，在其中输入第一个要比较的数，单击【确定】按钮；然后弹出第二个输入对话框，在其中输入第二个要比较的数，单击“确定”按钮，模块会计算出最大值，并显示在对话框中。如图9-13所示。

图9-12　输入窗口

图9-13　弹出的对话框

在例9.3中，定义了一个Function过程MyMax来比较两个整型数的最大值，其中使用了IF…ELSE条件分支结构，当参数a大于参数b时，函数的返回值等于a；否则，函数的返回值等于b。Sub过程主过程调用了系统过程InputBox，用来获取用户输入的数值，将输入的两个整数作为参数传递给MyMax来进行比较。CStr函数用于将其他数据类型转换为字符串型。

(2) Select Case 语句

使用单一表达式来作为分支的条件，根据表达式的不同结果来执行多种可能的动作时，Select Case 更为有用。它的语法如下：

```
Select Case testexpression
    [Case expressionlist-n
       [statements-n]] ...
    [Case Else
       [elsestatements]]
End Select
```

对语法中各元素的含义说明如下。

- Testexpression(条件表达式)：必要参数。任何数值表达式或字符串表达式。
- expressionlist-n(分支表达式)：如果有 Case 出现，则为必要参数。其形式为 expression、expression To expression、Is comparisonoperator expression 的一个或多个组成的分界列表。To 关键字可用来指定一个数值范围。如果使用 To 关键字，则较小的数值要出现在 To 之前。使用 Is 关键字时，则可以配合比较运算符(除 Is 和 Like 之外)来指定一个数值范围。如果没有提供，则 Is 关键字会被自动插入。
- statements-n(表达式分支语句)：可选参数。一条或多条语句，当 testexpression 匹配 expressionlist-n 中的任何部分时执行。
- Elsestatements(Else 分支语句)：可选参数。一条或多条语句，当 testexpression 不匹配 Case 子句的任何部分时执行。

如果 testexpression 匹配某个 Case expressionlist 表达式， 则在 Case 子句之后，直到下一个 Case 子句的 statements 会被执行；如果是最后一个子句，则会执行到 End Select。然后控制权会转移到 End Select 之后的语句。如果 testexpression 匹配一个以上的 Case 子句中的 expressionlist 表达式，则只有第一个匹配后面的语句会被执行。

Case Else 子句用于指明 elsestatements，当 testexpression 和所有的 Case 子句中的 expressionlist 都不匹配时，则会执行这些语句。虽然不是必须的，但是在 Select Case 区块中，最好还是加上 Case Else 语句来处理不可预见的 testexpression 值。如果没有 Case expressionlist 匹配 testexpression，而且也没有 Case Else 语句，则程序会从 End Select 之后的语句继续执行。

可以在每个 Case 子句中使用多重表达式或使用范围，例如，下面的语句是正确的：

```
Case 1 To 4, 7 To 9, 11, 13, Is > MaxNumber
```

Select Case 语句也可以是嵌套的。但每个嵌套的 Select Case 语句必须要有相应的 End Select 语句。

【例 9.4】使用 Select…Case 语句换算成绩。

建立一个标准模块，然后在其中声明一个包含 Select…Case 条件分支的 Function 过程，用来将数值成绩换算为汉字表示的成绩，再定义一个主过程，用来获取当前要换算的成绩，然后调用 Function 过程进行换算，最后调用系统 MsgBox，弹出对话框，显示结果。具体操作步骤如下。

打开本书配套例子数据库 tushu，在数据库对象管理窗口中，单击左侧“对象”组中的“模板”，再单击上面的“新建”按钮，会自动打开 VBE，并且新建一个空模块。

在代码窗口中添加如下代码：

```
Sub Main()
   Dim intNumber1 As Integer
   intNumber1 = InputBox("请输入好换算的成绩")
   MsgBox "成绩等级为：" + Grade(intNumber1)
End Sub

Function Grade(intGrade As Integer) As String
   Select Case intGrade
      Case 0 To 59
         Grade = "不及格"
      Case 60 To 69
         Grade = "差"
      Case 70 To 79
         Grade = "中"
      Case 80 To 89
         Grade = "良"
      Case 90 To 100
         Grade = "优"
      Case Else
         Grade = "你所输入的成绩不在 1~100 之间"
   End Select
End Function
```

如图 9-14 所示，在其中输入一个数值，单击【确定】按钮；运行该模块，弹出如图 9-15 所示的对话框。如果输入不在 0~100 范围内，将弹出对话框，提示输入出错。

图 9-14　输入对话框

图 9-15　弹出对话框

在例 9.4 中，定义了一个 Function 过程 Grade 来换算成绩格式，其中使用了 Select…Case 条件分支结构，当参数 intGrade 的值在 0~59 之间时，函数的返回值等于“不及格”，如此类推，将百分制成绩换算为中文的等级格式。当前面的值都不满足条件表达式时，执行 Case Else 后的语句。在本例中，当输入的值不在 1~100 之间时，将 Grade 的返回值设为“你所输入的成绩不在 1~100 之间”。主过程调用了系统过程 InputBox，用来获取用户输入的成绩值，将输入的整数作为参数传递给 Grade 来进行格式转换。最终，在弹出对话框中显示执行的结果。

2. 循环结构

循环允许重复执行一组语句。某些循环重复执行语句直到条件为 False；而有些循环重复执行语句直到条件为 True。也有某些循环执行一指定次数的语句或是集合中的每一个对象。

循环结构在 VBA 中有 3 种语法结构：

- Do...Loop
- For...Next
- For Each...Next

下面将分别予以介绍。

(1) Do...Loop 语句

Do…Loop 语句根据循环逻辑的不同，可分“当循环”和“直到循环”两种，分别对应 While 关键字和 Until 关键字。

① 在条件表达式之前使用 While 的“当循环”，当条件为 True 时才执行循环，如果条件为 False，就结束循环。它有两种使用方法。可以在进入循环之前检查条件式，也可以在循环至少运行一次之后才检查条件式。

在下面的 ChkFirstWhile 过程中，在进入循环之前检查条件。如果将 myNum 的值由 20 替换成 9，则循环中的语句将永远不会运行。在 ChkLastWhile 过程中，在条件变成 False 之前循环中的语句只执行一次。具体代码如下：

```
Sub ChkFirstWhile()
   counter = 0
   myNum = 20
   Do While myNum > 10
      myNum = myNum - 1
      counter = counter + 1
   Loop
   MsgBox "The loop made " & counter & " repetitions."
End Sub

Sub ChkLastWhile()
```

```
    counter = 0
    myNum = 9
    Do
        myNum = myNum - 1
        counter = counter + 1
    Loop While myNum > 10
    MsgBox "The loop made " & counter & " repetitions."
End Sub
```

② 在条件表达式之前使用 Until 的“直到循环”，在条件表达式的值为 False 时执行循环，直到条件表达式为 True 时，结束循环。

当使用 Until 关键字去检查 Do...Loop 语句中的条件时，也可以使用如下两种方法。可以在进入循环之前检查条件(如同 ChkFirstUntil 过程所示)，也可以在循环至少运行一次之后才检查条件(如同 ChkLastUntil 过程所示)。当条件仍然为 False 时，循环继续。

具体代码如下：

```
Sub ChkFirstUntil()
    counter = 0
    myNum = 20
    Do Until myNum = 10
        myNum = myNum - 1
        counter = counter + 1
    Loop
    MsgBox "The loop made " & counter & " repetitions."
End Sub

Sub ChkLastUntil()
    counter = 0
    myNum = 1
    Do
        myNum = myNum + 1
        counter = counter + 1
    Loop Until myNum = 10
    MsgBox "The loop made " & counter & " repetitions."
End Sub
```

(2) For…Next 语句

可以使用 For...Next 语句去重复一个语句块，而它运行的次数是指定的。For 循环使用一个计数变量，当重复每个循环时它的值会增加或减少。

下面的过程会让计算机发出响声 50 次。For 语句会指定计数变量 x 的开始与结束值。

Next 语句会将计数变量的值加 1。代码如下：

```
Sub Beeps()
   For x = 1 To 50
      Beep
   Next x
End Sub
```

(3) For Each…Next 语句

这个循环语句用于遍历数组或者集合。依次从指定的数组或者集合读出一个值用于操作。每当循环执行一次，Visual Basic 就会自动设置一个变量用来获取数组或集合的值。

下面的代码会在数组的每个元素中循环，并且将每个值设置成它的索引变量 I 的值：

```
Dim TestArray(10) As Integer, I As Variant
For Each I In TestArray
   TestArray(I) = I
Next I
```

【例 9.5】使用登录系统访问数据库窗口。

先建立一个登录窗口，来验证用户名和密码，再建立一窗口来查看数据。建立一个标准模块，然后在其中编写登录逻辑，供登录窗口调用。最终效果是：当用户打开数据库时，只能看到登录窗口，只有输入正确的用户名和密码，才能查看显示数据的窗口。使用条件分支和循环语句，设置了验证次数限制，如果输入错误的用户名或密码超过一定数目，将自动关闭 Access。具体操作步骤如下。

① 打开数据库 tushu，在数据库对象管理窗口中，单击左侧“对象”组中的“模板”，再单击上面的“新建”按钮，会自动打开 VBE，并且新建一个空模块。

② 在代码窗口中添加如下代码：

```
Option Compare Database
Dim count As Integer '定义模块级变量作为计数器
Public Function login(str1 As String, str2 As String) As Boolean
   Dim con As adodb.Connection
   Dim recSet As adodb.Recordset
   Dim sql As String
   Dim frm As Form
   Set frm = Forms!login '获取对登录窗口的引用
   Set recSet = New adodb.Recordset
   Set con = New adodb.Connection
   con.Open "Provider=Microsoft.Jet.OLEDB.4.0;Data_ Source=C:\tushu.mdb;"
   ' 按照自己存放数据库的位置填写 Source 属性
   Do While count <= 2
```

```
    If str1 = "" Then ' 判断输入的用户名是否为空
        MsgBox "用户名不能为空"
        frm.txtUser.SetFocus
        count = count + 1
        Exit Function
    Else
        sql = "SELECT * FROM 工作人员 where xm='" & str1 & "'"
        recSet.Open sql, con, adOpenKeyset, adLockPessimistic
        If recSet.EOF = True Then
            MsgBox "请输入正确的用户名", vbOKOnly +_ vbExclamation, ""
            recSet.Close
            frm.txtUser.SetFocus
            count = count + 1
            Exit Function
        Else ' 检验密码是否正确
            If Trim(recSet.Fields("kl")) = Trim(str2) Then
              DoCmd.OpenReport "图书"
              login = True
              recSet.Close
            Else
              MsgBox "密码不正确", vbOKOnly + vbExclamation,_ ""
              frm.txtPwd.SetFocus
              recSet.Close
              count = count + 1
              Exit Function
            End If
        End If
    End If
  Loop
  con.Close
  Set recSet = Nothing
  Set con = Nothing
  If count >= 2 Then
     MsgBox "你已经无效登录 4 次！"
     DoCmd.Quit
  End If
End Function
```

③ 使用设计视图创建一登录窗体，更改其中一些窗体属性值，如下：

- 标题=登录
- 滚动条=两者皆无
- 记录选择器=否
- 导航按钮=否
- 分割线=否

具体如图 9.16 所示。然后在窗体中加入两个文本框和两个按钮，其外观设计如图 9.17 所示。将两个标签标题分别改为“用户名”和“密码”，将两个文本框的名称分别改为“txtUser”和“txtPwd”。两个按钮标题分别设置为“登录”和“退出”。使得最终登录窗体的运行效果如图 9.18 所示。

④ 使用设计向导创建一显示数据的窗体，和数据库中的图书表相关联，用于显示图书表中的数据，显示效果如图 9.19 所示。

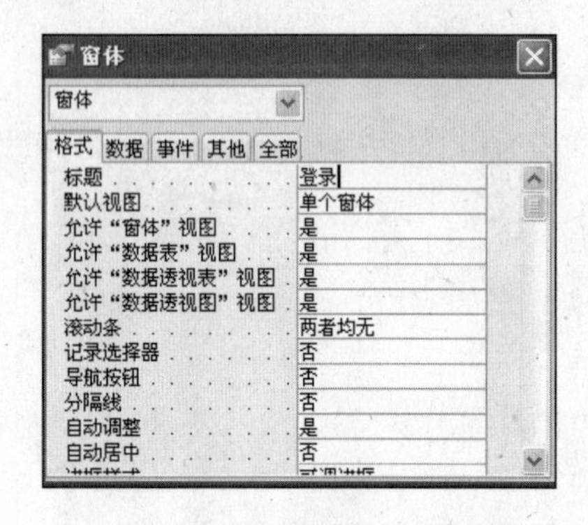

图 9.16 设置登录窗体属性

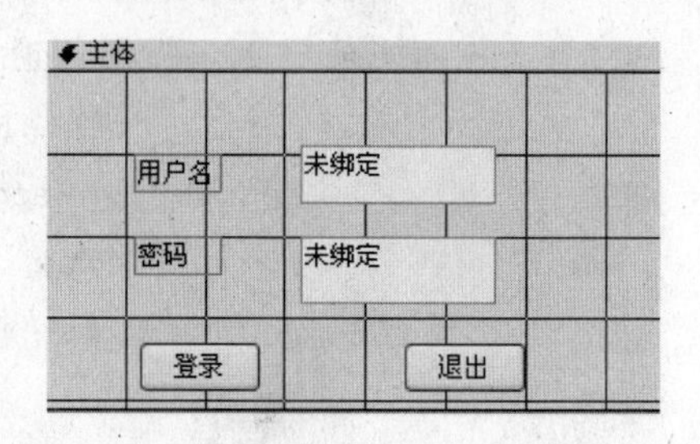

图 9.17 登录窗体外观设计

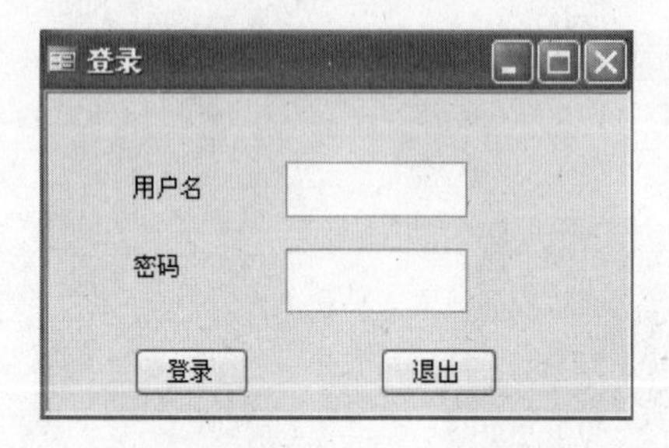

图 9.18 登录窗体外观

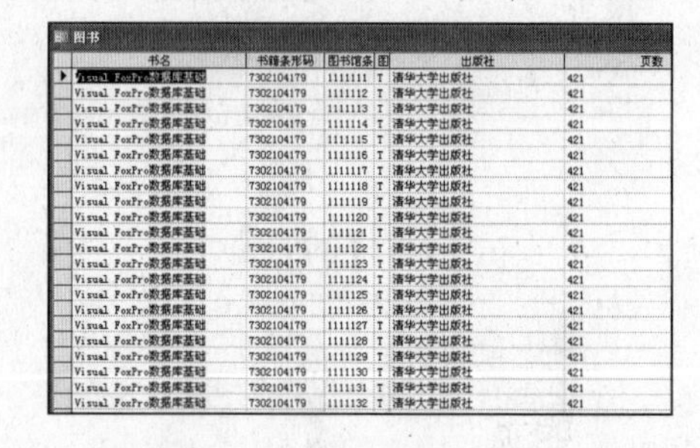

图 9.19 图书表窗体外观

⑤ 为【登录】按钮设置单击事件过程，用来调用模块中的函数过程，判断用户输入的用户名和密码是否正确，代码如下：

```
Private Sub cmdLogin_Click()
    Dim str1 As String, str2 As String
    Dim b As Boolean
    txtUser.SetFocus
    str1 = txtUser.Text
    txtPwd.SetFocus
```

```
    str2 = txtPwd.Text
    b = login(str1, str2)
    If b Then
        Unload Me
    End If
End Sub
```

⑥　为【退出】按钮添加单击事件过程，用于退出 Access 程序：

```
Private Sub cmdCancel_Click()
    DoCmd.Quit
End Sub
```

最后保存登录窗体，将其命名为 login。

⑦　从菜单栏中选择“工具”→“启动”命令，弹出 Access 程序的启动设置窗口。设置 login 为启动窗体，并且不显示数据库其他部分，设置如图 9.20 所示，这样设置之后，只有通过登录窗体验证，才能访问图书窗体，而且保护了数据库内部信息。

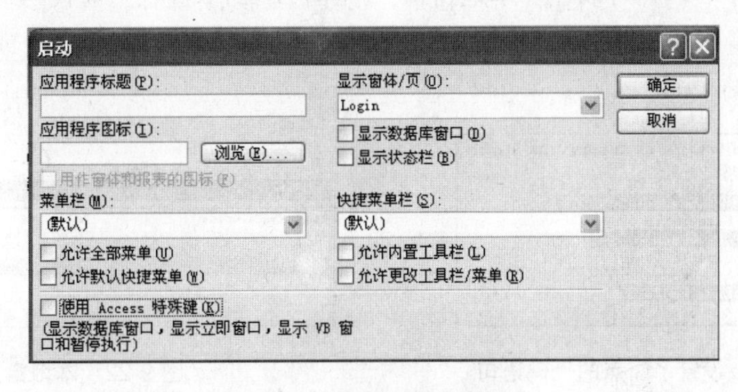

图 9.20　设置数据库启动项

⑧　打开“工作人员”表，在“xm”列中输入想要设置的用户名；在“kl”列中输入想要设置的密码口令，在登录时，用作用户名和密码。

⑨　关闭数据库，保存所有设置，再双击数据库，将其打开。这次看到的就只有登录窗体了，如果在限定的 4 次中没有输入正确的用户名或密码，Access 程序就会自动关闭；如果输入正确，就会显示图书窗体，以供查看数据。

在例 9.5 中，创建了两个窗体，一个用于登录，另一个用于查看图书表中数据。并且设定了登录窗体为 Access 程序的启动窗体，不通过登录验证，就不能访问数据库；通过验证后可以查看图书窗体。

登录逻辑通过登录窗体中的登录命令按钮激活，在登录按钮的单击事件中被调用，书写在模块 1 里，即 Public Function login。在模块 1 中，login 函数过程之外，还定义了一个计数器 count，用来记录错误登录次数，在 Do…While 循环中，判断用户输入和数据库“工作人员”表中存放的用户名和密码是否相同，相同则登录，显示图书窗体；不同时，每错一次，count 加 1，如果错误超过 4 次，就退出 Access 程序。

9.2.8 错误处理

再好的程序员也避免不了出错。有两个原因会导致应用程序中出错。

- 第一，在运行应用程序时某些条件可能会使原本正确的代码产生错误。例如，如果代码尝试打开一个已被删除的表，就会出错。
- 第二，代码可能包含不正确的逻辑，导致不能运行所需的操作。例如，如果在代码中试图将数值被 0 除，就会出现错误。

如果没有做任何错误处理，则在代码出错时 Visual Basic 将停止运行并显示一条出错消息，还会在代码窗口中定位到编译器认为有错误代码的语句，高亮显示。可是编译器提示的错误代码位置并不十分准确，还需要手动去查找。

可以使用 VBE 自带调试功能来观测程序每一步的执行，以便查找错误。一般的做法是：首先为可能出错的代码语句添加“断点”，用左键单击选定语句的“代码窗口”最左边即可，如图 9-21 所示。然后打开“本地窗口”，运行程序。这时，每当程序运行到设置断点的语句之前就会停下，就可以在“本地窗口”(见图 9-22)中查看当前代码中的对象、变量等。接着根据自身需要，选择“调试”菜单下的“逐语句”、“逐过程”或者“跳出”来继续程序的运行。

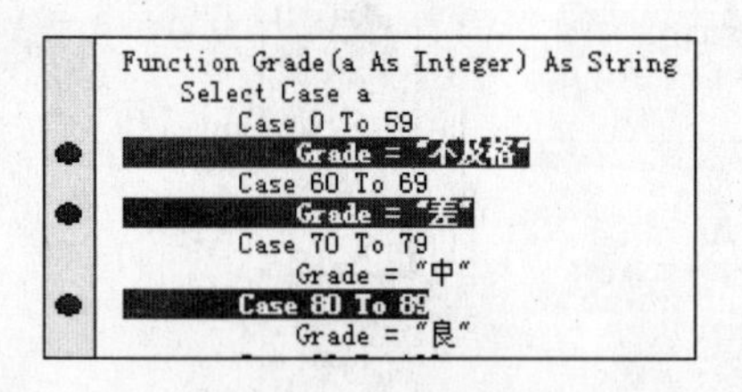

图 9-21 设置了断点的代码语句

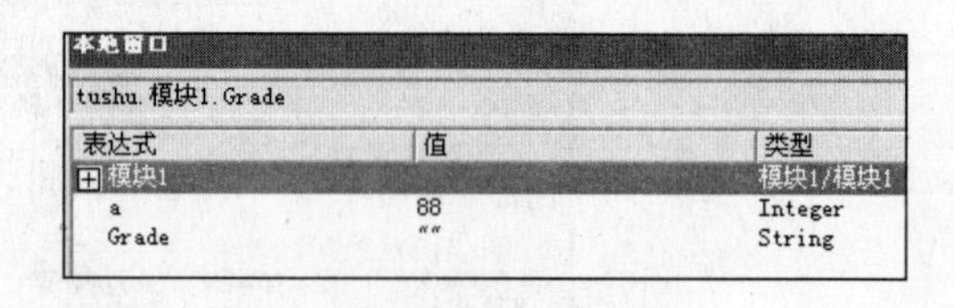

图 9-22 本地窗口

VBA 还有一套错误处理程序语句，将其包含在代码中来处理可能产生的所有错误，可以预防许多问题。有兴趣的读者可以查看 VBE 中的帮助或相关资料来了解详细信息，在此不做详述。

9.3 面向对象的程序设计基础

VBA 不仅支持结构化的编程技术，更能很好地使用面向对象的编程技术(Object Oriented Programming，OOP)。面向对象的程序设计以对象为核心，以事件作为驱动，可以大大提高程序的设计效率。

9.3.1 对象和类的概念

客观世界里的任何实体都可以看作是对象。对象可以是具体的物，也可以指某些概念。例如一台计算机、一个相机、一个窗体、一个命令按钮等都可以作为对象。每个对象都有一定的状态，对一个窗体的大小、颜色、边框、背景、名称等。每一个对象也有自己的行为，如一个命令按钮的可以进行单击、双击等。

使用面向对象的方法解决问题的首要任务是从客观世界里识别出相应的对象，并抽象出为解决问题所需要的对象属性和对象方法。属性用来表示对象的状态，方法用来描述对象的行为。

类是客观对象的抽象和归纳，是对一类相似对象的性质描述，这些对象具有相同的性质：相同种类的属性以及方法。类好比是一类对象的模板，有了类定义后，基于类就可以生成类的任何一个对象。

9.3.2 属性和方法

属性是对象所具有的物理性质及其特性的描述，通过设置对象的属性，可以定义对象的特征或某一方面的状态。如一个命令按钮的大小、标题、标题字号的大小、按钮的位置等就是这个命令按钮的属性。

方法用来描述一个对象的行为，对象的方法就是对象可以执行的操作。如命令按钮的单击事件、双击事件、按下鼠标和释放鼠标等事件。

在VBA代码中引用对象的属性和方法的格式为：

```
对象名.属性名
对象名.方法名(参数1, 参数2, ...)
```

例如将文本框Text1的值赋给变量Name：

```
Name = Me.Text1.Value
```

如将Command1的标题设置为“确定”：

```
Command1.Caption = "确定"
```

9.3.3 事件和事件过程

1. 事件

事件是Access预先定义好的、能被对象识别的动作。事件作用于对象，对象识别事件并做出相应的反应，如单击事件(Click)、双击事件(DblClick)、移动鼠标事件(MouseMove)等都能引起对象做出操作。

事件是固定的、由系统定义好的，用户不能定义新的事件，只能引用。

2. 事件过程

事件过程是为事件的响应编写的一段程序，又称为事件响应代码。当对象的某一个事件被触发时，就会自动执行事件过程中的程序代码，完成相应的操作。

事件的处理遵循独立性原则，即每个对象识别并处理属于自己的事件。例如，当单击窗体中的一个命令按钮时，将引发命令按钮的“单击(Click)”事件，而不会引发窗体的单击事件，也不会引发别的命令按钮的单击事件。如果没有指定命令按钮“单击(Click)”事件代码，该事件将不会有任何反应。

3. 窗体事件的触发顺序

Access 窗体本身内置了许多事件，这些事件会被用户的动作所触发，且用户的一个动作可能触发窗体的多个事件。事件被触发是有先后顺序的。

(1) 窗体第一次打开时依次触发的事件

打开(Open)→加载(Load)→调整大小(Resize)→激活(Activate)→成为当前(Current)。

- 打开(Open)：在窗体已经打开，但第一条记录尚未显示时，“打开(Open)”事件发生。对于报表，事件发生在报表被预览或被打印之前。
- 加载(Load)：窗体打开并且显示其中记录时，“加载(Load)”事件发生。
- 调整大小(Resize)：在窗体打开后，只要窗体大小有变化，“调整大小(Resize)事件”就发生。
- 激活(Activate)：“激活(Activate)”在窗体或报表获得焦点并成为活动窗口时发生。
- 成为当前(Current)：当把焦点移动到一条记录，使之成为当前记录时触发“成为当前(Current)”事件。

(2) 关闭窗体时依次触发的事件

卸载(Unload)→停用(Deactivate)→关闭(Close)。

- 卸载(Unload)：“卸载(Unload)”事件发生在窗体被关闭之后，从屏幕上删除之前。当窗体重新加载时，Access 将重新显示窗体并重新初始化其中所有控件的内容。对于报表，事件发生在报表被预览或被打印之前。
- 停用(Deactivate)：当焦点从窗体或报表移到“表”、“查询”、其他“窗体”等对象时，“停用(Deactivate)”事件发生。
- 关闭(Close)：当窗体或报表被关闭并从屏幕删除时，“关闭(Close)”事件发生。

窗体中有两个与获得焦点有关的事件：“获得焦点(GotFocus)”事件与“失去焦点(LostFocus)事件，“激活”事件发生在“获得焦点”事件之前，“停用”事件发生在“失去焦点”事件之后。如果在两个已经打开的窗体之间进行切换，切换的窗体将发生“停用”事件，而切换到的窗体发生“激活”事件。

(3) 插入数据时依次触发的事件

插入前(BeforeInsert)→更新前(BeforeUpdate)→更新后(AfterUpdate)→插入后(AfterInsert)。

- 插入前(BeforeInsert)：在新记录中输入第一个字符时，并且实际创建该记录之前将发生“插入前(BeforeInsert)”事件。
- 更新前(BeforeUpdate)：“更新前(BeforeUpdate)”事件在控件中的数据被改变或记录被更新之前发生。
- 更新后(AfterUpdate)：“更新后(AfterUpdate)”事件在控件中的数据被改变或记录被更新之后发生。

● 插入后(AfterInsert)：“插入后(AfterInsert)”事件在添加新记录之后发生。

(4) 删除数据时依次触发的事件

删除(Delete)→确认删除前(BeforeDelConfirm)→确认删除后(AfterDelConfirm)。

● 删除(Delete)：在执行某些操作来删除记录，或按下 Delete 键删除一条记录，并且记录实际被删除之前，“删除(Delete)”事件发生。
● 确认删除前(BeforeDelConfirm)：将一条或多条记录删除到缓冲区之后，在系统显示对话框询问用户确认删除操作之前，“确认删除前(BeforeDelConfirm)”事件发生。
● 确认删除后(AfterDelConfirm)：“确认删除后(AfterDelConfirm)”事件在用户确认删除操作，并且记录确实已被删除或者删除操作已被取消之后发生。

(5) 更新数据依次触发事件

有脏数据时(Dirty)→更新前(BeforeUpdate)→更新后(AfterUpdate)。

● 有脏数据时(Dirty)：当窗体的内容或组合框的文本部分的内容改变时，“有脏数据时(Dirty)”事件发生；在选项卡中控件从一页移到另一页时，该事件也发生。
● 更新前(BeforeUpdate)：在记录的数据被更新之前触发事件。
● 更新后(AfterUpdate)：在记录的数据被更新之后触发该事件。

9.3.4 DoCmd 对象

DoCmd 对象的主要功能是通过调用用包含在其内部的方法，来实现在 VBA 编程中对 Access 数据库的操作。例如打开窗体、打开报表等。

1. OpenForm 方法

格式：

```
DoCmd.OpenForm <窗体名称>[,视图][,筛选名称][,Where 条件][,数据模式][,窗口模式]
```

OpenForm 方法共有 7 个参数，下面分别介绍一下每个参数的含义。

(1) 窗体名称

窗体名称是一个必填的参数，用于指示 Access 打开哪个窗体。

例如：

```
DoCmd.OpenForm "学生信息查询"
```

其中“学生信息查询”是被打开窗体的名称。

窗体名称必须用英文引号包括起来。

(2) 视图参数

视图参数是一个可选项目，由以下一些常量表示。

● acDesign：以设计模式打开窗体。
● acFormDS：以数据表模式打开窗体。

- acFormPivotChart：以图表模式打开窗体。
- acFormpivotTable：以透视表方式打开窗体。
- acNormal：默认。在“窗体”视图中打开窗体。
- acPreview：以预览方式打开窗体。

如果该参数为空，则系统认为是默认常量 AcNormal，在“窗体”视图中打开窗体。

例如：

```
DoCmd.OpenForm "借书情况查询"
```

执行的结果如图 9-23 所示。

又如：

```
DoCmd.OpenForm "借书情况查询", acFormDS
```

表示以数据表模式打开“借书情况查询”窗体，结果如图 9-24 所示。

再如：

```
DoCmd.OpenForm "借阅图书", acDesign
```

表示以设计模式打开窗体。运行结果如图 9-25 所示。

借书情况查询

姓名	图书条形	书籍条形码	借/还	借书证号	借/还日期	工作人员
李建洲	1111111	7302104179	借	0101200501	2007-12-5	张丽
张虎猛	1111141	7302095493	借	0101200501	2007-12-5	张丽
孙长顺	1111153	7302095494	借	0101200502	2007-12-5	张丽
李建洲	1111111	7302104179	还	0101200501	2007-12-28	李利
张虎猛	1111141	7302095493	还	0101200501	2007-12-30	李利
张虎猛	1111202	7504124885	借	0101200501	2007-12-30	张丽

记录: 1 共有记录数: 6

图 9-23　在“窗体”视图中打开窗体

借书情况查询

xm	txm	isbn	jh	jszh	jhrq	gzry
李建洲	1111111	7302104179	借	010120050101	2007-12-5	张丽
张虎猛	1111141	7302095493	借	010120050102	2007-12-5	张丽
孙长顺	1111153	7302095494	借	010120050206	2007-12-5	张丽
李建洲	1111111	7302104179	还	010120050101	2007-12-28	李利
张虎猛	1111141	7302095493	还	010120050102	2007-12-30	李利
张虎猛	1111202	7504124885	借	010120050102	2007-12-30	张丽

记录: 1 共有记录数: 6

图 9-24　以“数据表模式”开窗体

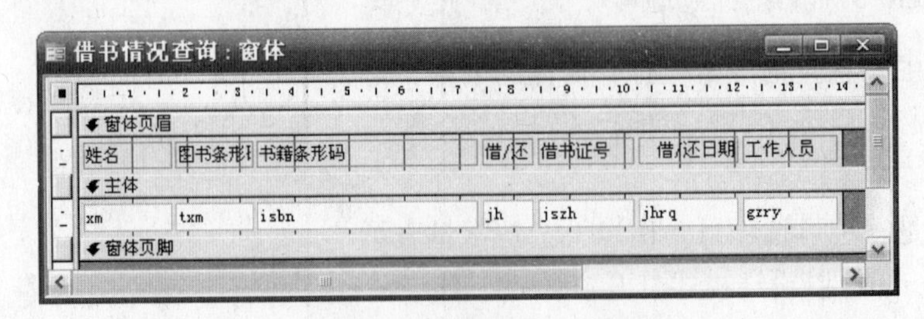

图 9-25　以设计模式打开窗体

(3) 筛选名称(FilterName)参数

筛选名称(FilterName)参数是可选项目，是一个字符表达式，数据类型为 Variant 型，用于表示当前数据库中查询的有效名称。这个查询是用来对窗体的记录进行限制或排序的筛选。

但是，查询必须包括被打开的窗体内的所有字段，或者将它的“输出所有字段”属性设置为“是”。

(4) Where 条件参数

Where 条件(whereCondition)参数是可选项目，是 Variant 型，为字符串表达式，表示不包括 Where 的有效 SQL Where 子句。

Where 条件参数可以用来限定窗体中显示数据的范围，例如以下 SQL 语句可以在“借还记录”表中查询“借书证号”为“010120050101”的记录：

```
Select * Form 借还记录 where sjzh="010120050101"
```

在打开“借书情况查询”窗体时，可以在 OpenForm 方法中进行筛选，例如：

```
DoCmd.OpenForm "借书情况查询", acFormDS, , "jszh='010120050101'"
```

查询窗体中只显示“借书证号”为“010120050101”的数据。如图 9-26 所示。

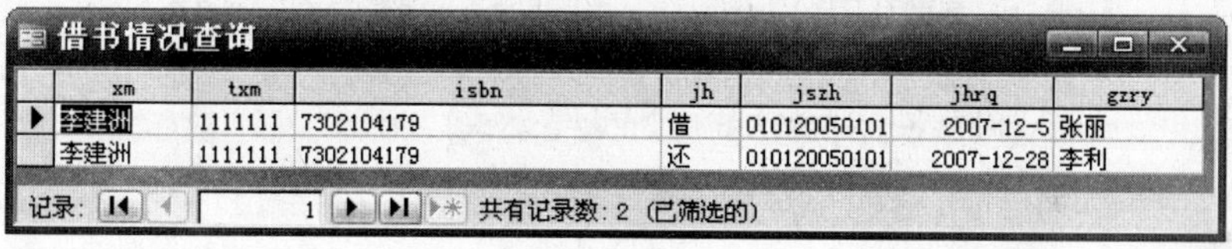

借书情况查询

xm	txm	isbn	jh	jszh	jhrq	gzry
李建洲	1111111	7302104179	借	010120050101	2007-12-5	张丽
李建洲	1111111	7302104179	还	010120050101	2007-12-28	李利

记录：1 共有记录数：2（已筛选的）

图 9-26　由筛选参数打开的窗体

(5) 数据模式参数

数据模式(DataMode)参数是可选项目。该参数只应用于“窗体”视图各“数据表”视图中打开的窗体。

可以是以下 asFormOpenDataMOde 常量之一。

- acFormAdd：可以添加新记录，但是不能编辑现有记录。
- acFormEdit：可以编辑现有记录和添加新记录
- acFormPropertySettings：默认，按窗体上的属性设置。
- acFormReadOnly：只能查看记录。

如果不选择该参数，则 Access 将在由窗体的 AllowEdits、AllowDeletions、AllowAdditions 和 DataEntry 属性设置的数据模式中打开窗体。

如果在打开的窗体中只能查看数据而不能修改数据，就可以以只读方式打开窗体。代码如下：

```
DoCmd.OpenForm "借阅图书", , , , acFormReadOnly
```

(6) 窗口模式参数

窗口模式(WindowMode)参数是可选项目，用于指定打开窗体时所采用的窗口模式。它可以是下列 acWindowMode 常量之一。

- AcDialog：窗体的 Modal 和 PopUp 属性设为“是”。
- AcHidden：窗体隐藏。
- AcIcon：打开窗体并在 Window 工具栏中最小化。
- AcWindowNormal：默认值，窗体采用它的属性所设置的模式。

2. OpenReport 方法

格式：

```
DoCmd.OpenRepot<报表名称>[,视图][,筛选名称][,Where 条件][,窗口模式]
```

各参数的用法与 OpenRepot 宏操作中各参数的用法相同。

例如，用 DoCmd 对象 OpenRepot 方法打开“借书情况”报表，其语句如下：

```
DoCmd.OpenRepot "借书情况"
```

3. RunMarco 方法

使用该方法可以在模式是运行宏或宏组中的宏中选择，其格式为：

```
DoCmd.RunMarco 宏对象名[,重复次数][,重复表达式]
DoCmd.RunMarco 宏组名.宏名[,重复次数][,重复表达式]
```

重复次数、重复表达式两项为可选项，当缺省这两个参数时，该宏只运行一次。

9.3.5 面向对象程序的设计方法

在 Access 的程序设计中，需要从对象属性和事件方法两个方面进行设计，其中事件响应可以通过“宏”操作，也可以通过编写某个事件过程代码，由程序来完成指定的操作。

事件过程用来识别对象的击发，存在于对象模块中，当事件被击发时事件过程就自动执行。对象事件过程的编写方法如下。

- 方法 1：选择对象后右击，弹出快捷菜单，如图 9-27 所示。选择【事件生成器】命令，如果是对该对象第一次操作，将出现如图 9-28 所示的对话框。选择“代码生成器”后单击【确定】按钮。出现如图 9-29 所示的代码编辑器。如果不是第一次操作，将直接出现如图 9-29 所示的代码编辑器。
- 方法 2：在如图 9-27 所示的快捷菜单中选择【属性】命令，弹出如图 9-30 所示的“控件属性”对话框，选择【事件】标签，当某一事件获得焦点时，其右侧出现一按钮，单击该按钮将出现如图 9-29 所示的代码编辑器。

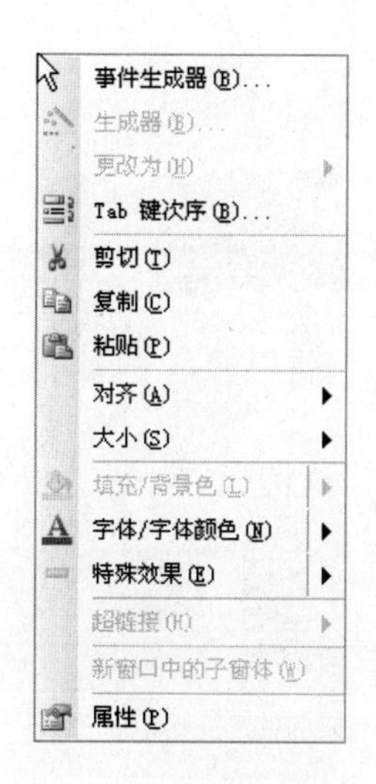

图 9-27 对象快捷菜单

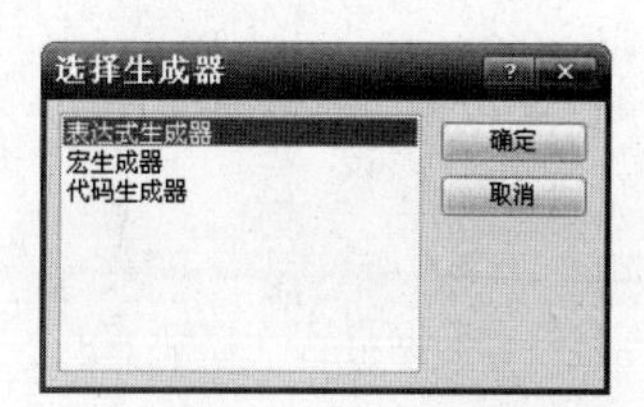

图 9-28 选择生成器

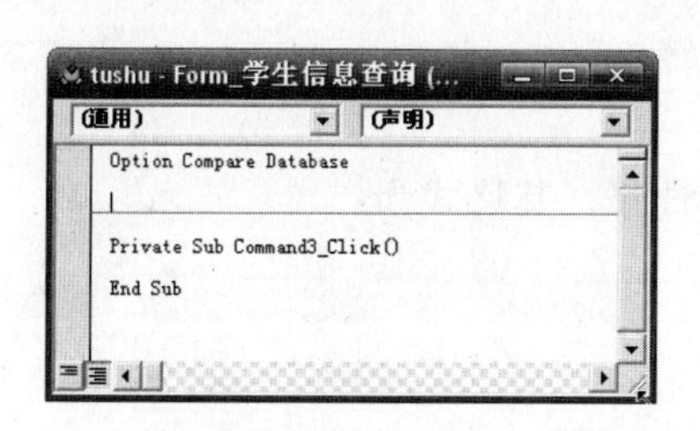

图 9-29 代码编辑器

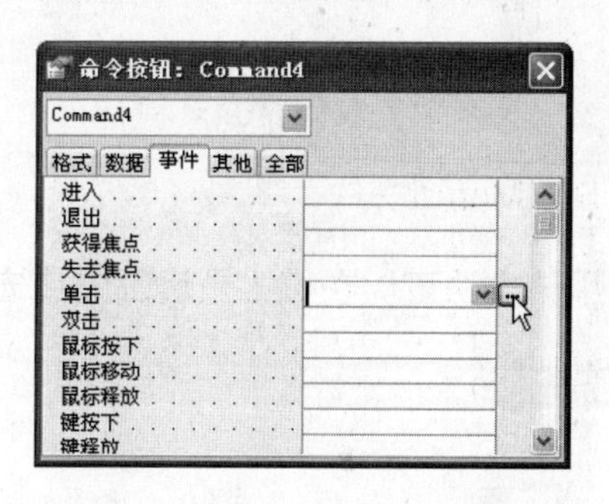

图 9-30 控件属性对话框

【例 9.6】设计如图 9-31 所示的窗体。在【输入借书证号】文本框中输入一个借书证号后，单击【查询】按钮，其余文本框中将显示读者的信息。

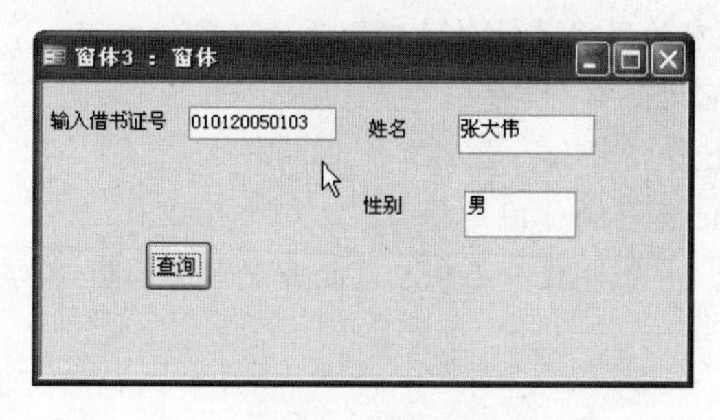

图 9-31 读者查询

操作步骤如下。

(1) 建立如图 9-31 所示的窗体，设置窗体属性，添加相应的控件，并设置相关属性。【输入借书证号】的文本框姓名为“Text1”，显示【姓名】的文本框名称为“Text2”，显示【性别】的文本框名称为“Text3”，【查询】按钮的名称为“Command1”。

(2) 选择【查询】按钮，右击，在弹出的快捷菜单中选择“事件生成器”命令，打开查询按钮的 Click 事件代码编程器。

Command1 的 Click 事件代码如下：

```
Private Sub Command1_Click()
    Dim cond As String, dzxm  As String, dzxb As String
    ' 定义 cond、dzxm、dzxb 三个变量
    If IsNull(Me.Text0) Then
        ' 如果没有输入借书证号，提示输入
        MsgBox "没有输入借书证号"
        Exit Sub
    End If
    cond = "jszh= '" + Me.Text1 + "'"
    ' 形成条件表达式
    dzxm = DLookup("xm", "读者", cond)
    ' 读者姓名赋值给 dzxm
    dzxb = DLookup("xb", "读者", cond)
    ' 读者性别赋值给 dzxb
    Me.Text2 = dzxm
    ' 在 Text2 中显示姓名
    Me.Text3 = dzxb
End Sub
```

9.4 练 习 题

一、问答题

1. 什么是 VBA，它的用途是什么，我们为什么要使用它？
2. 什么是模块，它是怎么分类的？
3. Function 和 Sub 各指什么，它们有什么不同？
4. Public 和 Private 各自的作用是什么？
5. 编写一个数组，用来存放一年 365 天的开支预算，用 VBA 代码如何实现？

二、实验题

1. 编写一个模块，来计算 3 个数的最小值。
2. 编写一个新的窗口，用来实现修改用户密码的功能。

第 10 章　应用系统开发示例

【本章要点】

本章将综合利用 Access 2003 数据库的构建、数据表/查询/窗体/报表/宏及程序代码的设计等知识，通过开发一个学校图书馆管理数据库应用系统，对系统开发的过程进行全面的介绍。

10.1　数据库应用系统的开发步骤

软件工程是开发、运行、维护和修正软件的一种系统方法，其目标是提高软件质量和开发效率，降低开发成本。数据库应用系统的开发作为一项软件工程。一般可分为以下几个阶段：规划、需求分析、概念模型设计、逻辑设计、物理设计、程序编制及调试、运行和维护。这些阶段的划分目前尚无统一的标准，各阶段间相互联接，而且常常需要回溯修正。在数据库应用系统的开发过程中，每个阶段的工作成果需要写出相应的文档。每个阶段都是在上一阶段工作成果的基础上继续进行，整个开发过程有依据、有组织、有计划、有条不紊地开展工作。

10.1.1　规划

规划的主要任务就是做必要性及可行性分析。在收集整理有关资料的基础上，要确定将建立的数据库应用系统与周边的关系，对应用系统定位，其规模的大小、所处的地位、应起的作用均须做全面的分析和论证。

要明确应用系统的基本功能，划分数据库支持的范围。分析数据来源、数据采集的方式和范围，研究数据结构的特点，估算数据量的大小，确立数据处理的基本要求和业务的规范标准。

要规划人力资源调配。对参与研制和以后维护系统运作的管理人员、技术人员的技术业务水平提出要求，对最终用户、操作员的素质做出评估。

规划阶段应写出详尽的可行性分析报告和数据库应用系统规划书。内容应包括系统的定位及其功能、数据资源及数据处理能力、人力资源调配、设备配置方案、开发成本估算、开发进度计划等。

可行性分析报告和数据库应用系统规划书经审定立项后，成为后续开发工作的总纲。

10.1.2　需求分析

设计和开发系统的第一步就是进行需求分析，了解用户对数据库系统的基本要求。

需求分析大致可分成三步来完成。

(1) 需求信息的收集。需求信息的收集一般以机构设置和业务活动为主干线，从高层、中层到低层逐步展开。

(2) 需求信息的分析整理。对收集到的信息要做分析整理工作。

(3) 需求信息的评审。开发过程中的每一个阶段都要经过评审，确认任务是否全部完成，避免或纠正工作中出现的错误和疏漏。

例如：图书管理系统可分为用户管理和图书管理两大部分，分别具有如下功能。

- 系统管理：完成对用户登录和用户权限的管理。用户权限分为“系统管理员”、“书籍管理员”和“借阅管理员”三种。
- 书籍管理：完成对所有书籍信息的维护。分为“添加书籍”、“修改书籍”和“删除书籍”三部分功能。
- 借书管理：完成对所有已出借图书信息的维护，分为“出借图书”和“修改出借图书信息”两部分功能。
- 还书管理：完成对所有归还图书信息的维护，分为“还书”和“修改还书信息”两部分功能。
- 信息查询：完成所有图书信息的统计、库存图书信息统计、借阅情况统计、读者借阅情况查询等功能。

10.1.3 概念模型设计

进行数据库设计的主要工作是构造数据模型，而要得到数据模型需要先建立概念模型。现实世界五彩缤纷，目前任何一种科学技术手段都还不能将现实世界按原样进行复制和管理。这样，计算机在处理现实世界的信息时，只能根据需要，选择某个局部世界，抽取这个局部世界的主要特征，特别是事物之间的结构关系，先构造一个能反映这个局部世界的概念模型。

概念模型不依赖于具体的计算机系统，是纯粹反映信息需求的概念结构。

建模是在需求分析结果的基础上展开，常常要对数据进行抽象处理。

图书管理系统中的概念模型设计过程如下。

1. 确定图书管理系统中包含的实体对象

根据调查分析，图书管理系统主要包含如下实体：管理员、图书类别、图书、读者、借还记录、读者类别等。

2. 确定各个实体的属性

(1) 管理员：管理员编号，姓名，口令。

(2) 图书类别：类别，编号。

(3) 图书：图书名，类别编号，ISBN码，图书条码，出版社，定价，作者，购书日期。

(4) 读者：姓名，借书证号，性别，联系方式，照片，办证时间，读者类别，注销时间，注销原因。

(5) 借还记录：借书证号，图书条码，借书时间，还书时间，工作人员。

(6) 读者类别：分为教师/学生(允许借书数量，允许借书期限)。

3. 确定实体间的联系与联系类型

按图书中文分类法，一个图书只能为一类，一类图书中包括多种图书。所以，图书类别与图书之间存在 1 : n 的关系。

每一本图书能供很多读者借阅，每本图书只有一个编号，所以图书与借还记录之间存在 1 : n 的联系。

读者与借还记录之间存在 1 : n 之间的联系。

管理员与借还记录之间存在 1 : n 之间的联系。

读者类别与读者之间存在 1 : n 之间的联系。

10.1.4　逻辑设计与物理设计

逻辑设计阶段的主要目标是把概念模型转换为具体计算机上 DBMS 所支持的结构数据模型。物理设计是根据 Access 数据库管理系统的特点，设计系统的物理模型，即定义存储在数据库中的表名、字段名、字段类型、字段大小、主键等。图书管理系统的设计结果如表 10-1 到表 10-6 所示。

表 10-1　图书类别表结构

字段名	标　题	字段类型	字段大小	主　键	索　引	说　明
FLH	分类号	文本	2	是	有	
FLMC	分类名称	文本	50		无	

表 10-2　图书表结构

字段名	标　题	字段类型	字段大小	主　键	索　引	说　明
SM	书名	文本	50			图书名称
TSTM	图书条码	文本	8	是	有	图书的唯一编号
ISBNM	ISBN 码	文本	13		无	用来记录同一种图书的统计
FLH	分类号	文本	2		无	与图书类别中的分类号相同
CBS	出版社	文本	30		无	出版社名称
ZZ	作者	文本	20		无	作者名称
DJ	定价	货币			无	图书的定价
GSJQ	购书日期	日期/时间			无	购书日期
SJH	书架号	文本	6		无	记录图书存放的位置
SFJC	是否借出	是/否			无	记录该书借出情况

表 10-3　读者表结构

字 段 名	标　题	字段类型	字段大小	主　键	索　引	说　明
XM	姓名	文本	20			
XB	性别	文本	2		无	
JSZH	借书证号	文本	12	是	有	读者的唯一标识
LXFS	联系方式	文本	12		无	读者的联系方式
BZSJ	办证时间	日期/时间			无	办理借书证的日期
LB	类别	文本	4		无	读者是学生或教师
ZXSJ	注销时间	日期/时间			无	取消其借书权的日期
ZXYY	注销原因	文本	50		无	取消其借书权的原因

表 10-4　读者类别表结构

字 段 名	标　题	字段类型	字段大小	主　键	索　引	说　明
LB	类别	文本	4	是	无	教师或学生
YXJSL	允许借书数量	数字	整型		无	每类读者允许借书数量
YXJSQX	允许借书期限	数字	整型		无	每类读者允许借书期限

表 10-5　借还记录表结构

字 段 名	标　题	字段类型	字段大小	主　键	索　引	说　明
ID	ID 号	自动编号	长整型	是	有	
JSZH	借书证号	文本	12		无	与读者表中的借书证号一致
TSTM	图书条码	文本	8		无	图书表的图书条码一致
JSRQ	借书日期	日期/时间			无	记录本次操作的时间
HSRQ	还书日期	日期/时间			无	记录还书时间
GZRY	工作人员	文本	3		无	记录管理员编号

表 10-6　工作人员表结构

字 段 名	标　题	字段类型	字段大小	主　键	索　引	说　明
XM	姓名	文本	20		无	
BH	编号	文本	3	是	有	工作人员的唯一标示
KL	口令	文本	20		无	工作人员的登录口令

根据实际的需要，依照关系数据的规范化原则，建立图书数据库，建立数据库表之间的关联关系。

10.2　建立数库与数据库表

10.2.1　建立“图书管理”数据库

进入 Access 2003，窗体右侧会出现任务窗格，选择“新建”后，弹出如图 10-1 所示的窗体，选择【空数据库】，出现如图 10-2 所示的“新建数据库”对话框，选择保存位置，在【文件名】文本框中输入“tushu”，作为数据库名。

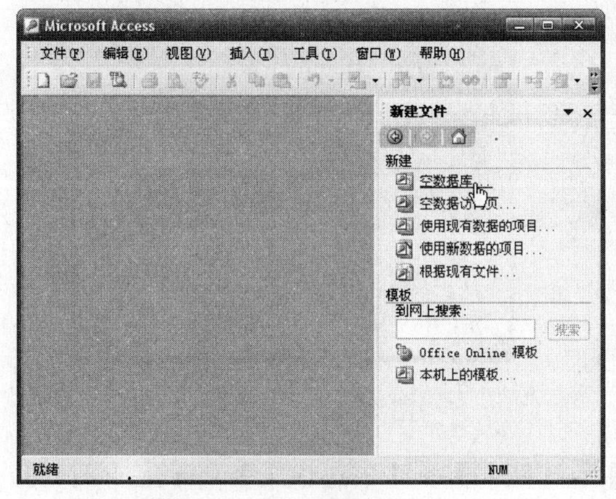

图 10-1　新建数据库窗体

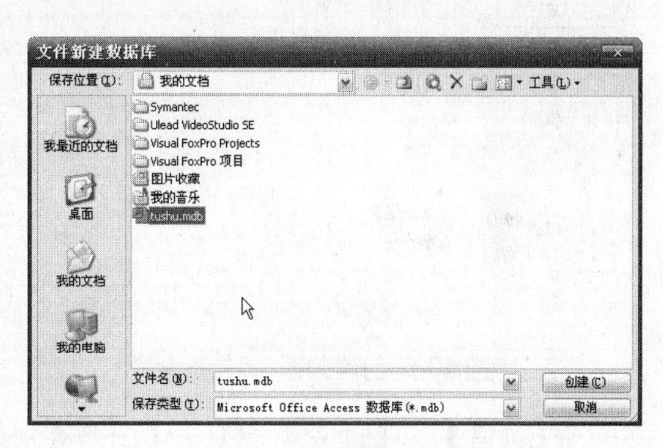

图 10-2　“新建数据库”对话框

10.2.2　建立数据表

打开“图书管理”数据库，在【对象】栏中选择“表”对象，如图 10-3 所示，双击右侧的【使用设计器创建表】，在出现的表设计器中输入表 10-1 所列的“图书类别”各字段的属性，如图 10-4 所示。

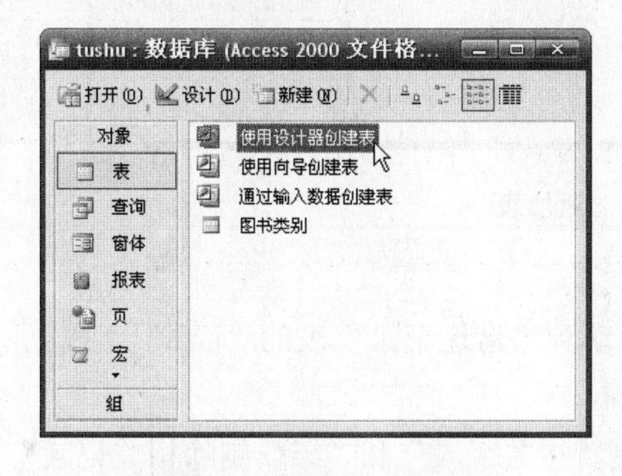

图 10-3　使用设计器创建表

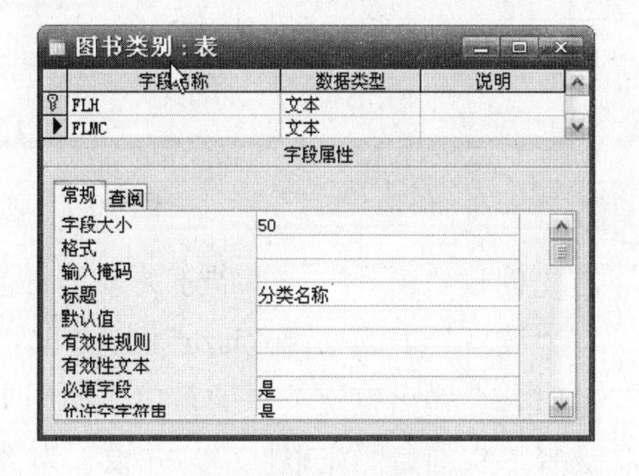

图 10-4　设计表窗体

将“FLH”字段设置为主键。

用同样的方法分别建立图书表、读者表、读者类别表、借/还记录表和工作人员表，并设置相应的主键，和建立相应的索引。

10.2.3 建立表之间的关系

选择【表】模块，在对象栏的空白处右击，从弹出的快捷菜单中选择【关系】命令，如图 10-5 所示。

在弹出的关系对话框中右击，出现如图 10-6 所示的快捷菜单，选择【显示表】命令。或者从菜单栏中选择“关系”→“显示表”命令。

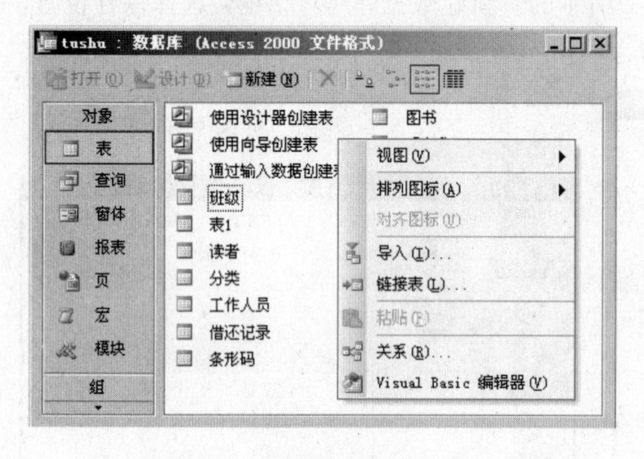

图 10-5 创建关系 - 关系命令

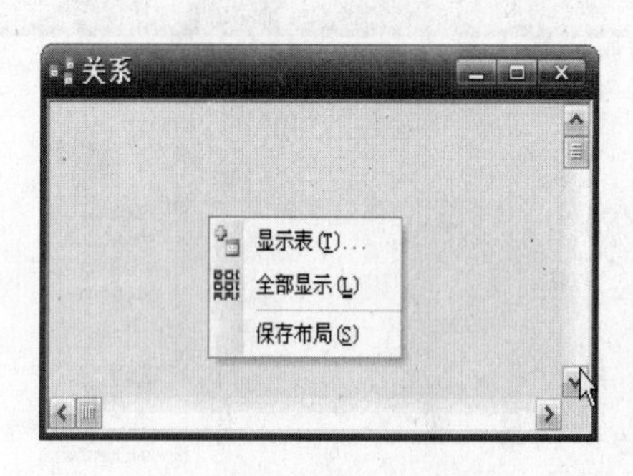

图 10-6 关系对话框

将【读者】、【读者类别】、【图书类别】、【图书】、【借还记录】和【工作人员】表添加进关系表，添加后如图 10-7 所示。

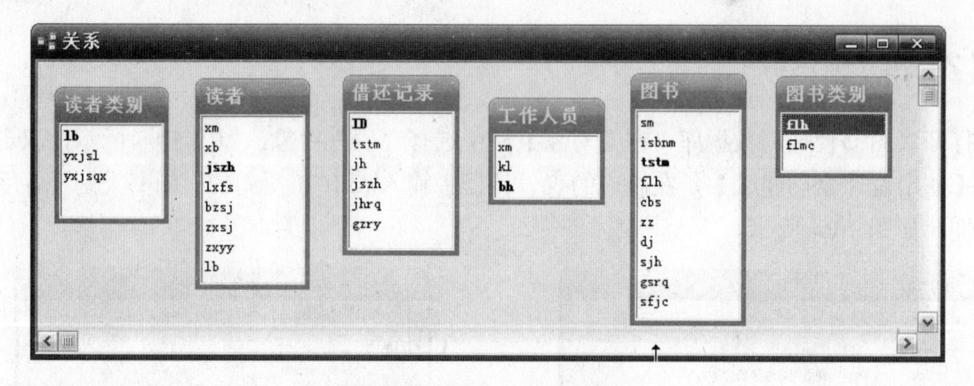

图 10-7 创建关系 - 添加表

首先创建“读者”与“借还关系”表之间的关系。

在“读者”表的主键“jszh”上按下左键，拖动到“借还记录”表的“jszh”字段上松开。此时，会弹出设定关系的窗口，如图 10-8 所示。

选择“实施参照完整性”，并设置为“级联更新相关字段”和“级联删除相关记录”。单击【创建】按钮。

用同样的方法创建“读者类别”与“读者”、“图书类别”与“图书”、“图书”与“借还记录”、“工作人员”与“借还记录”之间的关系。

各表之间的关系如图 10-9 所示。

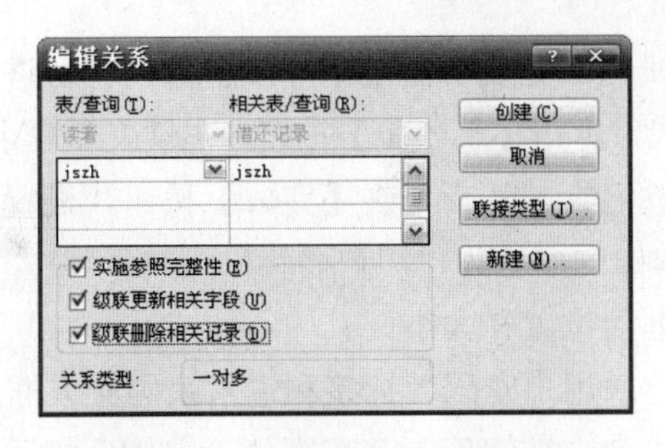

图 10-8　创建关系 - 编辑关系

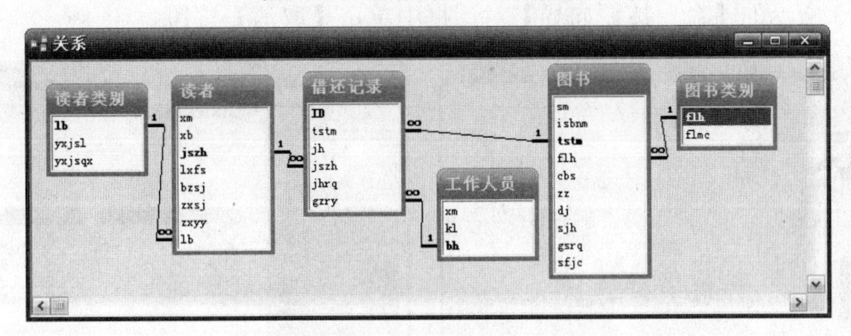

图 10-9　图书数据库各表之间的关系

10.3　图书管理系统窗体的设计

图书管理系统包括登录窗体、读者管理、图书管理、借阅管理、工作人员管理等窗体。

10.3.1　登录窗体的设计

登录窗体的主要目的是保护数据库的安全，具有权限的用户才能进入数据库。

(1) 在 tushu 数据库窗口选择“窗体”模块下的“在设计视图中创建窗体”选项。单击窗口上部“设计”按钮，会弹出如图 10-10 所示的窗体。

(2) 在窗体右侧的工具箱中单击“文本框”按钮，并在窗体【主体】中拖出一个矩形，将弹出【文本框向导】对话框，如图 10-11 所示。

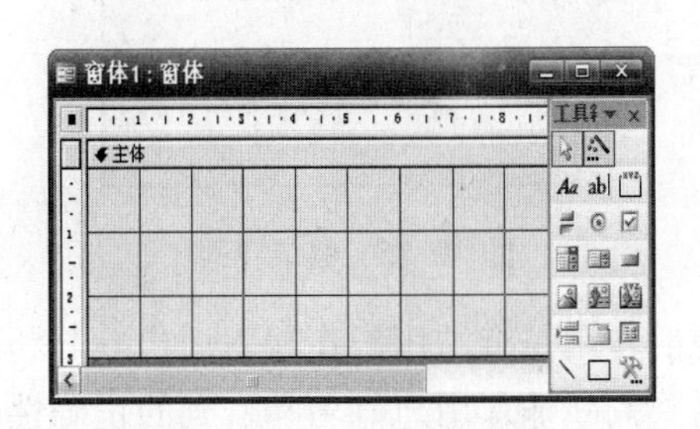

图 10-10　创建登录窗体

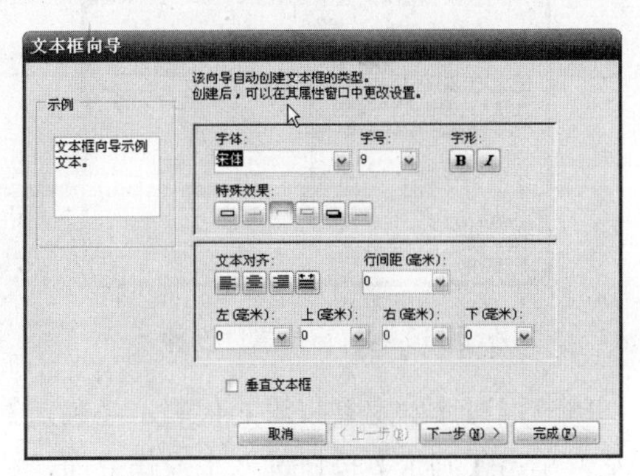

图 10-11　文本框向导 - 属性设置

按需要修改文本框的属性，然后单击【下一步】按钮。在进入的界面中设置输入法模式，这里选择“随意”模式，单击【下一步】按钮，出现文本框名称设置界面，如图 10-12 所示，这里设置为“用户姓名”，然后单击【完成】按钮。设置后标签的标题为“用户名称”、名称为 label1，文本框的名称为“用户名称”。

(3) 调整标签、文本框的位置和大小。

(4) 用同样的方法创建“用户密码”标签和输入密码文本框。

(5) 在工具箱中单击“命令按钮”，并在窗体“主体”的适当位置拖动鼠标。在弹出的如图 10-13 所示的【命令按钮向导】对话框中单击【取消】按钮。

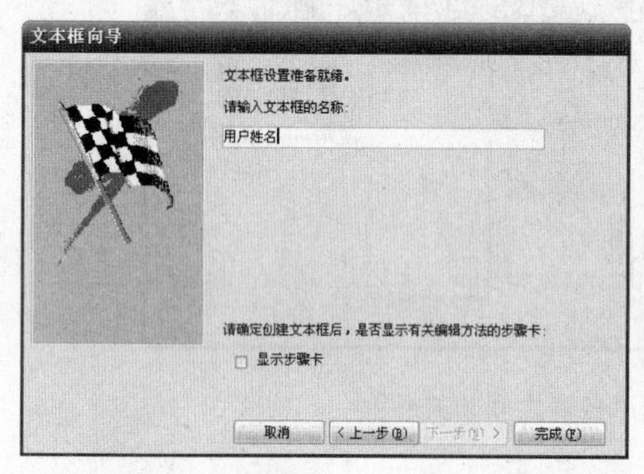

图 10-12　文本框向导 - 设置文本框名称

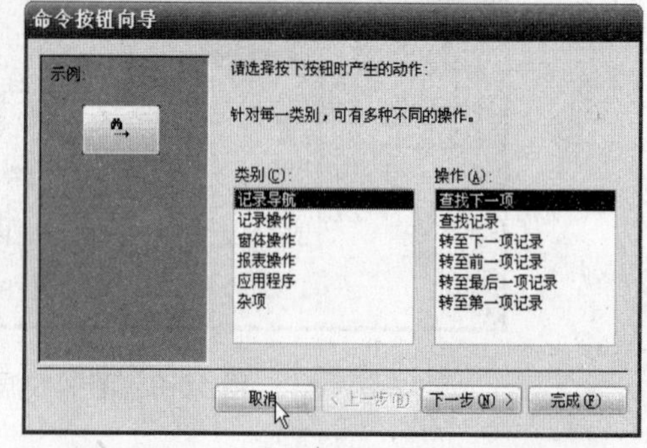

图 10-13　文本框向导 - 属性设置

(6) 在窗体“主体”中选择新建的命令按钮并右击，在弹出的快捷菜单中选择“属性”命令，对该命令按钮的属性进行设置。其中名称为“command1”，标题为“确定”。以同样的步骤添加一个新按钮，名称设置为“command2”，标题设置为“取消”。

(7) 设置窗体属性。在窗体中右击，在弹出的快捷菜单中选择“属性”命令，弹出“属性”设置对话框，在组合框中选择“窗体”，如图 10-14 所示。其中【滚动条】为“两者均无”，【记录选择器】为“否”，【导航按钮】为“否”，【分隔线】为“否”，【最大化最小化按钮】为“无”，【自动调整】为“是”，【自动居中】为“是”，标题为“图书管理系统 登录”。运行结果如图 10-15 所示。

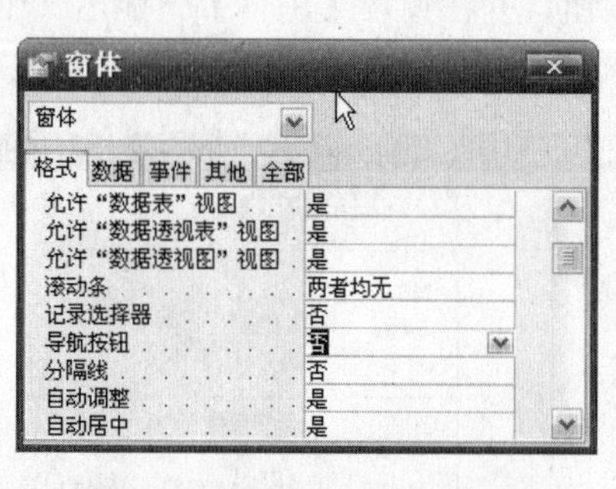

图 10-14　窗体属性设置

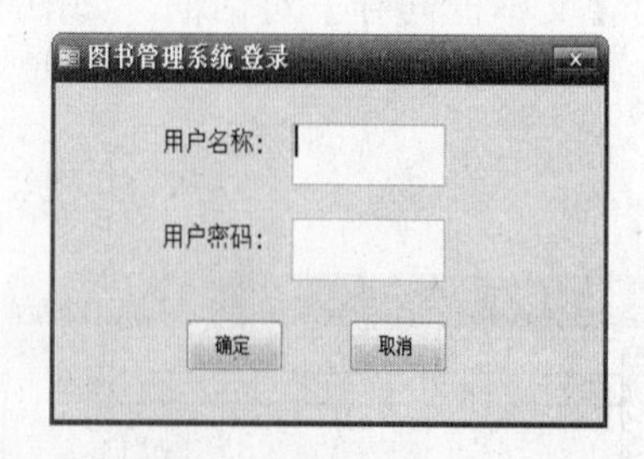

图 10-15　登录界面

(8) 编写【确定】按钮的代码。【确定】按钮的作用是合法用户在输入用户姓名和密码后，单击【确定】按钮进入主操作界面，这时需要判断输入用户姓名和密码的正确性，两者均正确时打开主界面，否则进行错误提示。

右击【确定】按钮，在弹出的【选择生成器】对话框中选择“代码生成器”，如图 10-16 所示。然后单击【确定】按钮，弹出如图 10-17 所示的代码输入窗口，在 command1 的 Click 事件处理程序中输入代码。

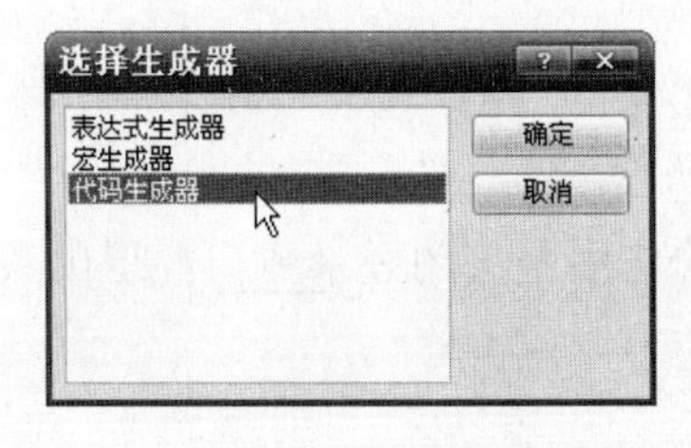

图 10-16　选择生成器

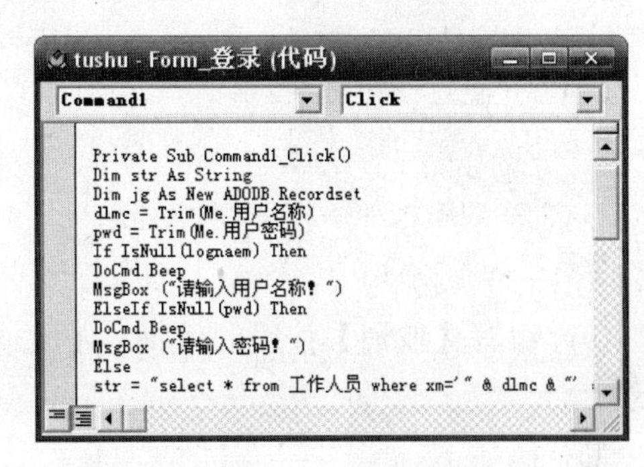

图 10-17　代码输入窗口

【确定】按钮的代码如下：

```
Private Sub Command1_Click()
   Dim str As String   '定义变量 str
   Dim jg As New ADODB.Recordset   '定义 jg 变量，用来存放查询记录
   dlmc = Trim(Me.用户名称)  '输入的用户名称赋值给 dlmc
   dlmm = Trim(Me.用户密码)   '输入的用户密码赋值给 dlmm
   If IsNull(dlmc) Then        '判断输入的用户名是否为空
      DoCmd.Beep                 '如果没有用户名，提示用户
      MsgBox ("请输入用户名称！")
   ElseIf IsNull(dlmm) Then         '判断输入的用户密码是否为空
      DoCmd.Beep                   '如果没有用户密码，提示用户
      MsgBox ("请输入密码！")
   Else
      str = "select * from 工作人员 where  xm='" &_
            dlmc & "' and kl='" & dlmm & "'"
      '在“工作人员”表中进行查询
      Set jg = getrs(str)      '将查询结果赋值给变量 jg
      If jg.EOF Then
         '判断“工作人员”表中是否有与输入的用户名称和用户密码相同的记录，
         '如果没有提示并将窗体中“用户名称”、“用户密码”两文本框清空，
         '将光标放在“用户名称”文本框中
         DoCmd.Beep
         MsgBox ("用户名称不正确或密码有误！")
         Me.用户名称 = ""
         Me.用户密码 = ""
         Me.用户名称.SetFocus
```

```
            Exit Sub
        Else
            DoCmd.Close
            DoCmd.OpenForm "主窗体"
        End If
    End If
    Set jg = Nothing
End Sub
```

(9) 编写【取消】按钮的代码。【取消】按钮的作用是关闭登录窗口，退出数据库的登录。

其代码如下：

```
Private Sub Command2_Click()
    DoCmd.Close
End Sub
```

10.3.2 主界面窗体设计

(1) 新建一个窗体，窗体名称为"主窗体"，并设置窗体的以下属性："默认视图"为"单个窗体"，"允许的视图"为"窗体和数据表"，"记录选择器"为"否"，"导航按钮"为"否"，"分隔线"为"否"，"自动调整"和"自动居中"均为"是"，"弹出方式"为"否"。

(2) 在窗体左边添加 5 个命令按钮，名称分别为 Command1、Command2、Command3、Command4、Command5，标题分别为"图书管理"、"读者管理"、"借阅管理"、"工作人员"和"退出"。设置时均不使用控件向导。

(3) 在窗体右侧添加一个选项卡控件，设置为 4 个页面，分别放置"图书管理"、"读者管理"、"借阅管理"、"工作人员"相关的命令按钮。

添加页面的方法是：选择"选项卡"控件，从菜单栏中选择"插入"→"选项卡控制页面"命令，每次添加一个页面。

在第 1 个页面中添加【增加类别】、【新书入库】和【图书查询】三个按钮。

在第 2 个页面中添加【增加读者】、【修改读者信息】和【注销读者】三个按钮。

在第 3 个页面中添加【图书借阅】、【还书】和【图书查询】三个按钮。

在第 4 个页面中添加【增加人员】和【修改口令】两个按钮。

设置选项卡属性："名称"为"XXK"，"背景"为"透明"、"样式"为"无"，使选项卡控件上面的选项卡处于不显示状态。

(4) 在选项卡控件上面添加一个标签控件，名称设置为"label1"，标题设置为"图书管理"。用来显示操作系统正在运行哪个子模块。

(5) 设置窗体页眉，从菜单栏中选择"视图"→"窗体页眉与页脚"命令，使设计视图中出现窗体页眉，添加一个标签，标题设置为“图书管理系统”，用来显示当前系统的名称。也可以添加一个图片来美化界面。

(6)　在窗体“主体”与“窗体页眉”之间上面添加一横直线，在窗体左侧的命令铵钮与选项卡控件之间加一竖直线。用来美化“主体”。

可以对窗体的格式进行设置，使窗体富有动感，让界面更有亲和力与美感。

设计完成后的主界面如图 10-18 所示。

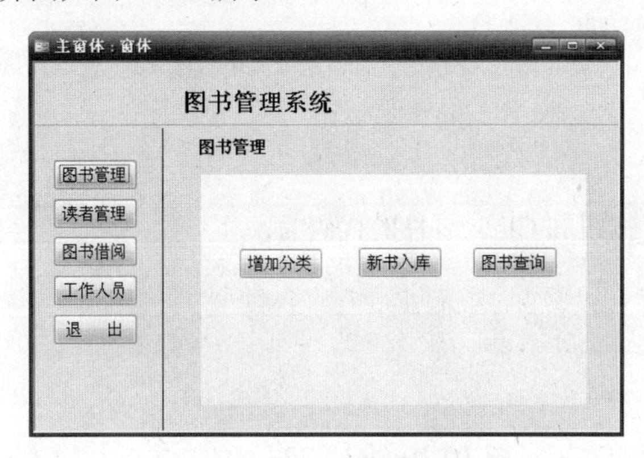

图 10-18　主界面窗体

10.3.3　主界面窗体的代码设计

(1)　自定义一个函数 setpagemain()，作用是单击左侧按钮时改变标签 Label1 的标题与命令按钮的标题相同，指示右侧选项卡选所选的页面。如单击【图书管理】按钮，标签 Label1 的标题为“图书管理”。其代码为：

```
Private Function setpagemain(rstrcontrolname As String)
   Label1.Caption = Me.Controls(rstrcontrolname).Caption
End Function
```

(2)　【图书管理】按钮的 Click 事件的代码为：

```
Private Sub Command1_Click()
   setpagemain Me.ActiveControl.Name '调用自定义函数 setpagemain
   xxk.Value = 0  'xxk 为选项卡控件名称，使其值为 0，表示选中第 1 个页面
End Sub
```

(3)　【读者管理】按钮的 Click 事件的代码为：

```
Private Sub Command2_Click()
   setpagemain Me.ActiveControl.Name '调用自定义函数 setpagemain
   xxk.Value = 1  'xxk 为选项卡控件名称，使其值为 1，表示选中第 2 个页面
End Sub
```

(4)　【借阅图书】按钮的 Click 事件的代码为：

```
Private Sub Command3_Click()
    setpagemain Me.ActiveControl.Name '调用自定义函数 setpagemain
    xxk.Value = 2  'xxk 为选项卡控件名称，使其值为 2，表示选中第 3 个页面
End Sub
```

(5) 【工作人员】按钮的 Click 事件的代码为：

```
Private Sub Command4_Click()
    setpagemain Me.ActiveControl.Name '调用自定义函数 setpagemain
    xxk.Value = 3  'xxk 为选项卡控件名称，使其值为 3，表示选中第 4 个页面
End Sub
```

(6) 【工作人员】按钮的 Click 事件的代码为：

```
Private Sub Command5_Click()
    DoCmd.Quit acQuitSaveNone
End Sub
```

单击左侧命令按钮的效果见图 10-19 到 10-22。

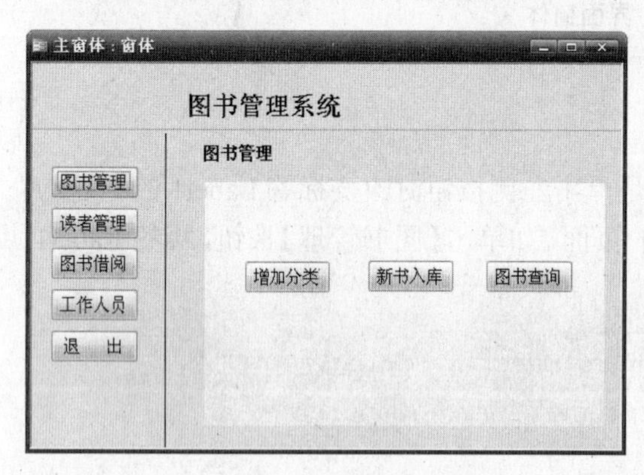

图 10-19　单击【图书管理】

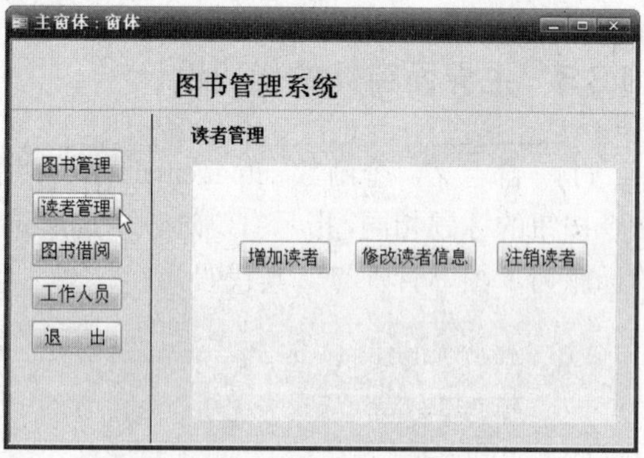

图 10-20　单击【读者管理】

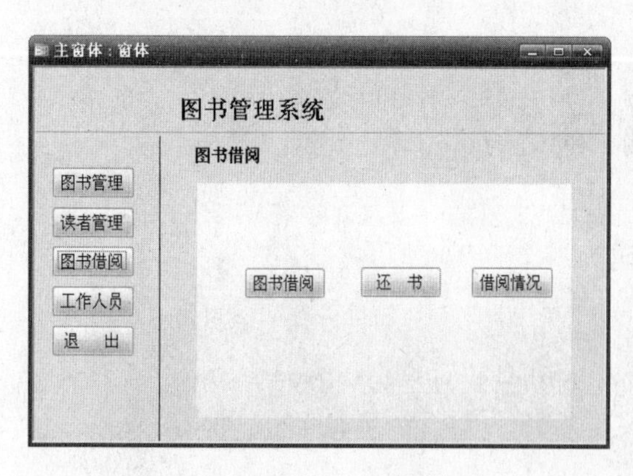

图 10-21　单击【借阅情况】

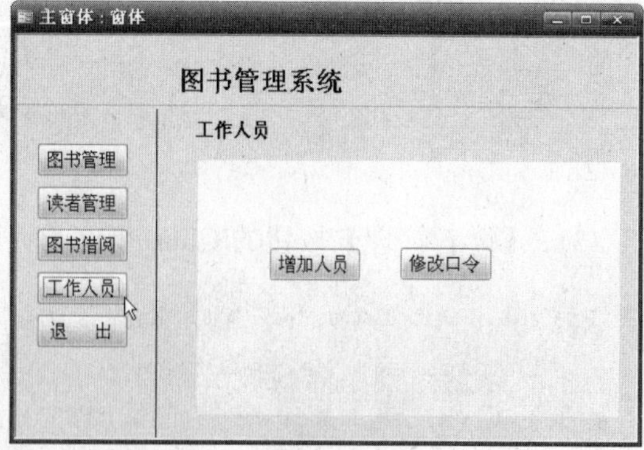

图 10-22　单击【工作人员】

10.3.4 增加图书分类窗体设计

增加图书分类窗体的创建步骤与登录窗体的创建基本相同。

(1) 在数据库窗口选择“窗体”下的“在设计视图中创建窗体”选项。单击窗口上部的【设计】按钮。

(2) 在窗体右侧的“工具箱”中单击“文本框”按钮，并在窗体“主体”中拖出一个矩形，立即弹出“文本框向导”对话框(见图 10-11)。单击【完成】按钮。设置标签的标题为“请输入分类号”。“文本框”名称设置为“Text0”，为保证数据的正确性，在文本框失去焦点时验证数据的正确性：第一，图书类别号最大长度为两个字符，第二，图书类别表中图书类别号不能重复。所以在“Text0”的失去焦点事件中编写如下代码：

```
Private Sub Text0_LostFocus()
    Dim str As String
    Dim jg As New ADODB.Recordset
    Sr = Trim(Me.Text0)
    If  Len(Me.Text0) > 2 Then      '长度是否大于两个字符，如果大于，提示
        MsgBox("图书分类号不能超过两个字母")
        Me.Text0 = ""
    End If
    If IsNull(Me.Text0) Then      '判断文本框中是否输入数据，如果没有，提示输入
        MsgBox("请输入分类号")
    End If
    str = "select * from 图书类别 where flh='" & Sr & "'"
    Set jg = getrs(str)
    If Not jg.EOF Then     '判断图书类别表中有没有与输入内容相同的记录
        DoCmd.Beep
        MsgBox("图书类别不能重复，该分类号已经存在！")
    End If
    Set jg = Nothing
End Sub
```

(3) 用相同的方法创建“分类名称”文本框，名称为“Text1”。在“Text1”的失去焦点事件中编写如下代码：

```
Private Sub Text1_LostFocus()
    Dim str As String
    Dim jg As New ADODB.Recordset
    Sr = Trim(Me.Text1)
    If IsNull(Me.Text1) Then
        MsgBox ("请输入分名称")
```

```
    End If
    str = "select * from 图书类别 where flmc='" & Sr & "'"
    Set jg = getrs(str)
    If Not jg.EOF Then
        DoCmd.Beep
        MsgBox("图书类别名称不能重复，该名称已经存在！")
    End If
    Set jg = Nothing
End Sub
```

(4) 创建两个命令按钮，名称分别为 Command1、Command2，标题分别为“增加”和“关闭”。

在 Command1 的 Click 事件中编写如下代码：

```
Private Sub Command1_Click()
    Dim jg As New ADODB.Recordset
    Dim str As String
    str = "select * from 图书类别 "
    Set jg = getrs(str)
    With jg
        .AddNew
        !flh = Trim(Me.Text0)
        !flmc = Trim(Me.Text1)
        .Update
    End With
    MsgBox("添加成功")
    jg.Close
    Me.Text0 = ""
    Me.Text1 = ""
End Sub
```

在 Command2 的 Click 事件中编写如下代码：

```
Private Sub Command2_Click()
    DoCmd.Close
End Sub
```

用相同的方法创建“新书入库”、“增加读者”、“增加工作人员”等窗体。

10.3.5 图书查询窗体设计

首先参照例 4.5，创建“按书名查询”、“按条码查询”、“按作者查询”、“按出版社查询”四个查询。

新建一窗体，参照例 5.8，在窗体中添加一选项组，如图 10-23 所示。

添加一命令按钮到窗体中，设置标题为“关闭”。设置后的窗体运行结果如图 10-24 所示。

图 10-23 图书查询窗体设置选项组

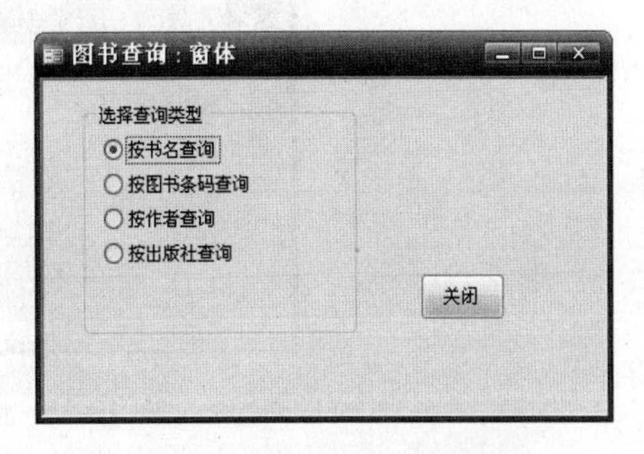

图 10-24 图书查询窗体

选项组单击事件的代码为：

```
Private Sub Frame0_Click()
   Dim i As Integer
   i = Me.Controls("frame0")
   If i = 1 Then
      DoCmd.OpenQuery("按书名查询")
   Else
      If i = 2 Then
         DoCmd.OpenQuery("按条码查询")
      Else
         If i = 3 Then
            DoCmd.OpenQuery("按作者查询")
         Else
            DoCmd.OpenQuery("按出版社查询")
         End If
      End If
   End If
End Sub
```

【关闭】命令按钮单击事件的代码为：

```
Private Sub Command1_Click()
   DoCmd.Close
End Sub
```

10.3.6　图书借阅情况查询窗体设计

该模块主要通过窗体完成某读者借书情况查询和某一图书借阅情况查询。该窗体如图 10-25 所示。

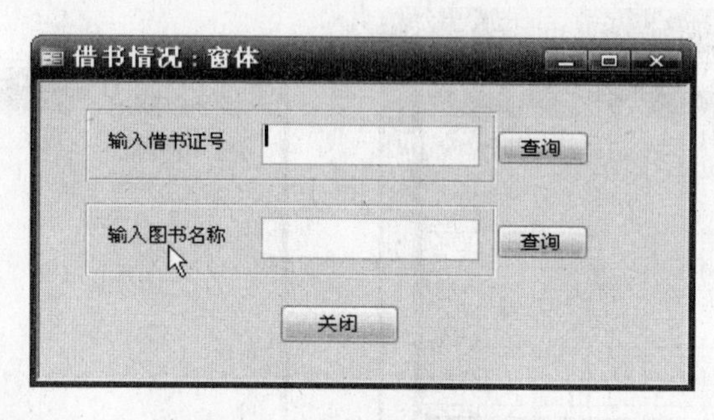

图 10-25　借书情况查询窗体

1. 借书情况查询窗体

窗体设计过程如下。

(1) 在“tushu”数据库窗口选择“窗体”模块下的“在设计视图中创建窗体”选项。新建一窗体。

(2) 在窗体右侧的工具箱中单击“文本框”按钮，并在窗体“主体”中添加两个文本框，设置后标签的标题为“输入借书证号”和“输入图书名称”。

(3) 在窗体中添加两个矩形控件。调整标签、文本框的位置和大小，效果如图 10-25 所示。

(4) 在工具箱中单击“命令按钮”，并在窗体“主体”的适当位置拖动鼠标。在弹出的“命令按钮”向导对话框中单击“取消”按钮。

(5) 在窗体“主体”中选择新建的命令按钮并右击，在弹出的快捷菜单中选择“属性”命令，对该命令按钮的属性进行设置。其中名称为“command1”，标题为“查询”。以同样的步骤添加两个命令按钮，其中一个名称设置为“command2”，标题设置为“查询”，另一个设置名称为“command3”，标题设置为“关闭”。

(6) 设置窗体属性。在窗体中右击，在弹出的快捷菜单中选择“属性”命令，弹出“属性”设置对话框，在上面的组合框中选择“窗体”。其中“滚动条”设为“两者均无”，“记录选择器”设为“否”，“导航按钮”设为“否”，“分隔线”设为“否”，“最大化最小化按钮”为“无”，“自动调整”为“是”，“自动居中”为“是”，“标题”为“借书情况：”。运行结果如图 10-25 所示。

输入借书证号，单击“查询”按钮，将打开“读者借阅情况”查询窗体，显示该读者借书情况，同时统计已经归还的图书信息和正在借阅的图书信息，如图 10-26 所示。

在“查询”按钮的单击事件中调用“读者借阅情况”窗体，这里使用宏命令。设计步骤如下。

打开“查询”按钮属性对话框，选择“单击”事件，创建宏。

在“宏设计器”的“操作”项中选择“OpenForm”，“窗体名称”项输入“读者借阅情况”，“视图”项选择为“窗体”。

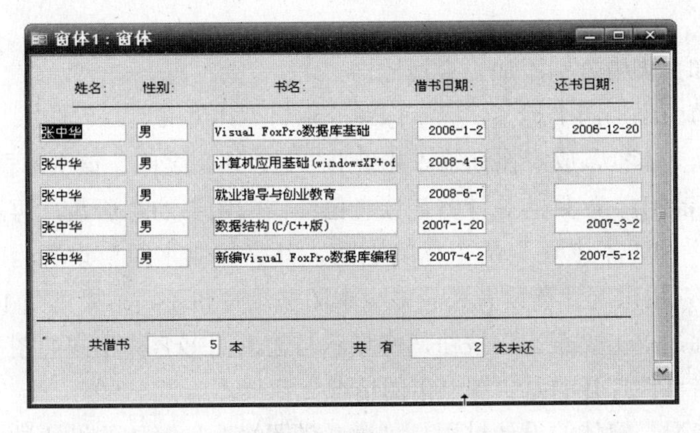

图 10-26 读者借阅情况查询窗体

2. 读者借阅情况查询窗体

对读者借阅情况查询窗体的设计过程如下。

(1) 通过设计视图创建一窗体。

(2) 窗体“记录源”为：

```
SELECT DISTINCT 读者.xm, 读者.xb, 图书.sm, 借还记录.jsrq, 借还记录.jszh, 借还记录.hsrq FROM 图书 INNER JOIN (读者 INNER JOIN 借还记录 ON 读者.jszh=借还记录.jszh) ON 图书.tstm=借还记录.tstm WHERE (((借还记录.jszh)=forms!借书情况!text1));
```

(3) “记录源”输入后，出现 select 查询窗口，其中包含所查询输出的各字段，将产生查询中的字段拖放到窗体上。这里选择 xm(姓名)、xb(性别)、sm(书名)、jsrq(借书日期)和 hsrq(还书日期)，如图 10-27 所示。

(4) 在窗体属性中设置：“默认视图”为“连续窗体”，“记录选择器”、“导航器”、“分隔线”均为“否”。

(5) 从菜单栏中选择“视图”→“窗体页眉/页脚”命令，在窗体上添加两个节，结果如图 10-28 所示。

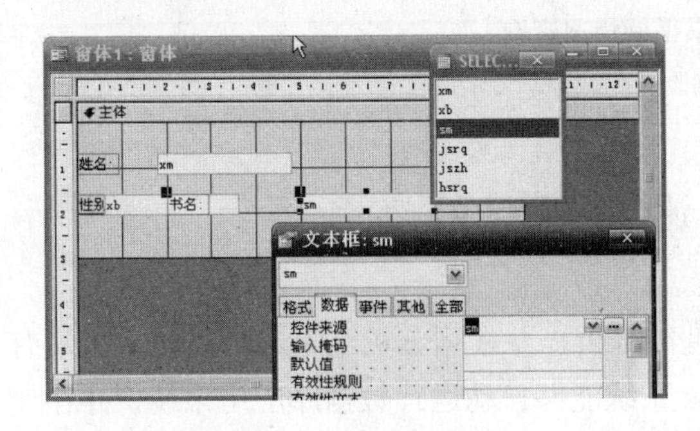

图 10-27 窗体记录源设计

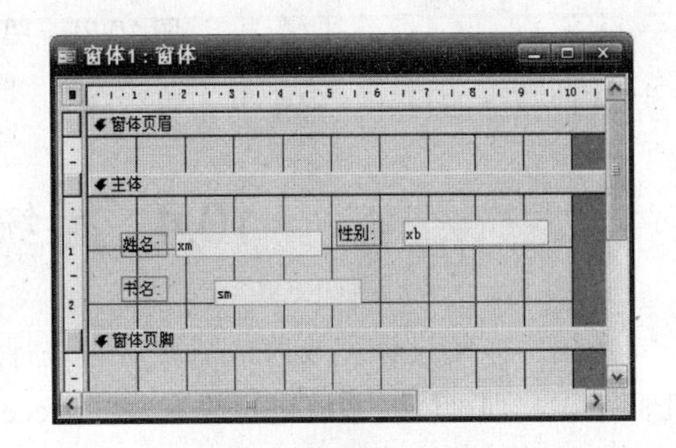

图 10-28 窗体设计视图

选择主体节中的标签，按 Ctrl+X 组合键执行剪切操作，然后单击“窗体页眉”节，再按 Ctrl+V 组合键执行粘贴操作。将所有标签移到页眉节中。调整窗体中各控件的位置和大小。

(6) 在页眉和页脚中分别添加一直线控件。

(7) 在页脚节中添加四个标签，标签标题分别为“共借书”、“本”、“共有”和“本未还”。添加一个文本框，放置在标签“共借书”、“本”之间，该文本框的“控制来源”设置为“=Count([jszh])”，目的是计算该读者已经借阅图书的总册数，再添加一文本框，将其放在“共有”和“本未还”两个标签之间，其“控制来源”设置为“=Count([jszh])−Count(([hsrq]))”，用来统计该读者还有多少本图书没有归还。结果见图 10-26。

输入图书名称，单击“查询”按钮，将显示与输入图书名称相同的图书借阅及库存情况，该按钮的单击事件打开的是“图书借阅情况”窗体。

“图书借阅情况”窗体的设计过程与“读者借阅情况”窗体的设计过程相似。只是将窗体的“记录源”修改为：

```
SELECT 图书.sm, 图书.tstm, 图书.flh, 图书.cbs, 图书.zz, 图书.sfjc FROM 图书
WHERE (((图书.sm)=forms!借书情况!text2));
```

运行结果如图 10-29 所示。

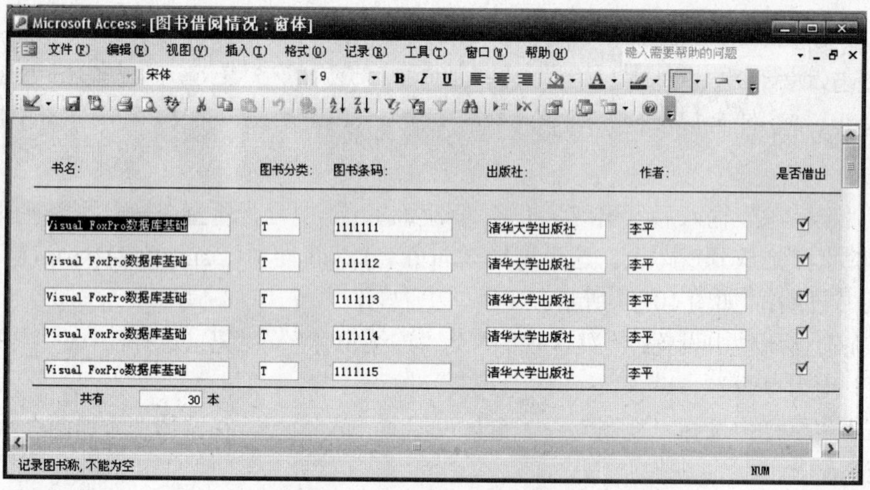

图 10-29　图书借阅情况查询

其他窗体的设计过程本书不再叙述。

10.4　系统设置与发布

数据库系统设计完成后，需要对它进行性能分析，并根据分析结果进行优化。若没有任何错误，则可以对系统进行设置，让 Access 系统能够自动运行数据库应用系统，并在使用过程中，不显示动作查询的提示信息。

10.4.1　性能分析

从菜单栏中选择“工具”→“分析”→“性能”命令，打开【性能分析器】对话框，如图 10-30 所示。可以选择对象进行性能分析。

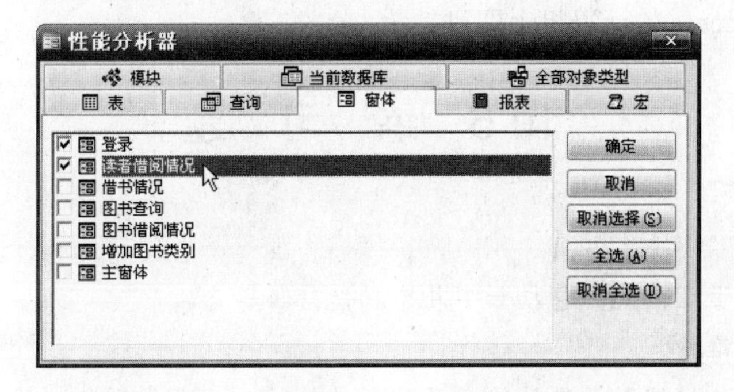

图 10-30　数据库【性能分析器】对话框

如果所选择的对象是打开的，系统将出现如图 10-31 和图 10-32 所示的提示。

图 10-31　性能分析器提示(一)

图 10-32　性能分析器提示(二)

分析完成后，系统将返回分析结果。根据系统分析的结果和实际应用的需要，可以对数据库进行优化处理。

10.4.2　启动窗体设置

启动窗体是进入 Access 系统后自动打开的一个窗体，通常是登录窗体。如果没有登录窗体，可以将主窗体设置为启动窗体。

设置方法如下。

从菜单栏中选择“工具”→“启动”命令，打开【启动】对话框，如图 10-33 所示。

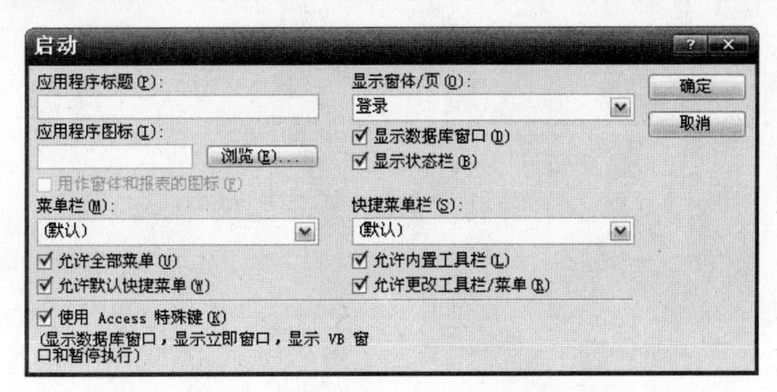

图 10-33　【启动】对话框

根据需要输入相关内容。其中【显示窗体/页】为要启动的窗体，这里输入“登录”。

10.4.3 系统发布

Access 数据库是不能脱离 Access 环境而独立运行的，所以将数据库文件(.MDB)复制到任何一台安装有 Access 的计算机上即可。

10.5 练 习 题

实训题

设计一个考试管理系统，包括如下几个功能。

(1) 基础资料维护

基础资料维护包括试题类型的维护及试题的维护。试题类型包括两种：一是考试内容的类型，二是试题形式的类型。

(2) 选题管理

选题管理是指如何从系统已有的题库中挑选指定或随机指定的试题，然后组合成一张试卷。选题方式有两种，手工选题和自动生成试卷。

(3) 输出试卷

试题选择好后，将试卷以报表的形式输出。

附录A Access系统的常用函数

函数格式	功　能
Abs(数值)	返回指定数值的绝对值
Asc(字符串)	返回第一个字符的ASCII码
Atn(数值)	返回指定数值的反正切值
Avg(表达式)	求数值表达式的平均值
CBool(表达式)	当表达式的值为0时，结果为False，否则都为True
CByte(表达式)	将表达式的值转换为Byte型数据
CCur(表达式)	将表达式的值转换为Currency型数据
CDate(表达式)	将表达式的值转换为Date型数据
CDbl(表达式)	将表达式的值转换为Double型数据
Chr(数值)	根据ASCII码值返回一个字符
CInt(表达式)	将表达式的值转换为Integer型数据
CLng(表达式)	将表达式的值转换为Long型数据
Cos(数值)	返回指定数值的余弦值
Count(表达式)	计数
CSng(表达式)	将表达式的值转换为Single型数据
CStr(表达式)	将表达式的值转换为字符串
Date()	取得系统当前的日期
DateAdd(时间单位,数字,日期)	返回指定日期加上一段时间后的日期
DateDiff(时间单位,数字,日期)	返回指定日期减去一段时间后的日期
Datepart(时间单位,日期)	取得日期数据中的各部分时间
DateValue(日期)	取得指定的日期
DAvg(表达式,域[,条件])	求数值表达式的平均值
Day(日期)	取得日期中的日子
Dcount(表达式,域[,条件])	求指定记录集的记录数
DLookup(表达式,域[,条件])	在记录集中查找特定字段的值
Dmax(表达式,域[,条件])	求一组值中的最大值
Dmin(表达式,域[,条件])	求一组值中的最小值
DSum(表达式,域[,条件])	求数值表达式的和
Exp(数值)	求e的幂次方
Fix(数值)	返回指定数值的整数部分
Format(表达式[,格式])	按指定的格式对表达式进行格式化

续表

函数格式	功　能
FormatDateTime(日期[格式])	按指定的日期时间格式对日期时间数据格式化
FormatNumber(数值[,小数位数[,前导 0 字符[,负数格式[数字分组]]]])	按指定的数据格式对数值数据进行格式化
Hour(日期)	取得日期数据中的小时
IIf(条件,值 1,值 2)	条件为真时，返回值 1，否则返回值 2
InputBox(提示[,标题][,默认值][,水平位置[,垂直位置]])	在屏幕指定位置显示一个用户自定义的对话框，等待用户输入文本或按下按钮，并返回用户在文本框中输入的字符串
InStr([位置,]字符串 1,字符串 2)	求字符串 2 在字符串 1 中最先出现的位置
InStrRev(字符串 1,字符串 2,位置)	从后往前求字符串 2 在字符串 1 中最先出现的位置
Int(数值)	返回小于等于指定数值的最大整数
IsArry(表达式)	测试表达式是否为数组
IsDate(表达式)	测试表达式的值是否为 Date 型数据，或符合日期时间格式的字符串
IsEmpty(表达式)	测试表达式是否为 Empty
IsNull(表达式)	测试表达式是否为 Null
IsNumeric(表达式)	测试表达式的值是否为 Date 型数据，或符合日期时间格式的字符串
IsObject(表达式)	测试表达式是否为对象型数据
LCase(字符串)	将字符串中的大写字母转换成小写，小写或非字母字符保持不变
Left(字符串,字符数)	从字符串的左边开始截取指定字符个数的子字符串
Len(字符串)	计算字符串中包含的字符个数，返回值是 Long 型
Log(数值)	求正数的自然对数
LTrim(字符串)	删除字符串左边的空格
Max(表达式)	求一组值中的最大值
Mid(字符串,位置[,字符数])	从字符串指定位置开始截取指定字符个数的子字符串
Min(表达式)	求一组值中的最小值
Minute(日期)	取得日期数据中的分钟
Month(日期)	取得日期中的月份
MonthName(数值)	取得月份的名称
MsgBox(提示[,类型][,标题])	显示一个消息对话框，并等待用户单击按钮
Now()	取得系统当前的日期和时间

续表

函数格式	功 能
Replace(字符串 1,字符串 2,字符串 3[,位置[,次数]])	从指定位置开始，在字符串 1 中查找所有的字符串 2，并用字符串 3 替换，然后返回替换后的字符串
Right(字符串,字符数)	从字符串的右边开始截取指定字符个数的子字符串
Rnd(数值)	返回一个大于 0 且小于 1 的 Single 型数
Round(数值[,小数位数])	按照指定的小数位数进行四舍五入运算
RTrim(字符串)	删除字符串右边的空格
Second(日期)	取得日期数据中的秒数
Sin(数值)	返回指定数值的正弦值
Space(数值)	返回由指定个数的空格组成的字符串
Sqr(数值)	求正数的算术平方根
Str(数值)	将数值类型数据转换成字符串
StrComp(字符串 1,字符串 2)	比较两个字符串是否相同
String(字符数,字符)	返回由指定字符组成的字符串
StrReverse(字符串)	返回一个字符顺序相反的字符串
Sum(表达式)	求数值表达式的和
Tan(数值)	返回指定数值的正切值
Time()	取得系统当前的时间
TimeValue(日期)	取得日期数据中的时间
Trim(字符串)	删除字符串左右两边的空格
TypeName(表达式)	测试表达式的数据类型
UCase(字符串)	将字符串的小写字母转换为大写，大写或非字符保持不变
Val(字符串)	将字符串转换为 Double 型的数值
VarType(变量)	返回一个整型数，指出变量的类型
WeekDay(日期)	取得日期数据中的星期值，1~7 代表星期日到星期六
WeekDayName(数值)	取得星期值 1~7 的名称
Year(日期)	取得日期中的年份

附录B Access 中常用对象的事件

对象名称	事　件	说　明
窗体	Activate	窗体成为当前窗口时的触发事件
	AfterDelConfirm	在用户确认删除操作，并且在记录已实际被删除或者删除操作被取消之后的触发事件
	AfterInsert	在数据库中插入一条新记录之后触发的事件
	AfterUpdate	在记录的数据被更新之后触发的事件
	BeforeDelConfirm	在删除一条或多条记录之后，确认删除之前触发的事件
	BeforeInsert	在开始向新记录中写第一个字符，但记录还没有添加到数据库时触发的事件
	BeforeUpdate	在记录的数据被更新之前触发的事件
	Click	单击窗体时触发的事件
	Close	窗体关闭时触发的事件
	Current	把焦点移动到一条记录，使之成为当前记录时触发的事件
	DblClick	双击窗体时触发的事件
	Deactivate	其他窗体变成当前窗口时触发的事件
	Delete	当删除一条记录时，在确认之前触发的事件
	Dirty	窗体内容改变时触发的事件
	KeyDown	窗体上键盘按下键时触发的事件
	KeyPress	窗体上键盘按键时触发的事件
	KeyUp	窗体内释放键盘按键时触发的事件
	Load	窗体加载时触发事件
	MouseDown	窗体内鼠标按下键时触发的事件
	MouseMove	窗体内移动鼠标时触发的事件
	MouseUp	窗体内释放鼠标时触发的事件
	Open	窗体打开时触发的事件
	Unload	窗体卸载时触发的事件
报表	Activate	报表成为当前窗口时触发的事件
	Close	报表关闭时触发的事件
	Derctivate	其他窗口变成当前窗口时触发的事件
	Open	报表打开时触发的事件

续表

对象名称	事　件	说　明
文本框控件	AfterUpdate	文本框内容更新后触发的事件
	BeforeUpdate	文本框内容更新前触发的事件
	Change	文本框内容更新时触发的事件
	Enter	文本框获得焦点之前触发的事件(在 GotFocus 之前)
	Exit	文本框失去焦点之前触发的事件(在 LostFocus 之后)
	GotFocus	文本框获得焦点时触发的事件
	KeyDown	文本框内键盘按下时触发的事件
	KeyPress	文本框内键盘按键时触发的事件
	KeyUp	文本框内键盘释放时触发的事件
	LostFocus	文本框失去焦点之前触发的事件
	MouseDown	文本框按下鼠标时触发的事件
命令按钮控件	Click	单击按钮时触发的事件
	DblClick	双击按钮时触发的事件
	Enter	按钮获得焦点之前触发的事件
	GotFocus	按钮上键盘按下键时触发的事件
	KeyDown	按钮上键盘按下键时触发的事件
	KeyPress	按钮上键盘按键时触发的事件
	MouseDown	按钮上按下鼠标时触发的事件
标签控件	Click	单击标签时触发的事件
	DblClick	双击标签时触发的事件
	MouseDown	标签上按下鼠标时触发的事件
组合框控件	AfterUpdate	组合框内容更新后触发的事件
	BeforeUpdate	组合框内容更新前触发的事件
	Click	单击组合框时触发的事件
	DblClick	双击组合框时触发的事件
	Enter	组合框获得焦点事前触发的事件
	Exit	组合框失去焦点时触发的事件
	GotFocus	组合框获得焦点时触发的事件
	KeyPress	组合框键盘按下时触发的事件
	LostFocus	组合框失去焦点时触发的事件
	NotInList	输入一个不在组合框列表中的值时触发的事件
选项组控件	AfterUpdate	选项组内容更新后触发的事件
	BeforeUpdate	选项组内容更新前触发的事件
	Click	单击选项组时触发的事件
	DblClick	双击选项组时触发的事件
	Enter	选项组获得焦点之前触发的事件

续表

对象名称	事　件	说　明
单选按钮控件	GotFocus	选项组获得焦点时触发的事件
	KeyPress	单选按钮内键盘按键时触发的事件
	LostFocus	单选按钮失去焦点时触发的事件
复选框控件	AfterUpdate	复选框内容更新后触发的事件
	BeforeUpdate	复选框内容更新前触发的事件
	Click	单击复选框时触发的事件
	DblClick	双击复选框时触发的事件
	Enter	复选框获得焦点之前触发的事件
	Exit	复选框失去焦点时触发的事件
	GotFocus	复选框获得焦点时触发的事件
	LostFocus	复选框失去焦点时触发的事件

附录C　部分答案

第1章

一、选择题

1. A	2. D	3. B	4. D	5. A
6. C	7. D	8. A	9. B	10. C

二、简答题

1. 数据是指存储在某一载体上能够识别的物理符号。数据包含对事物特征的描述和存储的形式两个方面。

数据库是存储在计算机存储设备上结构化的相关数据的集合。它不仅包括描述事物的数据本身，而且还包括相关事物之间的联系。

2. 数据库管理系统是数据库系统的一部分。

3. 文件管理系统是指数据的处理方式上不仅有了文件批处理，而且能够在需要时随时从存储设备中查询、修改或更新数据。数据处理系统是把计算机中的数据组织成相互独立的数据文件，并可以按文件的名字进行访问。其特点是：

(1) 采用特定的数据结构，以数据库文件组织形式长期保存。

(2) 实现数据共享，冗余度小。

(3) 具有较高的独立性。

(4) 有统一的数据控制功能。

4. 数据库系统要解决的问题有：

(1) 表示事物本身各项数据之间的联系，同时表示事物与事物之间的联系，从而反映出现实世界事物之间的联系。

(2) 实现数据共享，减小冗余度。

(3) 使数据具有较高的逻辑独立性和物理独立性。

(4) 解决数据操作中的并发性问题，实现数据控制的统一性。

5. 关系数据库的特点如下：

(1) 关系必须规范化。关系模型中的每一个关系模式必须满足一定的要求，最基本的要求是每个属性必须是不可分割的数据单元。

(2) 在同一个关系中不能出现相同的属性名。

(3) 一个关系中不允许有完全相同的记录。

(4) 在一个关系中记录的次序、字段的次序可以任意交换，不影响其信息内容。

第2章

一、填空题

1. 表、查询、窗体、报表

2. mdb

3. 目标分析、选择数据

4. 分类总账、工时与账单、讲座管理、库存管理

二、简答题

1. 使用数据库向导创建数据库、创建空数据库、使用现有数据创建数据库。

2. 在删除数据库系统中的数据时，只是做删除标记，没有把数据从数据库文件中真正删除，这样就会在数据库文件中产生很多碎片，使整个数据库文件的使用率下降。压缩可以去除碎片，使 Access 2003 重新安排数据，收回空间。

3. 拆分数据库是把数据库中的前台程序文件和后台数据文件分开，将数据库文件放在后端数据库服务器上，而前台程序文件放在每一个用户的计算机上。用户负责在自己的机器上操作，而数据库服务器负责传输数据，从而构成一个客户/服务器的应用模式。

4. 共享方式、只读方式、独占方式、独占只读方式

第3章

一、填空题

1. 文本型和备注。

2. 按选定内容筛选、按窗体筛选、内容排除筛选和高级筛选。

3. 10，数字和货币。

二、选择题

1. D　　2. B　　3. C　　4. C　　5 C

三、判断题

1. ×　　2. ×　　3. √　　4. ×

四、实训题

(1) 创建名称为“学生管理”的空白数据库。

解：从开始菜单中打开 Access 程序，选择“文件”菜单中的“新建”命令。然后从弹出的对话框中设定数据库的名称为“学生管理”，确定保存。

(2) 创建“学生”表，其中主要包括下列字段：

学号，姓名，性别，年龄，所在系

其中，学号为主键；性别要求只能是“男”和“女”之一；年龄介于16到30之间。

解：在数据库的表对象模块状态下，选择“使用设计器创建表”命令。然后在打开的窗口内依次创建题目中要求的字段。选中“学号”字段，然后单击工具栏上的钥匙图标，设定主键。选中“性别”字段，在“有效性规则”栏目内输入如下规则“[性别] in (‘男’, ‘女’)”。选中“年龄”字段，在“有效性规则”栏目内输入如下规则：“[年龄] bewteen 16 and 30”。保存为学生表。

(3) 创建“课程”表，其中主要包括下列字段：

课程号，课程名，任课教师

其中课程号为主键。

解：在数据库的表对象模块状态下，选择“使用设计器创建表”命令。然后在打开的窗口内依次创建题目中要求的字段。选中“课程号”字段，然后单击工具栏上的钥匙图标，设定主键。保存为课程表。

(4) 创建“成绩”表，其中主要包括下列字段：

学号，课程号，成绩。

其中学号和课程号为主键；成绩为0~100的整数。

解：在数据库的表对象模块状态下，选择“使用设计器创建表”命令。然后在打开的窗口内依次创建题目中要求的字段。选中“学号”和“课程号”字段，然后单击工具栏上的钥匙图标，设定主键。选中“成绩”字段，在“有效性规则”栏目内输入如下规则“[成绩] between 0 and 100”。保存为成绩表。

(5) 建立上述表格的关系图。

解：在数据库的表对象模块状态下，在右侧对象窗体的空白处右击，选择“关系”命令。向关系中添加需要连接的表，例如“学生”、“课程”和“成绩”；设置连接条件：拖动主表上的连接条件到副表中松开，例如拖动“学生”表中的“学号”到“成绩表”的“学号”上松开，然后单击对话框的“创建”确定连接，拖动“课程”表中的“课程号”到“成绩”表的“课程号”上松开，然后单击对话框的“创建”确定连接。

(6) 向每个表中添加10条数据。

解：依次打开三个表，向其中添加数据，注意一些规则的要求。

(7) 所用筛选功能，查询出男同学的资料。

解：打开“学生”表，从“性别”列中选中一个“男”值，单击工具栏中的“按选中内容筛选”。

(8) 按照数据的实际情况，调整表的行高与列宽。

解：依次打开三个表，依次选中每一列后，选择“格式”菜单中的“列宽”命令，从弹出的对话框中单击“最佳匹配”命令。

第4章

一、填空题

1. <60 or >100_
2. 更新
3. 基本表和查询

二、选择题

1. D　　2. C　　3. B　　4. D　　5. C

三、判断题

1. √　　2. ×　　3. ×

四、实训题

1. 在“学生管理”数据库的基础上，使用查询设计器完成以下查询。

① 查询学生成绩，包括学生的姓名、课程名和成绩。

解：在数据库的查询对象模块状态下，选择“在设计图中创建查询”命令。在弹出的对话框中首先将“学生”、“课程”和“成绩”三个表添加到查询中。然后，依次将“姓名”、“课程名”和“成绩”字段拖到下方的“字段”栏目中松开。保存查询。

② 查询英语成绩不及格同学的资料，包括学生的姓名和成绩。

解：在数据库的查询对象模块状态下，选择“在设计图中创建查询”命令。在弹出的对话框中首先将“学生”、“课程”和“成绩”三个表添加到查询中。然后，依次将“姓名”、“课程名”和“成绩”字段拖到下方的“字段”栏目中松开，在“课程名”字段对应的“条件”栏目中输入“英语”，在“成绩”字段对应的“条件”栏目中输入“<60”，最后勾掉“课程名”下方“显示”栏目中的对号。保存查询。

③ 求男女同学的平均年龄。

解：在数据库的查询对象模块状态下，选择“在设计图中创建查询”命令。在弹出的对话框中首先将“学生”添加到查询中。然后选择“视图”菜单中的“总计”命令。将“性别”字段拖到下方字段栏目中，并设定“总计”栏目为“分组”。将“年龄”字段添加到字段栏目中，并设定年龄的“总计”栏目为“平均值”。保存查询。

④ 创建一个查询，实现可以按照用户输入的姓名和课程名来查询某名学生某门课程的成绩。

解：在数据库的查询对象模块状态下，选择“在设计图中创建查询”命令。在弹出的对话框中首先将“学生”、“课程”和“成绩”三个表添加到查询中。然后，依次将“姓名”、“课程名”和“成绩”字段拖到下方的“字段”栏目中松开。选择“查询”菜单中的“参数”命令，依次创建参数“姓名参数”和“课程名参数”，注意，数据类型要依次与“姓名”和“课程名”相同。在“姓名”字段的条件栏目中输入“姓名参数”，在“课程名”下方的“条件”栏目中输入“课程名参数”。保存查询。

⑤ 使用SQL设计窗体完成②、③题。

题②解：在数据库的查询对象模块状态下，选择“在设计图中创建查询”命令。在弹出的对话框中首先将“学生”、“课程”和“成绩”三个表添加到查询中。单击工具栏左侧的“视图”按钮，并选择“SQL视图”，在其中输入如下查询语句“select 姓名, 成绩 from 学生, 课程, 成绩 where 学生.学号=成绩.学号 and 成绩.课程号 =课程.课程号 and 课程名=‘英语’ and 成绩<60”。

题③解：在数据库的查询对象模块状态下，选择“在设计图中创建查询”命令。在弹出的对话框中首先将“学生”表添加到查询中。单击工具栏左侧的“视图”按钮，并选择“SQL视图”，在其中输入如下查询语句“select 性别, AVG(年龄) from 学生 group by 性别”。

2. 删除年龄大于28岁的男同学的资料。

解：在数据库的查询对象模块状态下，选择“在设计图中创建查询”命令。在弹出的对话框中首先将“学生”表添加到查询中。选择“查询”菜单中的“删除查询”命令。将“年龄”与“性别”字段添加到下方的“字段”栏目中，在条件中依次输入“>28”和“男”。保存并运行查询。

3. 将所有同学的英语成绩提高10分。

解：在数据库的查询对象模块状态下，选择“在设计图中创建查询”命令。在弹出的对话框中首先将“学生”、“课程”和“成绩”三个表添加到查询中。选择“查询”菜单中的“更新查询”命令。将“成绩”与“课程名”字段添加到下方的“字段”栏目中，在“课程名”字段下的条件栏目中中输入“英语”，在“成绩”字段的“更新到”栏目中输入“+10”。保存并运行查询。

第5章

一、问答题

1. 窗体有哪几种类型？

答：Access 2003窗体的类型主要有纵栏式窗体、表格式窗体、数据表窗体、主/子窗体、图表窗体、数据透视表窗体和数据透视图窗体7种。

2. 如何使用向导创建纵栏式的窗体？

答：

(1) 在“数据库”窗体中选“窗体”对象，然后单击“新建”按钮，在打开的“新建窗体”对话框中双击窗体列表中的“窗体向导”，出现“窗体向导”对话框。

(2) 在“窗体向导”对话框的“表/查询”组合框中选择相应的数据表。在“可用字段”列表框中选择相关的字段。

(3) 再根据向导的提示选择窗体的“布局”和“样式”等相应的内容，单击“下一步”

按钮，直至结束。

3. 什么是控件？请列举常用3种控件的用途。

答：所谓控件就是用于输入、显示和计算数据及执行各种操作的对象。

(1) 标签控件：用来显示说明性的文本信息，以及窗体和报表中的标题、名称等。

(2) 文本框控件：用于输入、显示或编辑窗体的记录源数据，显示计算结果，或接收用户输入的数据。

(3) 选项组：对选项控件进行分组。一般与切换按钮、单选按钮和复选框结合使用。

4. 绑定型控件与非绑定型控件的区别？

答：绑定型控件表示该控件有数据源，即与表或查询中某一字段相连。可用于显示、输入及更新数据库中的字段。

非绑定型控件无数据源。如标签、线条和图像等控件。

5. 如何对齐窗体上的多个控件？

答：选中窗体中的所有控件，选择“格式”菜单中的“对齐”命令，出现“靠左”、“靠右”、“靠上”、“靠下”和“对齐网格”这5种对齐命令，然后根据需要相应的选项命令。

6. 如何创建主切换面板？

答：

(1) 在数据库窗口中选择“工具”→“数据库实用工具”→“切换面板管理器”菜单命令，启动切换面板管理器。

(2) 在“切换面板管理器”对话框中单击“新建”按钮，出现“新建”对话框。在“新建”对话框中的“切换面板页名”处输入主切换面板页名称，单击“确定”按钮。

(3) 选中新建的切换面板页，单击“编辑”按钮，出现“编辑切换面板页”对话框。再单击“新建”按钮，出现“编辑切换面板项目”对话框，在“文本”处输入切换面板上的标题，并在“命令”下拉列表框，根据需要选择对应的命令。

(4) 单击“确定”按钮，返回“编辑切换面板页”对话框，重复“步骤3”，将切换面板上所有的内容输入。

(5) 返回“切换面板面板管理器”对话框。在“切换面板页”列表框处选新建的切换面板，单击“创建默认”按钮，即将其设置成默认，即为主切换面板。

(6) 单击“关闭”按钮，返回到数据库窗口。

第6章

一、选择题

1. D　　2. A　　3. B　　4. D

二、填空题

1. 纵栏式报表、表格式报表、标签报表

2. 纵栏式和表格式
3. 主体
4. 两级
5. 标签报表

第7章

一、简答题

1. 数据访问页是一种特殊类型的网页，用于查看和处理来自Internet或Intranet的数据，它允许用户在浏览器上查看和使用在Access数据库(. mdb)、SQL Server数据库或MSDE数据库中存储的数据。

2. 创建数据访问页有以下几种方法：
用“自动创建数据页”创建数据访问页。
使用向导创建数据访问页。
在设计视图中创建数据访问页。
使用“现有的网页”创建数据访问页。

第8章

一、选择题

1. B　　2. C　　3. B　　4. C　　5. C　　6. B　　7. A

二、简答题

1. 在宏中添加某个操作之后，可以在“宏”窗口的下部设置这个操作的参数。这些参数可以向Access提供如何执行操作的附加信息。关于设置操作参数的一些提示如下。

(1) 可以在参数框中键入数值，或者在很多情况下，可以在列表中选择某个位置。

(2) 通常，按参数排列顺序来设置操作参数是很好的方法。因为选择某一参数将决定该参数后面参数的选择。

(3) 如果通过从“数据库”窗口拖曳数据库对象的方式来向宏中添加操作，Access将自动为这个操作设置适当的参数。

(4) 如果操作中有调用数据库对象名的参数，则可以将对象从“数据库”窗口中拖曳到参数框，从而设置参数及其对应的对象类型参数。

(5) 可以用前面加等号(=)的表达式来设置许多操作参数。

2. 在窗体上创建运行宏的命令按钮的操作步骤如下：
(1) 在“设计”视图中打开窗体。
(2) 在工具箱中，单击“命令按钮”按钮。

(3) 在窗体中单击要设置命令按钮的位置。

(4) 确保选定了命令按钮，然后在工具栏上单击“属性”按钮来打开它的命令按钮属性表。

(5) 在“单击”属性框中，输入在按此按钮时要执行的宏或事件过程的名称，或单击“生成器”按钮来使用“宏生成器”或“代码生成器”。

(6) 如果要在命令按钮上显示文字，在窗体的“标题”属性框中输入相应的文本。如果在窗体上的按钮上不使用文本，可以使用图像代替。

3. 使用宏检查数据有效性的操作步骤如下：

(1) 创建一个宏。

(2) 确保“宏”窗口工具栏上的“条件”按钮处于按下状态。

(3) 在空白操作行的“条件”中输入有效性验证条件。

(4) 在“操作”列，单击操作列表中有效性规则为真时执行的操作。

(5) 如果要在有效性规则为真时执行更多的操作，可在“条件”列中输入省略号，后面跟着“操作”列中的操作。

(6) 单击工具栏中“保存”按钮保存该宏。

(7) 在“设计”视图中打开窗体。

(8) 将用于触发有效性规则的事件的事件属性设置为上述宏的名称。

4. 直接运行宏的方式有：

(1) 从数据库窗口运行宏

(2) 从宏窗口运行宏

(3) 从任何其他窗口运行宏

(4) 在另一个宏中运行宏

第 9 章

一、问答题

1. VBA(Visual Basic for Application)是 VB 语言的子集，可以嵌入到 Office 应用程序中进行编程，实现各种功能模块。可以通过使用 VBA 编写模块，来使应用程序自动化，实现自定义的解决方案。

2. 模块是书写和存放 VBA 代码的地方。它是一个代码容器，可以将一段具备特殊功能的代码放入模块中，当指定的事件激活模块时，其中包含的代码对应的操作就会被执行。

模块分为两类。

(1) 标准模块：包含与任何其他对象都无关的常规过程，以及可以从数据库任何位置运行的经常使用的过程。标准模块和与某个特定对象无关的类模块的主要区别在于其范围和生命周期。在没有相关对象的类模块中，声明或存在的任何变量或常量的值都仅在该代码运行时、仅在该对象中是可用的。

(2) 类模块：可以包含新对象的定义的模块。一个类的每个实例都新建一个对象。在模块中定义的过程称为该对象的属性和方法。类模块可以单独存在，也可以与窗体和报表一起存在。和窗体报表相关联的分别称为窗口(form)模块和报表(report)模块，这种模块中的代码与特定的报表或窗口相关联。当对应的窗口或报表被移动到另一个数据库时，模块和其中的代码通常也会跟着被移动。

3. Function 过程通常被称为“函数”，它是一系列由 Function 和 End Function 语句所包围起来的 Visual Basic 语句。Function 过程和 Sub 过程很类似，但函数可以返回一个值。Function 过程可经由调用者过程通过传递参数，例如常数、变量、或表达式等来调用。如果一个 Function 过程没有参数，它的 Function 语句必须包含一个空的圆括号。函数会在过程中的一个或多个语句中指定一个值给函数名称来返回值。

Sub 过程又被称为“子过程”或“过程”，它是一系列由 Sub 和 End Sub 语句所包围起来的 Visual Basic 语句，它们会执行动作却不能返回一个值。Sub 过程可以有参数，例如常数、变量、或是表达式。如果一个 Sub 过程没有参数，则它的 Sub 语句必须包含一个空的圆括号。

4. 可以使用 Public 语句来声明公共模块级别变量：

```
Public strName As String
```

公有变量可用于工程中的任何过程。如果公有变量是声明于标准模块或是类模块中，则它也可以被任何引用到此公有变量的工程使用。

可以使用 Private 语句来声明私有的模块级别变量：

```
Private MyName As String
```

私有变量只可使用于同一模块中的过程。

5. 实现代码如下：

```
Dim cost(364) As Double
Dim i As Integer
For i=0 to 364
   cost(i)=20
Next
```

参 考 文 献

1. 李海兵，杨晓亮. Access 2003 数据库管理从入门到精通. 北京：中国青年出版社，2005
2. 王宇虹，朱亦文等. Access 数据库系统开发从基础到实践. 北京：电子工业出版社，2006
3. 邵丽萍，张后扬，张驰. Access 数据库实用技术. 北京：中国铁道出版社，2005
4. 卢湘鸿，陈恭如，白艳. 数据库 Access 2003 应用教程. 北京：人民邮电出版社，2007
5. 吴权威，王绪益. Access 2003 中文版应用基础教程. 北京：中国铁道出版社，2005
6. 叶旻. 中文 Access 2003 标准教程. 北京：中国劳动社会保障出版社，2004
7. 程斌. 中文 Access 2003 标准教程. 北京：科学出版社，2005
8. 关正美. 中文版 Access 2003 教程. 北京：中国宇航出版社，2004
9. 姚普选. 数据库原理及应用. 北京：清华大学出版社，2002

读者回执卡

欢迎您立即填妥回函

您好！感谢您购买本书，请您抽出宝贵的时间填写这份回执卡，并将此页剪下寄回我公司读者服务部。我们会在以后的工作中充分考虑您的意见和建议，并将您的信息加入公司的客户档案中，以便向您提供全程的一体化服务。您享有的权益：

★ 免费获得我公司的新书资料；
★ 寻求解答阅读中遇到的问题；
★ 免费参加我公司组织的技术交流会及讲座；
★ 可参加不定期的促销活动，免费获取赠品；

读者基本资料

姓　　名＿＿＿＿＿＿＿＿ 性　　别 □男　□女 年　　龄＿＿＿＿＿＿
电　　话＿＿＿＿＿＿＿＿ 职　　业＿＿＿＿＿＿ 文化程度＿＿＿＿＿＿
E-mail＿＿＿＿＿＿＿＿ 邮　　编＿＿＿＿＿＿
通讯地址＿＿＿＿＿＿＿＿＿＿＿＿＿＿＿＿＿＿＿＿

请在您认可处打✓（6至10题可多选）

1、您购买的图书名称是什么：＿＿＿＿＿＿＿＿＿＿＿＿＿＿＿＿
2、您在何处购买的此书：＿＿＿＿＿＿＿＿＿＿＿＿＿＿＿＿

3、您对电脑的掌握程度：	□不懂	□基本掌握	□熟练应用	□精通某一领域
4、您学习此书的主要目的是：	□工作需要	□个人爱好	□获得证书	
5、您希望通过学习达到何种程度：	□基本掌握	□熟练应用	□专业水平	
6、您想学习的其他电脑知识有：	□电脑入门	□操作系统	□办公软件	□多媒体设计
	□编程知识	□图像设计	□网页设计	□互联网知识
7、影响您购买图书的因素：	□书名	□作者	□出版机构	□印刷、装帧质量
	□内容简介	□网络宣传	□图书定价	□书店宣传
	□封面，插图及版式	□知名作家（学者）的推荐或书评		□其他
8、您比较喜欢哪些形式的学习方式：	□看图书	□上网学习	□用教学光盘	□参加培训班
9、您可以接受的图书的价格是：	□ 20元以内	□ 30元以内	□ 50元以内	□ 100元以内
10、您从何处获知本公司产品信息：	□报纸、杂志	□广播、电视	□同事或朋友推荐	□网站
11、您对本书的满意度：	□很满意	□较满意	□一般	□不满意

12、您对我们的建议：＿＿＿＿＿＿＿＿＿＿＿＿＿＿＿＿

请剪下本页填写清楚，放入信封寄回，谢谢！

1 0 0 0 8 4

贴邮票处

北京100084—157信箱

读者服务部　　收

邮政编码：□□□□□□

技术支持与课件下载：http://www.tup.com.cn　http://www.wenyuan.com.cn

读者服务邮箱：service@wenyuan.com.cn

邮　购　电　话：62791864　62791865　62792097-220

组　稿　编　辑：石　伟

投　稿　电　话：62792097-315

投　稿　邮　箱：swolive@sina.com